PEIDIANWANG DIAOKONG YUNXING
JISHU SHOUCE

配电网调控运行
技术手册

国网福建电力调度控制中心　编

内 容 提 要

本书是基于配电网调控运行管理工作的创新管理方式、革新技术方法及优化业务流程，为提升配电网调控人员理论和技能水平而编写。

本书分上下两篇。上篇共九章，主要内容包括配电网概述、调控运行管理、配电网方式计划管理、配电网继电保护、配电网故障处理、配电网分布式电源管理、DMS 系统高级功能应用、配电网监控、生产服务类管理。为了更好的深入学习和掌握上篇各章内容，下篇九章分别给出对应上篇各章内容的试题精选，题型包含单选题、多选题、判断题和问答题等。

本书可作为电网各级调控机构配电网调控运行人员和专业管理人员的学习、培训及考试参考资料，同时还可作为电力院校相关专业师生学习参考资料。

图书在版编目（CIP）数据

配电网调控运行技术手册/国网福建电力调度控制中心编．—北京：中国电力出版社，2021.1（2022.7 重印）

ISBN 978-7-5198-5296-2

Ⅰ．①配… Ⅱ．①国… Ⅲ．①配电系统－电力系统调度－技术手册 Ⅳ．①TM73-62

中国版本图书馆 CIP 数据核字（2021）第 006795 号

出版发行：中国电力出版社
地　　址：北京市东城区北京站西街 19 号（邮政编码 100005）
网　　址：http://www.cepp.sgcc.com.cn
责任编辑：薛　红
责任校对：黄　蓓　郝军燕
装帧设计：赵姗姗
责任印制：石　雷

印　　刷：三河市万龙印装有限公司
版　　次：2021 年 1 月第一版
印　　次：2022 年 7 月北京第二次印刷
开　　本：787 毫米×1092 毫米　16 开本
印　　张：14.25
字　　数：353 千字
印　　数：1301—1800 册
定　　价：58.00 元

编 委 会

前　言

近年，随着福建地方经济快速发展，配电网规模逐步增加，新技术、新设备在电网大量应用。国网福建省电力有限公司通过创新管理方式、革新技术方法及优化业务流程，全力提升配电网调控专业运作质效。为适应配电网高速的发展要求，进一步夯实配电网调控技术与管理水平的发展成果，提升配电网调控人员理论和技能水平，国网福建电力调度控制中心基于福建配电网运行管理现状组织编写了《配电网调控运行技术手册》。

本书分为上、下两篇。上篇共九章，第一章介绍配电网概况以及主要的一、二次设备知识，第二～四章介绍配电网调度三大专业相关管理规定，包括调度专业管理、运行方式专业管理、继电保护专业管理三大部分内容，第五～八章结合配电网调度实际业务情景，详细介绍了配电网故障处理、分布式电源管理、DMS 系统高级功能应用以及配电网监控业务开展的相关规定及流程，第九章介绍了目前国网福建电力调度关于频繁停电控制及停电信息发布的相关要求。

下篇共九章，从配电网概述、调控运行管理、配电网方式计划管理、配电网继电保护、配电网调度实际情景下的配电网故障处理、分布式电源管理、DMS 系统高级功能应用以及配电网监控业务开展的相关规定及业务流程、国网福建电力调度关于频繁停电控制及停电信息发布的相关要求等方面编选典型试题和部分典型案例，使配电网调控运行人员更好地学习掌握上篇知识内容，帮助调度员扎实掌握专业相关理论基础和提高技能水平。

本书参考了现行的国家、行业和企业标准以及配电网相关资料，各类标准有变更的，以新标准为准。

本书作为福建电网各级调控机构配电网调控运行人员和专业管理人员的学习和培训参考资料，在配电网调控运行管理方面具有可推广性。

因本书涉及内容广，加之编写时间有限，难免存在不妥或疏漏之处，恳请各位读者批评指正，以便进一步完善。

编　者

2020 年 11 月

目　录

下　　篇

上　　篇

第一章 配电网概述

第一节 配电网概况

一、配电网定义

电能是一种应用广泛的能源，其生产、输送、分配和消费的各个环节有机地构成了一个系统。其中，配电网是指从输电网或地区发电厂接受电能，通过配电设施就地分配或按电压逐级分配给各类用户的电力网络，由架空导线、电缆、杆塔、断路器、隔离开关、配电变压器、避雷器、故障指示器、无功补偿器及一些附属设施等组成，在电力网中起重要分配电能作用的网络。

二、配电网的分类和特点

（一）配电网分类

配电网按电压等级的不同，可分为高压配电网（110、35kV）、中压配电网（20、10、6、3kV）和低压配电网（220/380V）；按供电地域特点不同或服务对象不同，可分为城市配电网和农村配电网；按配电线路不同，可分为架空配电网、电缆配电网以及架空电缆混合配电网。

（二）配电网特点

（1）供电线路长，分布面积广。

（2）网络结构复杂，设备数量大，类型多样。

（3）作业点多面广，安全风险因素较多。

（4）发展速度快，用户对供电可靠性和电能质量要求不断提升。

（5）配电自动化水平不断提升，对供电管理水平要求越来越高。

三、配电网的结构

配电网结构是指配电网中各主要电气元件的电气连接形式，基本上分为放射式和环网式两大类。

（一）基本要求

合理的电网结构是满足供电可靠性、提高运行灵活性、降低网损的基础。高压、中压和低压配电网三个层级应相互匹配、强简有序、相互配合，以实现配电网技术经济的整体最优。

A+、A、B、C类供电区的配电网结构应满足以下基本要求：

（1）正常运行时，各变电站应有相互独立的供电区域，供电区不交叉、不重叠，故障或检修时，变电站之间应有一定比例的负荷转供能力。

（2）同一供电区域内，变电站出线长度及所带负荷宜均衡，应有合理的分段和联络；故障或检修时，应具有转供非停电线路负荷的能力。

（3）接入一定容量的分布式电源时，应合理选择接入点，控制短路电流及电压水平。

（4）高可靠性的配电网结构应具备网络重构能力，便于实现故障自动隔离。

D、E 类供电区的配电网以满足基本用电需求为主，可采用辐射状结构。

供电区域划分如表 1-1 所示。

表 1-1　　供电区域划分表

供电区域		A+	A	B	C	D	E
行政级别	直辖市	市中心或 $\sigma \geqslant 30$	市区或 $15 \leqslant \sigma < 30$	市区或 $6 \leqslant \sigma < 15$	城镇或 $1 \leqslant \sigma < 6$	农村或 $0.1 \leqslant \sigma < 1$	—
	省会城市、计划单列市	$\sigma \geqslant 30$	市中心区或 $15 \leqslant \sigma < 30$	市区或 $6 \leqslant \sigma < 15$	城镇或 $1 \leqslant \sigma < 6$	农村或 $0.1 \leqslant \sigma < 1$	—
	地级市（自治州、盟）	—	$\sigma \geqslant 15$	市区或 $6 \leqslant \sigma < 15$	城镇或 $1 \leqslant \sigma < 6$	农村或 $0.1 \leqslant \sigma < 1$	农牧区
	县（县级市、旗）	—	—	$\sigma \geqslant 6$	城镇或 $1 \leqslant \sigma < 6$	农村或 $0.1 \leqslant \sigma < 1$	农牧区

注　1. σ 为供电区域的负荷密度（MW/km^2）。

2. 供电区域面积一般不小于 $5km^2$。

3. 计算负荷密度时，应扣除 110（66）kV 专线负荷，以及高山、戈壁、荒漠、水域、森林等无效供电面积。

（二）结构形式

1. 架空配电网

低负荷地区中、低压架空配电线路由于负荷比较分散且供电线路较长，此时一般采用树枝状放射式结构供电。

（1）放射式接线模式。如图 1-1 所示，这种接线结构是指一路配电线路自变（配）电站引出，呈辐射延伸出去，线路没有其他可连接电源，所有用电点的电能只能通过单一的路径供给。放射式接线优点是设备简单，运行维护方便，设备费用低，适用于低负荷密度地区和一般的照明、动力负荷供电。缺点是供电可靠性低。

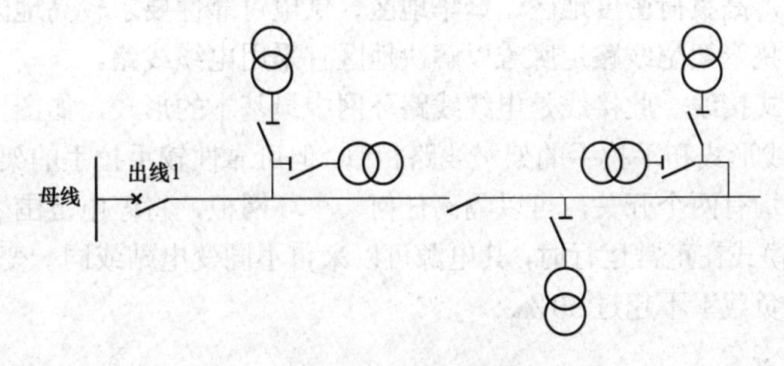

图 1-1　放射式接线模式

（2）手拉手式接线模式。此接线方式是架空线路应用较广的接线模式，如图 1-2 所示，单条线路合理分段，相邻线路“手拉手”，结构简单清晰，运行较为灵活，可靠性较高。每段主干线通常可分为 2～3 段，线路故障或电源故障时，在线路负荷允许的情况下，可通过倒闸操作使非故障段恢复供电。正常运行时线路开环运行，每条线路最大负荷只能达到线路最大载流量的 50%，线路投资较放射式接线有所增加。

（3）多分段适度接线模式。如图 1-3 所示，这种接线模式的任何一条主干线路均由分段开关分成若干段，每一段与其他线路实现联络，当一段线路出现故障时，均不影响其他段的正常供电，缩小了故障影响范围，提高了供电可靠性。这种接线模式可以有效提高线路的负载率，降低备用容量，两分段两联络模式中主干线负载率可提高到67%，三分段三联络模式中主干线负载率可以提高到75%。

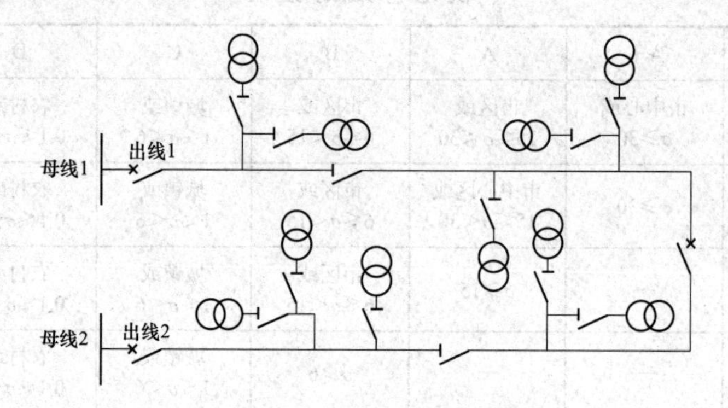

图 1-2 手拉手式接线模式

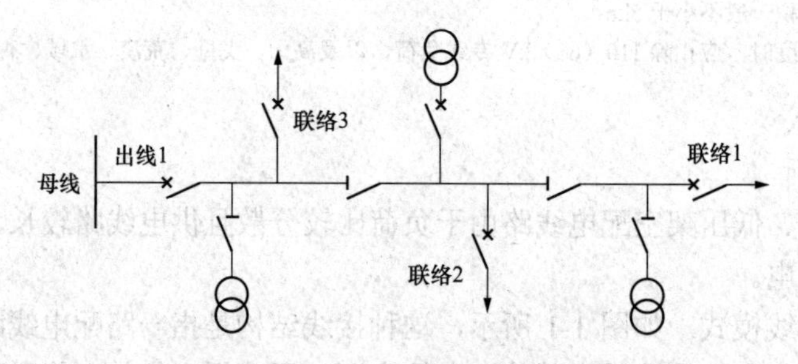

图 1-3 多分段适度接线模式

2. 电缆配电网

根据城市规划，高负荷密度地区、繁华地区、供电可靠性要求较高地区、市容环境有特殊要求地区、街道狭窄架空线路走廊难以解决地区宜采用电缆线路。

（1）电缆单环式接线。此接线是电缆线路环网中最基本的形式，如图 1-4 所示，环网点一般为环网柜，接线形式和手拉手的架空线路相似，但可靠性较手拉手的架空线路有所提高，因为每一个环网点均有两个开关，可以隔离任何一个环网柜，将停电范围缩小在一个环网柜的范围内。该接线模式在正常运行时，其电源可以来自不同变电站或同一变电站的不同母线，任一回主干线正常负载率不超过 50%。

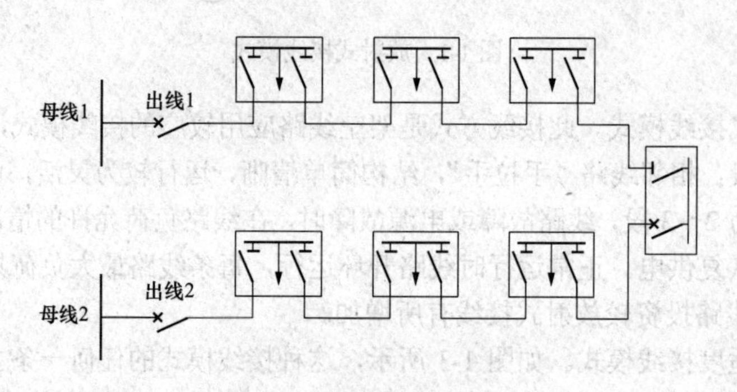

图 1-4 电缆单环式接线

（2）电缆双环式接线。为了进一步提高供电可靠性，保证在一路电源失电的情况下用户能够从另外一路供电，可采用此种双环网的接线模式，如图 1-5 所示，此接线模式类似于架空线路的多分段多联络模式，可实现一个用户的多路电源供电。

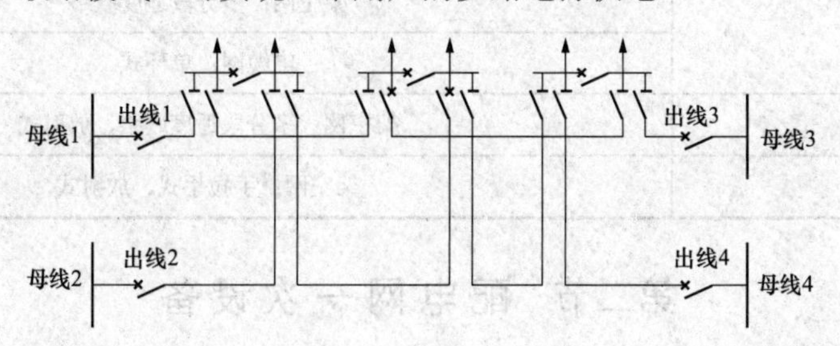

图 1-5 电缆双环式接线

（3）双射线放射式接线。自一个（或两个）变电站、或一个（或两个）开关站的不同中压母线引出双回线路，形成双射接线方式；或自同一供电区域的不同变电站引出双回线路，形成双射（对射）接线方式。有条件、必要时，可过渡到双环网接线方式，如图 1-6 所示。

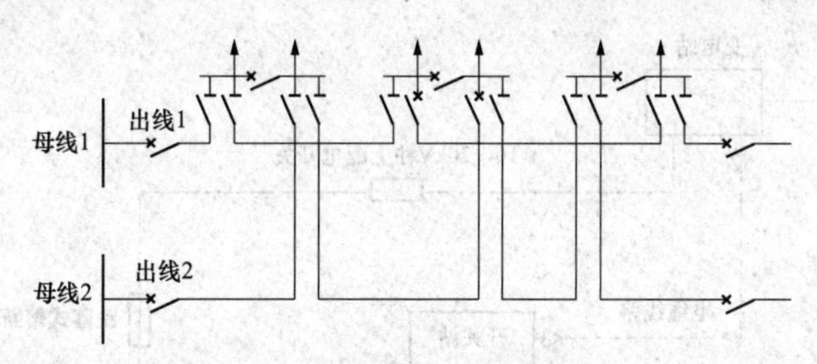

图 1-6 双射线放射式接线

（4）单电源放射式接线如图 1-7 所示。

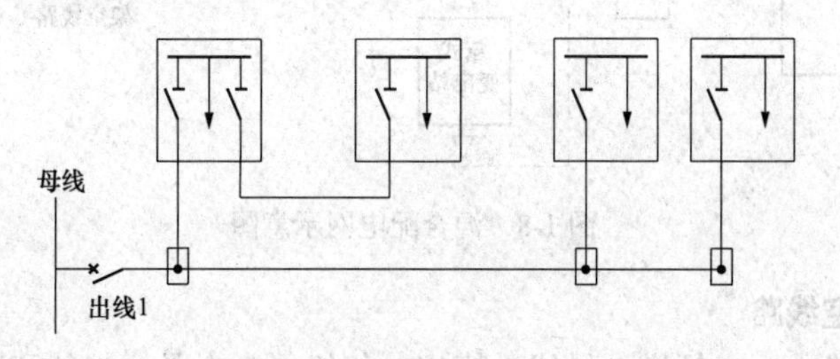

图 1-7 单电源放射式接线

各类供电区域中压配电网目标电网结构推荐表如表 1-2 所示。

表 1-2　中压配电网目标电网结构推荐表

供电区域类型	推荐电网结构
A+、A 类	架空网：多分段适度联络
	电缆网：双环式、单环式
B 类	架空网：多分段适度联络
	电缆网：单环式

续表

供电区域类型	推荐电网结构
C类	架空网：多分段适度联络
	电缆网：单环式
D类	架空网：多分段适度联络、放射式
E类	架空网：手拉手式、放射式

第二节 配电网一次设备

一、概述

配电网作用主要为按照区域和用户的实际情况，输送和分配电能，用以满足电力供应和用户用电需求。配电网按结构形式分为架空配电网、电缆配电网和混合配电网。混合配电网示意图如图1-8所示。

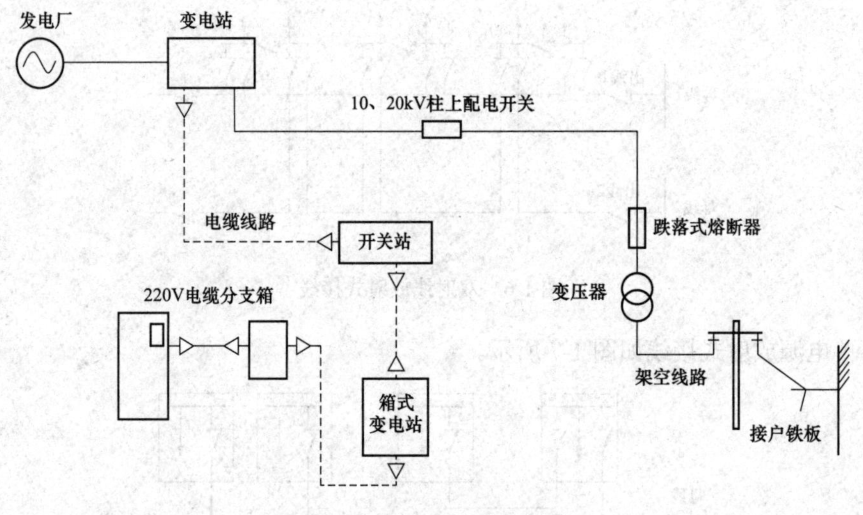

图1-8 混合配电网示意图

二、配电网架空线路

配电网架空线路主要由杆塔、导线、横担、绝缘子、金具、拉线和基础，加上柱上断路器、隔离开关、变压器、避雷器、故障指示器等组成。

（一）杆塔

架空配电线路的杆塔是用安装的横担、绝缘子来支撑导线、避雷线等部件，并使导线与地面、建筑物、电力线、通信线以及其他被跨越物之间保持一定的安全距离，从而保证线路安全运行。

选用杆塔时要考虑线路的电压等级、导线荷载、架设地点、被跨越物、环境要求、运输及组立电杆的条件等因素。杆塔主要种类有钢筋混凝土杆、钢管杆、铁塔和木杆。按用途可分为：直线杆、耐张杆、转角杆、终端杆、分支杆、跨越杆等，常见杆塔如图1-9所示。

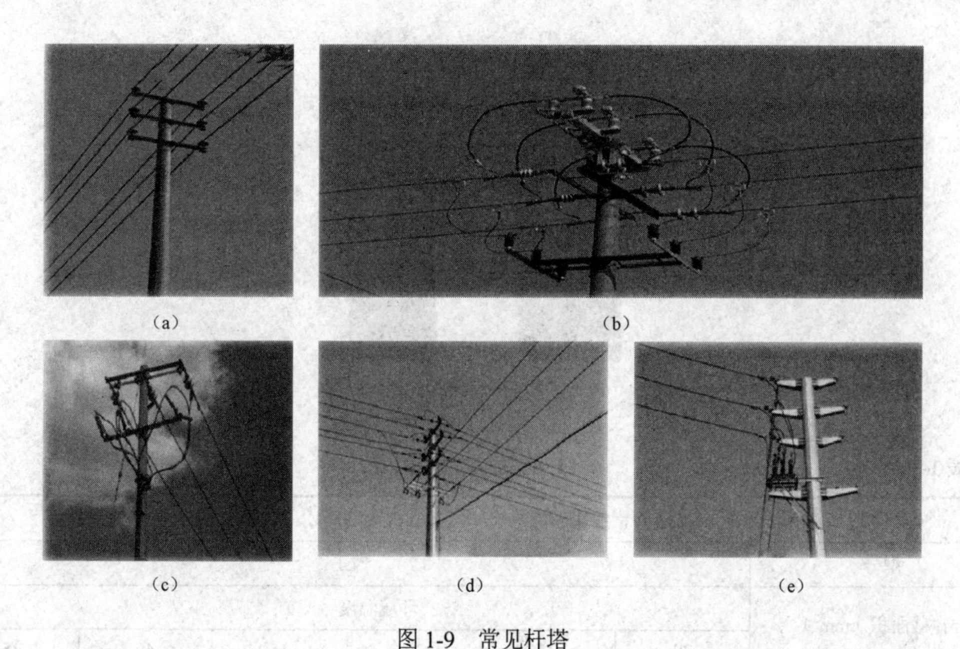

图 1-9 常见杆塔

（a）直线杆；（b）耐张杆；（c）终端杆；（d）分支杆；（e）转角杆

（二）导线

导线用以传导电流、输送电能。配电线路的导线包括常用裸导线和绝缘导线。

1. 常用裸导线

裸导线通过绝缘子悬挂在杆塔上，常年在大气中运行，长期受风、冰、雪和温度变化等气象条件的影响，承受着变化拉力的作用，同时还受到空气中污染物的侵蚀。因此，裸导线除应具有良好的导电性能外，还必须有足够的机械强度和防腐性能，并要质轻价廉。常用裸导线包括裸铝导线、裸铜导线、钢芯铝绞线、镀锌钢绞线、铝合金绞线 5 种。钢芯铝绞线实物如图 1-10 所示。

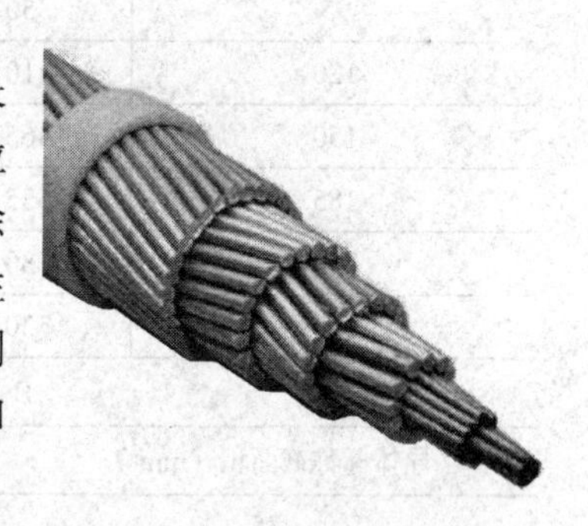

图 1-10 钢芯铝绞线

2. 绝缘导线

架空绝缘导线适用于城市人口密集地区和线路走廊狭窄、裸导线线路与建筑物安全距离不足，以及风景绿化区、林带区和污秽严重的地区等。绝缘导线实物如图 1-11 所示。随着城市的发展，架空配电线路绝缘化是发展的必然趋势。

3. 导线的选用

（1）按照 DL/T 5729—2016《配电网规划设计技术导则》的要求，出线走廊拥挤、人口密集的 A+、A、B、C 类供电区推荐采用 JKLYJ 系列铝芯交联聚乙烯绝缘架空电缆；出线走廊宽松、安全距离充足的城郊、乡村、牧区等 D、E 类供电区域可采用裸导线。

（2）10kV 线路供电半径应满足末端电压质量的要求。原则上 A+、A、B 类供电区域供电半径不超过 3km；C 类不超过 5km；D 类不超过 15km；E 类应根据需要经计算确定。

（3）按照 Q/GDW 519—2010《配电网运行规范》的要求，各线路限额电流表如表 1-3 所示。

图 1-11　绝缘导线

表 1-3　　　　　　　　　　**线路限额电流表**

A　铝绞线载流量（A）（工作温度 70℃）

型号	LJ					
导体截面积（mm^2）	环境温度（℃）					
	20	25	30	35	40	45
35	185	170	160	150	135	120
50	230	215	200	185	170	150
70	290	275	255	235	215	190
95	350	330	305	285	255	230
120	410	385	360	330	300	265
150	465	435	405	375	340	300
185	535	500	465	430	390	345
240	630	595	550	510	460	405
300	730	685	635	585	525	460

B　架空绝缘线载流量（A）（工作温度 70℃）

导体标称截面积（mm^2）	铜导体	铝导体
35	211	164
50	255	198
70	320	249
95	393	304
120	454	352
150	520	403
185	300	465
240	712	553
300	824	639

（三）横担

横担用于支持绝缘子、导线及柱上配电设备，保持导线间有足够的安全距离。因此，横担要有一定的强度和长度。横担按材质的不同可分为铁横担，木横担和陶瓷横担。铁横担实物如图 1-12 所示。近年来又出现了玻璃纤维环氧树脂材料的绝缘横担。

（四）金具及绝缘子

在架空配电线路中，用于连接、紧固导线的金属器具，具备导电、承载、固定的金属构件，统称为金具。金具按其性能和用途可分为悬吊金具、耐张金具、接触金具、连接金具、接续金具、拉线金具和防护金具等。金具实物如图 1-13 所示。

图 1-12 铁横担

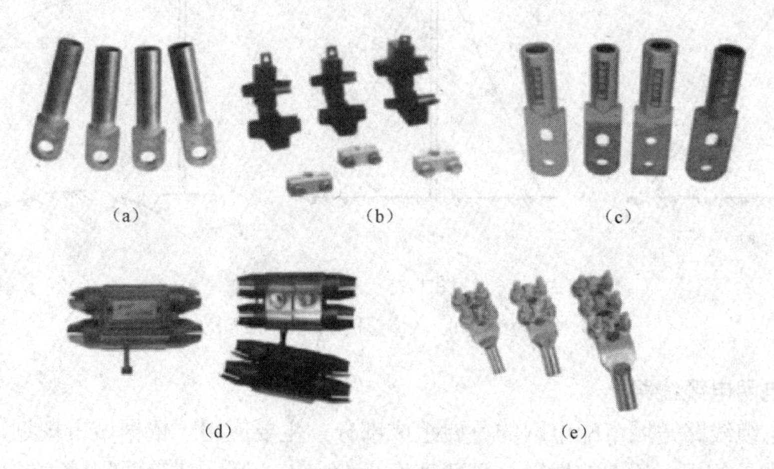

（a） （b） （c）

（d） （e）

图 1-13 金具

（a）DLT 铜铝接线端子；（b）铜单槽线夹（DCT）；（c）双孔型接线端子；

（d）一体式绝缘跨径线夹（JBY-T）（JBY-TQ）；（e）SWD 螺纹（管式）线夹

架空线路的导线，是利用绝缘子和金具固定在杆塔上的。用于导线与杆塔绝缘的绝缘子，在运行中不仅要承受工作电压，还要受到过电压的作用，且还要承受机械力的作用及气温变化和周围环境的影响，所以绝缘子必须有良好的绝缘性能和一定的机械强度。绝缘子按照材质分为瓷绝缘子、玻璃绝缘子和合成绝缘子三种；按种类分为针式绝缘子、柱式绝缘子、悬式绝缘子、蝴蝶式瓷绝缘子、棒式瓷绝缘子、拉线瓷绝缘子、陶瓷横担绝缘子等。部分绝缘子实物如图 1-14 所示。

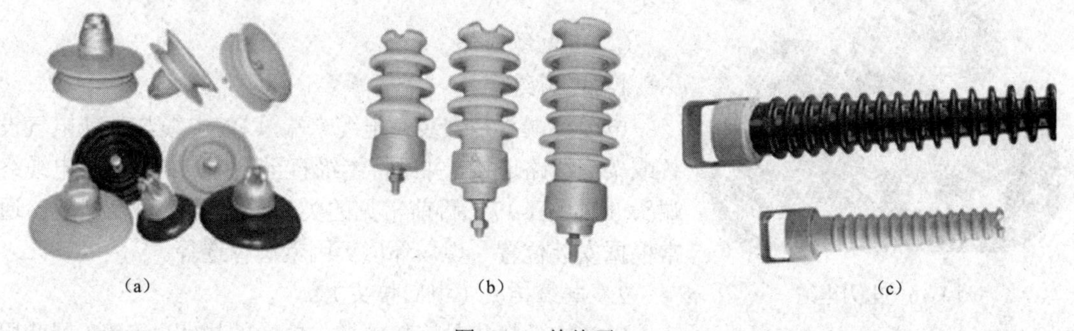

（a） （b） （c）

图 1-14 绝缘子

（a）悬式绝缘子；（b）柱式绝缘子；（c）瓷横担绝缘子

（五）拉线

架空线路特别是农村低压配电线路为了平衡导线或风压对电杆的作用，通常采用拉线来加固电杆；拉线的设置是低压架空配电线路必不可少的一项安全措施。架空线路中，为了使承受固定性不平衡荷载比较显著的电杆（终端杆、转角杆、分支杆等）达到受力平衡的目的，均应装设拉线。不同形式拉线如图 1-15 所示。

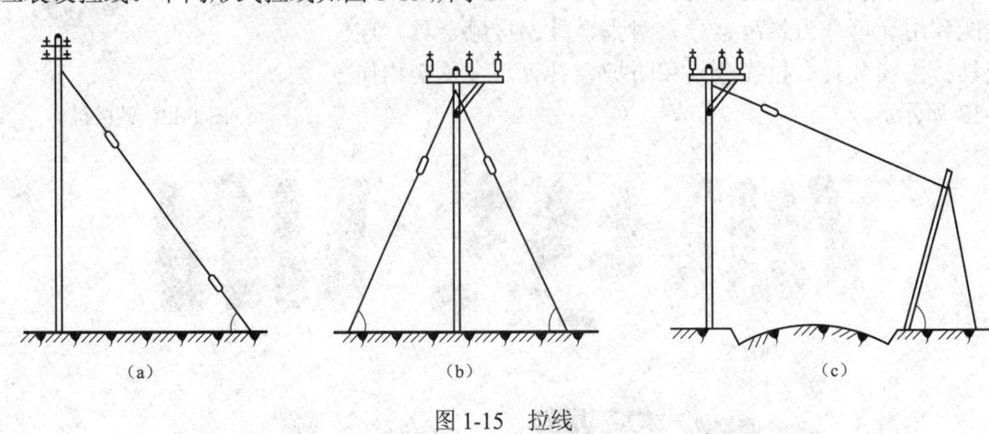

图 1-15　拉线

（a）普通拉线；（b）人字形拉线；（c）水平拉线图

三、配电网电缆线路

配电网电缆线路是城市配电网的重要组成部分，主要应用于依据城市规划，明确要求采用电缆线路且具备相应条件的地区；负荷密度高的市中心区、建筑面积较大的新建居民住宅小区及高层建筑小区；走廊狭窄，架空线路无法满足供电需求的地区；易受热带风暴侵袭沿海地区主要城市的重要供电区域。

（一）电力电缆

电力电缆是指外包绝缘的交合导线，有的还包金属外皮并加以接地。电力电缆如图 1-16 所示。因为是三相交流输电，所以必须保证三相送电导体相互间及对地间绝缘，因而必须有绝缘层。为了防止外力损坏还必须有铠装和护套等。另外，为了防止高电场对外产生辐射干扰通信，在 6kV 及以上电缆导体外和绝缘层外还增加了屏蔽层。电力电缆按结构可分为单芯电缆、多芯电缆两类；按绝缘材料可分为油纸绝缘电缆、挤包绝缘电缆和压力电缆三类。

图 1-16　电力电缆

（二）电缆附件

1. 电缆终端头

电缆终端头是安装在电缆末端，以使电缆与其他电气设备或架空线路连接，并维持绝缘直至连接点的装置。电缆终端头（见图 1-17）目前常见的类型有热缩型和冷缩型，通常根据安装位置、现场环境等因素进行选择。

2. 电缆接头（中间接头）

电缆中间接头是连接电缆与电缆的导线、绝缘、屏蔽层和保护层，以使电缆线路连续的装置。电缆中间接头（见图 1-18）常用的类型有热缩型和冷缩型两种，通常根据电缆敷设环境及施工工艺等因素进行选择。

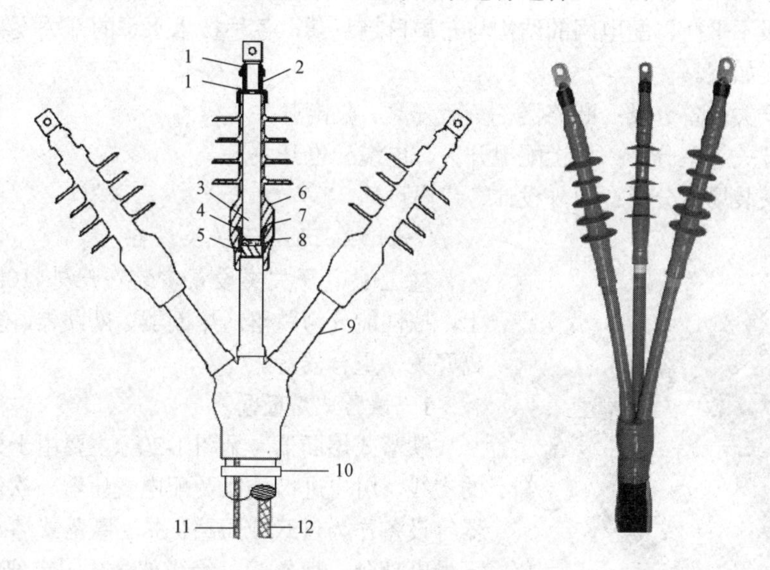

图 1-17 电缆终端头

1—绝缘胶带；2—密封绝缘管；3—主绝缘层；4—半导电层；5—铜屏蔽层；6—冷缩终端；7—应力锥；8—半导电胶；9—冷缩绝缘管；10—PVC 胶带；11—小接地编织线；12—大接地编织线

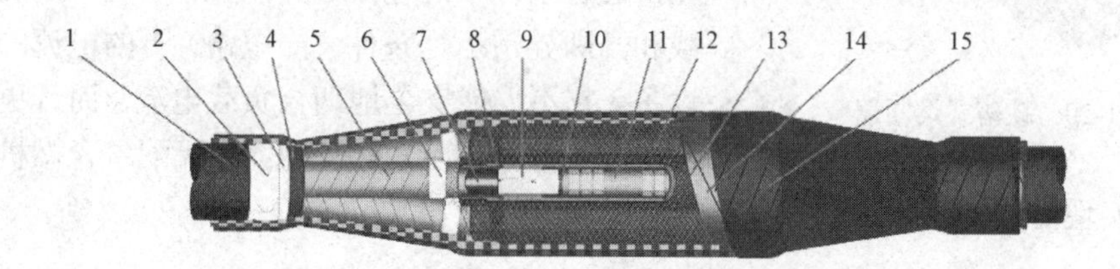

图 1-18 电缆中间接头

1—电缆外护套；2—接地线抱箍；3—电缆铠装；4—电缆内护套；5—铜屏蔽带；6—接地线抱箍；7—半导电层；8—应力单元；9—电缆芯绝缘；10—电缆导体；11—导体连接管；12—内屏蔽管；13—中间接头套管；14—防水带保护层；15—铠装带保护层

（三）电缆分支箱

电缆分支箱（见图 1-19）是配电线路中，电缆与电缆，电缆与其他电气设备连接的中间部分，主要起电缆分接和转接作用。其连接组合方式简单方便、灵活，具有全绝缘、全封闭、防腐蚀、免维护、安全可靠等特点，广泛用于商业中心、工业园区、城市住宅小区。常用电缆分支箱按结构分为美式电缆分支箱和欧式电缆分支箱。

图 1-19 电缆分支箱

四、配电网开关类设备

随着我国经济社会的发展，用电量不断增加，客户对供电可靠性及供电质量提出了更高的要求。

10kV配电开关在配电网中分段和支线的合理应用，有利于提高供电的可靠性。但是由于我国各地区发展极不平衡，配电网的结构与布局日趋复杂，各种技术水平的开关设备有着不同的应用，其分类如下。

（1）按开关设备分类：断路器、负荷开关、隔离开关等。

（2）按开关类型分类：柱上配电开关、电缆配电开关。

（3）按安装场所分类：户外设计、户内设计。

图 1-20　跌落式熔断器

（一）柱上配电开关类设备

柱上配电开关类设备安装在户外 10kV 架空线路上，按性能分为跌落式熔断器、断路器、负荷开关、隔离开关、重合器等。

1. 跌落式熔断器

跌落式熔断器（见图 1-20）主要用于架空配电线路的支线、用户进口处以及配电变压器一次侧、电力电容器等设备作为过载或短路保护。跌落式熔断器主要由上下导电部分、熔丝管、绝缘部分、固定部分构成。

2. 柱上断路器

柱上断路器（见图 1-21）是能够关合、承载和开断正常运行条件下的电流，并能关合、在规定的时间内承载和开断异常运行条件（如短路）下的电流的机械开关设备。它不仅能安全地切合负载电流，而且更重要的是可靠和迅速地切除短路电流，并可配备含微机保护的控制器，可实现对分支线路的保护。

图 1-21　柱上断路器

3. 柱上负荷开关

柱上负荷开关（见图 1-22）是介于断路器和隔离开关之间的一种开关电器，具有简单的灭弧装置，能切断额定负荷电流和一定的过载电流，但不能切断故障电流。将负荷开关与高压熔断器串联形成组合电器，用负荷开关切断负荷电流，用熔断器切断短路电流及过载电流，在功率不大或供电可靠性要求相对较低的场所可代替价格昂贵的断路器使用，降低成本。

图 1-22 柱上负荷开关

4. 柱上隔离开关

柱上隔离开关（见图 1-23）主要用于隔离电路，分闸状态有明显断开点，便于线路检修，重构运行方式有三极联动、单极操作两种形式。隔离开关能承载工作电流和短路电流，但不能分断负荷电流。

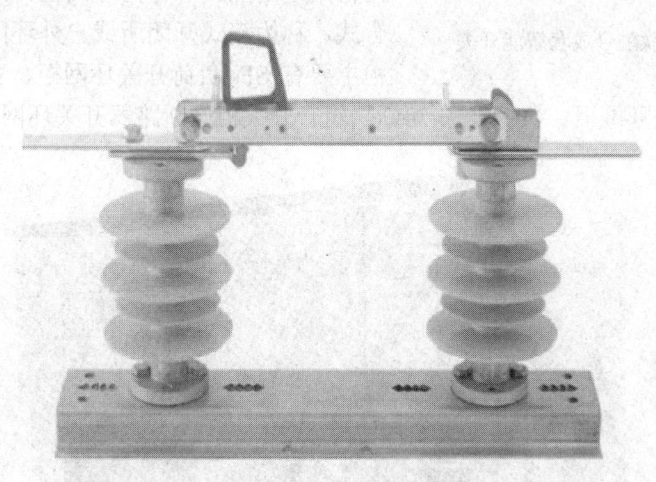

图 1-23 柱上隔离开关

5. 一、二次融合成套智能开关

一、二次融合成套智能开关（见图 1-24）除了具备断路器控制器的功能外，还具有多次重合闸、多种特性曲线、相位判断、程序恢复、与自动化系统连接等功能，能提高设备故障快速感知、精准定位和自动隔离能力，实现配电网故障处置从人工研判“被动”操作到智能设备“主动”隔离的转变。一、二次融合成套智能开关其主要技术特点有：

（1）深度融合。采用交流电流传感器取代传统 TA，采用交流电压传感器取代传统 TV，采用取电传感器解决终端供电难题。

（2）安全性高。减少一次辅助设备（传统 TA、TV 等），降低设备带来的故障风险；采用远方/就地联动装置，从设备上杜绝因自动化造成误遥控的安全隐患并简化操作。

（3）功能齐全。能够实现配电网架空线路短路、单相接地故障的选择性跳闸（多级精准级差配合）；兼具电能计量功能，能够满足架空线路线损计算需求。

（4）智能化程度高。终端工作不依赖主站，在通信中断或主站崩溃时，仍能一次动作快速隔离出短路或单相接地故障最小的故障区域，确保同线路的电源侧用户不受故障影响；终端依靠机器学习和算法研判短路或单相接地故障并发出隔离指令。

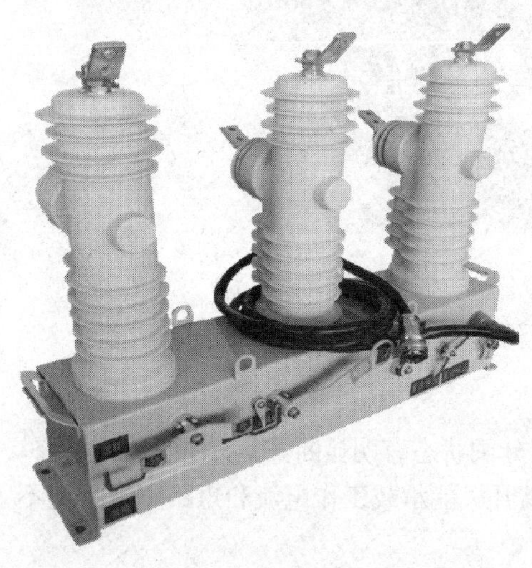

图 1-24　一、二次融合成套智能开关

（5）易用性。成套设备只有开关本体和控制终端，安装简便防盗措施到位；操作不改变习惯，无需增加操作工具和操作步骤，现场安装不用调试，维护采用模块化更换，支持热插拔，极大减少对自动化专业技术人员的依赖。

（二）站房配电开关类设备

1. 环网柜

环网柜（见图 1-25）安装在户外 10kV 电缆线路上，用于中压电缆线路分段、联络及分接负荷，按使用场所可分为户内、户外环网柜。一般户内环网柜采用间隔式，称为环网柜；户外环网柜采用组合式，称为箱式开闭所或户外环网单元。目前环网柜主要有 SF_6 负荷开关环网柜、真空负荷开关环网柜、空气负荷开关环网柜、负荷开关-熔断器组合开关柜、断路器开关环网柜等类型。

图 1-25　环网柜

2. 开闭所

10kV 开闭所又称开关站，是城市配电网的重要组成部分，主要作用是加强配电网的联络控制，提高配电网供电的灵活性和可靠性，是电缆线路的联络和支线节点，同时还具备变电站 10kV 母线的延伸作用。在不改变电压等级的情况下，对电能进行二次分配，为周围的用户提供供电电源。

10kV 开闭所的结构按电气主接线方式可分为单母线接线、单母线分段联络接线和单母线分段不联络接线三种；按其在电网中的功能，又可分为环网型开闭所和终端型开闭所两种。

3. 配电室

配电室主要为低压用户配送电能，设有中压进线、配电变压器和低压配电装置，是带有低压负荷的户内配电场所。配电室是最后一级变压场所，通常将电网电压从 10kV 降低至 400V，并对电力资源的供应进行分配。

配电室可选用负荷开关-熔断器组合电器。配电室一般配置双路电源，10kV 侧一般采用环网开关，400V 侧为单母线分段接线。变压器接线组别一般采用 Dyn11。

五、配电变压器

配电变压器在配电系统中用于将中压配电电压功率变换成低压配电电压功率，以供各种低压电气设备用电。容量较小，一般在 2500kVA 及以下。配电变压器主要有杆上变压器和箱式变压器，杆上变压器是指将变压器安装在杆上的构架上，常见有油浸式变压器和干式变压器等。干式变压器实物如图 1-26 所示。箱式变压器是指将高低压开关设备和变压器共同安装于一个封闭箱体内的户外配电装置，主要有欧式箱式变压器和美式箱式变压器。

图 1-26 干式变压器

构成配电变压器的主要元件包括铁芯、绕组、套管、油箱和调压装置。

（1）铁芯：既是变压器的主磁路，又是变压器器身的机械骨架。

（2）绕组：构成变压器的电路。

（3）套管：主要用于将变压器内部绕组的高、低压引线与电力系统或用电设备进行电气连接，并保证引线对地绝缘。

（4）油箱：变压器的总容器，既要容纳变压器的主体结构（铁芯和绕组），又要容纳变压器油及其他附属设备，如套管、冷却装置（散热器）等。

（5）调压装置：用于将变压器的输出电压控制在一定的范围内，又称分接开关。

六、避雷器

避雷器（见图 1-27）是连接在电力线路和大地之间，使雷云向大地放电，用于保护电气设备免受高瞬态过电压危害并限制续流时间，也常限制续流赋值的一种电器。当雷电过电压或操作过电压来到时，使其急速向大地放电。当电压降到正常电压时，则停止放电，以防止正常电流向大地流通。常见的类型有金属氧化锌避雷器、阀型避雷器等。

图 1-27　避雷器

七、接地变压器及消弧线圈

消弧线圈是用于补偿中性点绝缘系统发生对地故障时产生的容性电流的单相电抗器。在三相系统中接在电力变压器或接地变压器的中性点与大地之间，当系统发生单相接地时，流过消弧线圈的电感电流与流入接地点的电容性电流相位相反，使残流达到最小值，从而消除接地过电压。消弧线圈普遍采用过补偿方式。

接地变压器（中性点耦合器）为三相变压器（或三相电抗器），常用来为中性点不接地的系统提供一个人工的可带负载的中性点，便于采用消弧线圈或小电阻的接地方式，以减小配电网发生接地故障时的对地电容电流。同时，接地变压器可带有连续额定容量的二次绕组，作为站（所）用电电源。三相接地变压器实物如图 1-28 所示。

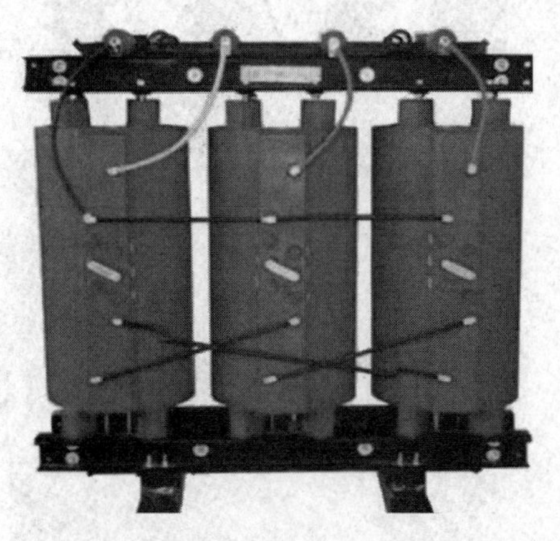

图 1-28　三相接地变压器

第三节　配电网二次设备

一、概述

配电网二次设备也叫辅助电路，二次回路包括：继电保护回路、隔离开关回路、开关控制及信号回路、操作电源回路、断路器和直流屏的变压器闭锁回路等全部低压回路。由二次设备互相连接，构成对一次设备进行监测、控制、调节和保护的电气回路称为二次回路。配电网常见的二次设备主要有：各类保护装置、电压互感器、电流互感器、故障指示器、FTU、DTU 等。

二、主要设备特点及用途

（一）故障指示器

故障指示器（见图 1-29）是用来检测短路及接地故障的设备。在环网配电系统中，特别是大量使用环网负荷开关的系统中，通过使用故障指示器，可以标记出线路故障段。抢修人员可以根据此指示器的报警信号迅速找到发生故障的区段，隔离故障区段，从而及时恢复无故障区段的供电，可节约大量的工作时间，减少停电时间和停电范围。短路及接地故障指示器一般由以下部分构成：三个短路故障传感器、一个接地故障传感器、一个读数仪表以及连接导线。

图 1-29　故障指示器

（二）电压互感器（TV）

电压互感器（见图 1-30）是一个带铁芯的变压器。它主要由一、二次绕组，铁芯和绝缘组成，分为电磁式（如电容式电压互感器）和非电磁式（如电子式、光电式电压互感器）。电压互感器将高电压按比例转换成 100V 低电压。电压互感器一次侧接在一次系统，二次侧接测量仪表、继电保护等，主要是用来给测量仪表和继电保护装置供电，以便测量线路的电压、功率和电能，或者用来在线路发生故障时保护线路中的贵重设备、电机和变压器。电压互感器的容量很小，一般都只有几伏安、几十伏安，最大也不超过 1000VA。

图 1-30　电压互感器

（三）电流互感器（TA）

电流互感器（见图 1-31）也是依据变压器原理制成的。电流互感器由闭合的铁芯和绕组组成。它的一次侧绕组匝数很少，串在需要测量的电流的线路中，二次侧绕组匝数比较多，串接在测量仪表和保护回路中。电流互感器在工作时，它的二次侧回路始终是闭合的，因此测量仪表和保护回路串联线圈的阻抗很小，电流互感器的工作状态接近短路。电流互感器是把一次侧大电流转换成二次侧小电流来测量，二次侧不可开路。

图 1-31 电流互感器

（四）馈线终端单元（FTU）

FTU 是安装在馈线上的智能终端设备。它可以与远方的配电子站通信，将配电设备的运行数据发送到配电子站，还可以接受配电子站的控制命令，对配电设备进行控制和调节。FTU 具有遥控、遥信、故障检测功能，并与配电自动化主站通信，提供配电系统运行情况和各种参数，包括开关状态、电能参数、相间故障、接地故障以及故障时的参数，并执行配电主站下发的命令，对配电设备进行调节和控制，实现故障定位、故障隔离和非故障区域快速恢复供电等功能。

（五）配电自动化终端（DTU）

DTU 一般安装在常规的开闭所（开关站）、户外小型开闭所、环网柜、小型变电站、箱式变电站等处，完成对开关设备的位置信号、电压、电流、有功功率、无功功率、功率因数、电能量等数据的采集与计算，对开关进行分合闸操作，实现对馈线开关的故障识别、隔离和对非故障区间的恢复供电。部分 DTU 还具备保护和备用电源自动投入的功能。

第四节 福建省配电网网架情况

一、地理区位概况

福建位于我国东南沿海，东隔台湾海峡与台湾地区相望，北接长三角，南连珠三角，是中国最早实施对外开放政策的省份之一。福建省全省土地总面积为 12.4 万 km^2，海域面积达 13.6 万 km^2。

截至目前，福建省共有 10 个地级行政区划单位（含 9 个地级市和平潭综合实验区），85 个县级行政区划单位（含 28 个市辖区、14 个县级市、43 个县），省会福州市。

福建的地理特点是“依山傍海”，境内峰岭耸峙，丘陵连绵，河谷、盆地穿插其间，山地、丘陵占全省总面积的 80%以上，素有“八山一水一分田”之称。地势总体上西北高东南低，横断面略呈马鞍形。沿海地区受台风、热带风暴等天气的影响较大；内陆地区山、林区环绕，树线、树竹矛盾突出，高山地段易受雷害，且冬季受覆冰影响较大。

福建省地处亚热带，属亚热带季风性气候，气候温和，雨量充沛。春季和夏季经常发生大暴雨、洪涝等灾害，其中以闽北闽江流域地区最为严重。夏季、秋季沿海地带经常遭受台风袭击，严重的台风、洪涝灾害还可能引发洪水、泥石流、山体滑坡等次生灾害，例如 2016 年第 14 号超强台风“莫兰蒂”，是 1949 年以来登陆闽南最强台风，造成福建电网 35kV 及以上线路倒塔 17 基、断串 5 基、断线 13 处；累计停运 35kV 及以上线路 163 条、35kV 及以上变电站 46 座，累计跳闸 10kV 线路 2619 条，停电 10kV 配电变压器 59276 台，低压用户 323.05 万户，对福建电网造成重创。

二、供电区概况

（一）总体情况

国网福建省电力有限公司（简称福建公司）供电面积 2.25 万 km^2，供电人口 3878 万人，下辖福州、莆田、泉州、厦门、漳州、龙岩、三明、南平、宁德 9 个地市供电企业及所属 61 个县级供电企业，其中县级供电企业全部为直供直管公司（含全资子公司）。至 2006 年，已全面实现“户户通电”。

“十二五”以来，福建公司加大对中低压配电网的投资力度，重点治理农村低电压、“卡脖子”、频繁停电等薄弱环节，对山区配电网进行差异化建设改造，开展了户均配电变压器容量提升专项工作，全省户均配电变压器容量达到 3.31kVA，其中市辖和县级供电区分别为 4.034、2.953kVA。

福建公司所辖供电区可划分为 A＋、A、B、C、D 5 类，各类供电区的供电面积分别为 45.4、311.93、2818.11、4015.52、16217.41km^2，占全省总供电面积分别为 0.2%、1.33%、12.04%、17.15%、69.28%。福建省地理有明显的山海差异，全省 61 家县公司有 41 家位于山区，山区（主要为 C、D 类供电区）面积占比大。

2019 年，福建公司全社会用电量 2402.3 亿 kWh，最高用电负荷 3838 万 kW。其中，全省负荷、电量主要集中分布在 B 类供电区，主要为市辖及经济发达的县域、省级及以上工业园区。此外，C 类供电区主要是县城及工业园区，负荷、电量占比也较大，“十三五”期间，随着新型城镇化建设进程的加快，C 类供电区成为全省负荷、电量重点增长区域。

（二）配电变压器情况

截至 2019 年年底，福建 10kV 电网共有配电室 12153 座，箱式变压器 15443 座，柱上变压器 106353 台。其中配电室主要分布于城市中心区及县城中心城区内，一般配置双路电源、两台变压器，中压侧一般采用环网开关，低压为单母线分段带联络；柱上变压器主要集中在县级供电区，容量大多为 400kVA 及以下。

（三）线路情况

截至 2019 年年底，福建公司所辖范围内 10kV 电网共有公用线路 13658 条，总长度 149375.4km，其中架空线路 102245.3km、电缆线路 47130.1km；另有专用线路 3018 条，总长度 10491km。

受限于山区地形及电源布点不足，10kV 线路平均供电半径偏长。全省 10kV 线路平均供电半径 7.44km，其中 95.3%的线路供电半径在 15km 以内，306 条（占比 2.5%）线路供电半径超过 15km。近几年，福建公司高度重视中压长线路供电问题，通过新增电源布点、加强乡镇互联等方式，缩短中压长线路供电半径，中压长线路供电问题得到大大缓解，截至 2015 年已全面消除供电半径超 40km 的中压长线路。市辖供电区 10kV 线路平均供电半径 3.78km，能够满足供电要求；县级供电区 10kV 线路供电半径较长，平均供电半径 9.48km，略为偏长，其中供电半径大于 15km 的线路 267 条（占比 3.4%），可能存在低电压、供电可靠性低等问题。

（四）开关类设施和设备情况

截至 2019 年，全省有 10kV 开闭所 2375 座、环网柜 18080 座、电缆分支箱 3073 座、柱上开关 77465 台。开闭所、环网柜大多建设在负荷较密集的城市中心区域，中压开关柜以 KYN 系列机及 SF_6 负荷开关柜为主；环网柜主要使用全绝缘、全密封 SF_6 环网柜，各类设备运行情况良好。柱上开关和电缆分支箱主要分布在县级供电区。

全省总开关数226020台，其中断路器134262台、占59.4%，负荷开关91758台、占40.6%。

按照供电区域分类分析，开闭所主要作为变电站母线的延伸，解决间隔不足和线路过长问题，主要分布在负荷密度高的城市中心区A、B类供电区域，占比分别为38.6%、40.1%。柱上开关主要分布在B、C、D类区域，占比分别为27.7%、25.5%、40.6%。

三、10kV配电网概况

（一）架空网

福建省10kV架空网主要采用多分段适度联络和辐射式结构。

市辖供电区配电架空网多分段联络结构初步形成。近年来，随着大规模电网建设、改造工作的不断深入开展，福建电网市辖供电区配电网架空网接线模式逐渐形成了以多分段多联络和多分段单联络为主的网络结构，平均分段数约3.63段/条，一般每段配电变压器容量控制在2000kVA以下或配电变压器户数5～6个。至2019年年底，市辖供电区架空线路全部实现联络，其中单联络和多联络比例分别达到43.91%和56.09%，能够有效保证故障条件下的负荷转移和相互支援，为配电网供电可靠性的提升奠定了坚实的结构基础。

县级供电区架空网联络率已达到较高水平。截至2019年年底，福建县级供电区10kV架空线路联络率为93.1%，联络以单联络、二联络为主；县级供电区仍有5.6%的线路为辐射式接线。县级供电企业中部分地区由于变电站布点少，且负荷分散，以辐射接线为主，或虽然形成联络，但为末端支线弱联络、假联络，难以满足“$N-1$”供电可靠性要求。

（二）电缆网

福建省10kV电缆网主要采用环网和辐射式接线，电缆网以单环网为主。

福建省电缆线路主要集中在城市中心区域及居住区，通常采用环网接线、开环运行方式。2019年全省市辖供电区环网接线及双射接线占比为96.38%，无单射结构，因此10kV电缆网具备较强的负荷转移能力和较高的供电可靠性。县级供电区电缆在全省所占比例较小，主要集中在县城中心城区和重要风景区。至2019年，全省县级供电区10kV电缆线路全部为环网接线。

第二章 调控运行管理

第一节 配电网调控管理

一、配（县）调控管理机构

按照国家电力调控机构设置原则，地区电力调控机构设置采用两级制，即地区电网调控（简称地调）和市区配电网调控（简称配调）、县供电公司调控（简称县调）。

地区电力调度遵循“统一调度、分级管理”的原则，地调与配（县）调在调度业务工作中是上下级关系，下级调度必须服从上级调度的调度管理。上级调度对下级调度负有业务培训及指导责任，各电力生产运行单位必须服从与调度管辖相对应的调控机构的调度。配（县）调负责相应管辖区域配电网调控运行值班，接受地调调度和专业管理。地调承担地区电网（含城区配电网）调度运行、设备集中监控、系统运行、调度计划、继电保护、自动化（含配电自动化主站生产控制大区）、水电及新能源（含分布式电源）、配电网抢修指挥、停送电信息报送等专业管理职责。

配调、县调同属于第五级调度，采取同质化管理，在统一调管范围、规章制度、评价标准的基础上，深化统一人员管理、业务流程、技术支持系统。县、配调调控员持证上岗管理由省调负责，调度运行人员必须100%持证上岗，调度对象应由相应调控机构培训考核合格，取得调度业务联系资格。

二、配电网调控管理的任务和职责

配电网调控管理的任务是组织、指挥、指导、协调所辖配电网的运行操作和事故处理，充分发挥网内发、供电设备的能力，满足用电负荷的需求，合理调度，确保配电网安全、可靠、经济运行。

配电网调控管理的主要职责：

（1）严格执行地调的调度操作指令，接受省、地调对配调的管理和专业指导。

（2）负责收集、整理管辖电网的运行资料，提供分析报告。参加拟定迎峰措施和网络改进方案。参加辖区内配电网远景规划审定工作。

（3）编制和执行所辖配电网的运行方式和调度计划。参与编制所辖配电网设备检修停电计划，并审批设备的检修工作。

（4）开展配电网负荷调度管理工作，包含设备限流管理、超负荷管理等。

（5）负责所辖配电网设备的运行、操作管理，以及调度接线图设备运行状态及时更新。

（6）负责指挥所辖配电网事故处理，参加配电网事故分析，制定并组织实施保证配电网安全运行的措施。

（7）参与管辖电网范围内的新设备命名、编号；参加新建、改建、扩建工程设备接入方案审查，编制新设备启动方案。

（8）参与编制低频、低压减负荷方案。参与编制系统事故限电序位表，参与制定超负荷限电序位表，经政府主管部门批准后执行。

（9）负责配电网自动化主站、继电保护和安全自动装置的调度专业管理。

（10）开展配电网调度系统有关人员的业务培训。

三、配电网调控管理的原则

配电网调控管理各项工作必须贯彻“安全第一、预防为主、综合治理”的方针，严格执行电力安全工作规程有关规定。

（一）配调业务联系

（1）配调值班调控员是所辖配电网运行操作和事故处理的指挥者，按有关规程、规定行使调度权，任何单位和个人不得违反《电网调度管理条例》（中华人民共和国国务院令第115号），不得干涉调度系统的值班人员发布或执行调度指令。值班调控员有权拒绝各种非法干预，及时报告有关领导。

（2）配调的一切调度指令均由值班调控员统一发布，供电单位领导发布的一切有关调控业务的指令，应通过调控部门领导转达给值班调控员，调控部门领导不在场时，值班调控员可直接接受指令，及时报告调控部门领导后执行。

（3）配调值班调控员发布指令或业务联系的对象是：电网调控人员、设备运维人员、用电检查人员、电厂值班人员、高压双（多）电源用户值班人员、重要用户值班人员、用户停送电联系人。各单位的调度电话是电网统一调度重要手段，非调度业务不得占用。

（4）值班调控员与调度联系对象之间进行调度业务联系、发布调度指令时应准确、清晰，使用录音电话，互报单位姓名，执行下令、复诵、记录、录音和汇报等制度，使用普通话及统一的调度术语、操作术语。

（5）值班调控员对其所发布的调度操作指令正确性负责，调度联系对象应对调度操作指令的执行及汇报的正确性负责。

（6）值班调控员发布的调度操作指令，受令人员必须立即执行，凡拒绝执行或延迟执行调度操作指令所造成的一切后果由受令人和允许不执行指令的领导负责。如受令人认为发令人所下达的调度操作指令不正确时，应立即向发令人提出意见，由发令的值班调控员决定该调度操作指令的执行或者撤销，如发令人仍重复原指令，受令人必须迅速执行，如执行指令将威胁人身、设备或电网的安全时，受令人可拒绝执行，并将拒绝的理由和建议报告发令人和上级领导。当发生无故拒绝执行或拖延执行调度操作指令、有意虚报或瞒报等违反调度纪律的行为时，调控部门应组织调查并严肃处理。

（7）凡配调管辖的配电网设备未经许可，任何人员不得以任何借口擅自改变运行方式和设备状态。电网运行遇有危及人身和设备安全的情况时，设备运维人员可以按照有关规程规定立即处理，并将处理结果及时向值班调控员报告。

（8）当系统发生危及安全稳定运行的情况，上级调度对配调管辖设备直接发布操作指令时，设备运维人员应立即执行，不得拖延或拒绝。在未得到上级调度同意前，不得擅自恢复。在指令执行后，设备运维人员应迅速报告相关配调。

（二）待用间隔管理

待用间隔是指厂、站内配备有断路器及两（单）侧隔离开关或负荷开关的完整间隔，且一端已接入运行母线而另一端尚未连接送出线路的备用间隔。待用间隔应有名称、编号，并列入调度管辖范围。正常情况下，待用间隔应转入冷备用状态。

（三）合解环转电管理

具备合解环条件的联络点应纳入合解环转电管理，日常运行过程中不得无故采用停电转电的方式。10kV 配电网合、解环操作影响地调管辖设备运行时应经地调许可后方可进行。配调应针对不合理运行方式及联络点相序相位变动建立常态化管控机制，建立完备的台账资料或采用自动化系统管理。

（四）跨供电区域配电网联络线路的调度管理

跨供电区域配电网联络线路的调度管理，实行统一归属、互相报备的制度，用户供电设施的调度管辖权归属提供常用电源的供电单位，任何一方对供电设施的调度均应提前向另一方进行报备，确保不发生两路电源同时停电事件。报备的时间、方式由双方配调协商明确。

（五）配（县）调调度设备管辖原则

（1）地域范围内变电站 10kV 馈线开关至公用配电变压器低压侧的总（分）刀闸或总（分）开关（该设备为配调管辖）和 10kV 用户分界设备之间的所有 10kV 配电网络由配（县）调调度管辖。

（2）已实现变电站 10kV 设备监控权与调度权整合的单位，配调与地调管辖分界设备由变电站 10kV 馈线开关调整至变压器 10kV 开关。

（3）县域范围内的 220/110kV 变电站 35/10kV 母线，以及县域 35kV 网络属于县调管辖设备。

（4）非上级调度管辖的 10kV 并网小电厂（含分布式电源）的 10kV 分界开关（刀闸）由配（县）调调度管辖；其并网总开关的设备状态及电源出力由配（县）调调度许可。

（5）10kV 双（多）电源用户的进线电源开关间隔、联络开关间隔由配（县）调许可。

（六）管辖设备相关管理要求

（1）涉及配（县）调调度管辖设备的检修工作，运维单位应按相关要求提前向调度部门办理检修申请。

（2）涉及配（县）调调度管辖设备的倒闸操作，运维人员应得到配（县）调调控员下达的正式调度指令后方可进行操作，并根据调度指令拟写配电倒闸操作票，严禁无票操作及自拉自送。

（3）涉及配（县）调调度管辖设备的工作许可终结，应严格遵守“谁调度、谁许可”的原则开展。若 400V 低压主干线、分支线上的检修工作仅需配合断开配调管辖设备的，由运维单位向配调提交检修申请，配调根据申请做好停电措施，由运维单位开展相关工作票的许可工作。

（4）涉及配（县）调调度管辖设备的抢修工作，运维单位应及时与调度联系处理事宜，并按要求办理配电故障紧急抢修单，严禁自行处理后汇报及无票抢修。

票种许可划分表如表 2-1 所示。

表 2-1 票种许可划分表

序号	安措			工作内容		票种	许可
	高压	低压（调度管辖）	低压（非调度管辖）	高压	低压	配调	现场
1	√	（√）		√		配电一种票	配调许可

续表

<table>
<tr><th rowspan="2">序号</th><th colspan="3">安措</th><th colspan="2">工作内容</th><th>票种</th><th>许可</th></tr>
<tr><th>高压</th><th>低压
（调度管辖）</th><th>低压
（非调度管辖）</th><th>高压</th><th>低压</th><th>配调</th><th>现场</th></tr>
<tr><td rowspan="2">1</td><td rowspan="2">√</td><td rowspan="2">（√）</td><td rowspan="2"></td><td>√</td><td>√</td><td rowspan="3">配电一种票</td><td>配调许可（或配调运维双许可）</td></tr>
<tr><td></td><td>√</td><td>配调许可（或配调运维双许可）</td></tr>
<tr><td>2</td><td>√</td><td>（√）</td><td>√</td><td>（√）</td><td>（√）</td><td>配调运维双许可</td></tr>
<tr><td>3</td><td></td><td></td><td>√</td><td rowspan="2">—</td><td rowspan="2">√</td><td>低压工作票</td><td>运维许可</td></tr>
<tr><td>4</td><td></td><td>√</td><td>（√）</td><td>低压工作票
低压申请单</td><td>运维许可低压票
配调许可申请单</td></tr>
</table>

第二节　调控操作管理

一、配电网操作制度

（一）倒闸操作基本要求

（1）配调管辖设备只有得到值班调控员的指令或许可后方可操作，操作完毕汇报值班调控员。

（2）配电倒闸操作的发令人、受令人、操作人员（包括监护人）均应具备相应资质，并经设备运维部门或调控部门批准发布。严禁未经调度下令（许可）擅自操作调度管辖（许可）设备。

（3）值班调控员在发布各种调度操作指令前，应认真考虑以下因素：

1）操作时可能引起的对系统运行方式、重要用户、电网潮流、电压、继电保护和安全自动装置等方面的影响，做好操作过程中可能出现异常情况的事故预想，防止设备过负荷，重要用户停电、电压越限等情况。

2）开关和刀闸的操作是否符合规定。防止非同期并列、带负荷拉合刀闸、带电挂（合）接地线（接地开关）或带地线合刀闸等误操作。

3）对用户或厂站运行方式有要求的操作，应待用户或厂站运行方式安排好后再进行；当对用户或厂站运行方式解除要求时应通知有关单位。

4）属地调许可设备，操作前应得到地调值班调控员的许可，操作完毕后应汇报地调值班调控员。

（二）配电网调控员拟票、操作原则

（1）配调操作指令一般采用综合指令、单项指令的下令方式，凡涉及改变设备状态的调度指令应明确设备的初始状态和目标状态。调度操作指令不论采取何种形式发布，都必须使接令人员完全明确该操作的目的和要求。

（2）配调对一切正常操作均应填写调度操作指令票，对可以用一条综合指令、单项指令表达的操作，以及事故处理（修后送电除外），允许不拟写调度操作指令票，但当班操作和监护的调控员之间应意见一致。

（3）同一配电操作任务若分小组操作，不得由班组自行分组，应由调控员分组下达操作指令，并分别填用操作票，操作票上需等待本小组外的操作，调控员应下达“待令”。

（三）操作预令及操作令的下达

（1）计划性的倒闸操作应提前拟写调度操作指令票，避免当班拟写当班操作，审核后的指令票通过网络、传真或电话等方式发布操作预令，现场对预令有疑问时应与值班调控员沟通。临时性的操作，可由当班拟写指令票，经审核后预发给现场，待现场汇报具备操作条件后执行。

（2）值班调控员在发布调度操作指令前，须核对调度接线图、实际运行方式、继电保护定值单等相关信息，了解勘察申请单中的工作内容、时间安排、安全措施及一、二次方式变化的原因，确保操作指令正确。

（3）值班调控员发布调度操作指令应准确、清晰，使用录音电话，互报单位姓名，执行下令、复诵、记录、录音、汇报等制度，使用普通话及统一的调度术语、操作术语，并实行监护。一切倒闸操作，现场应与值班调控员核对发令和操作结束时间。

（4）对有拟写指令票的操作，下令时，值班调控员与现场操作人员应重点核对指令票编号、版本号、操作目的，确保所持操作指令一致。调控员可不逐项唱票，但必须明确下达的具体指令项，接令人应将相应的指令项完整复诵，双方核对一致无疑义后方可执行。

（5）操作结束汇报时，现场操作人员逐项唱票回令，值班调控员可不逐项复诵，但必须逐项认真核对，双方一致无疑义后执行完毕。

（6）调度下令操作宜在系统低谷或潮流较小时进行，避免在交接班、系统运行方式不正常、系统发生事故、恶劣天气等情况下进行操作。

（7）值班调控员下达调度操作指令时，原则上应按票面顺序逐项下令，严禁无根据的跳项操作。

（8）设备运维操作人员在每项操作前应核对现场设备状态，如发现现场实际状态与调度指令不符，应立即停止操作并汇报值班调控员。遇有操作疑问或设备异常情况，调控员应暂停下令，查明原因并消除异常后再继续下令。操作过程系统发生事故，应立即停止操作，待处理正常后方可继续操作。

（9）属地调管辖须委托配调操作的设备，配调值班调控员只有得到地调值班调控员的委托要求后方可进行。配调值班调控员在借用地调管辖设备进行操作时，应与地调值班调控员核对借用设备的实际状态，借用完毕，恢复地调要求的状态后归还地调。

（10）设备运维操作人员同时接到两级以上调度发布的操作指令时，原则上应先执行最高一级调度发布的操作指令，如执行有冲突时（特别是对用户停送电有影响时），应向发布调度操作指令的各级调控员报告，由相关调度协商决定先执行某一级的调度操作指令。

（11）在任何情况下，严禁“约时”停、送电。

（12）设备检修完毕送电前，值班调控员应认真查看许可工作的记录，查明所有工作班（含用户）工作已全部结束，人员已全部撤离现场，工作班（含用户）自行装设的地线已全部拆除，现场汇报具备送电条件后方可发出送电操作指令。

（四）用户设备操作管理

（1）已经签订调度协议的高压双（多）电源用户需要内部配合操作时，调度负责通知用户电工执行操作，用户电工操作完毕后直接汇报调度。

（2）因电网运行需要，值班调控员要求用户切换电源或断开配调管辖（许可）设备时，用户必须迅速执行；其恢复操作，用户应待值班调控员下令（许可）后方可进行。

（3）高压双（多）电源用户无故拒绝执行调度指令或用户未经调度许可，擅自操作调度管辖（许可）设备，调度应将相关录音及资料提供给营销，由营销部门对用户违约用电进行核查处理。

（五）运检一体调度管辖设备管理

实行变电运维检修一体化工作的试点变电站内配调管辖的 10kV 线路开关转冷备用后，与检修工作相关的安全措施（如接地，装设地线等）的执行及恢复均由现场进行操作，无需值班调控员下达操作指令。线路检修工作相关的安全措施的执行及恢复仍由值班调控员下令操作。

二、设备基本操作

（一）电网合环与解环操作

（1）闭式网络或双回路须确保相序相位一致方可合环。

（2）有条件合环的倒闸操作应采取合环转电，环状网络合环的电压差一般允许在额定电压的 20%以内，相角差 30°以内，但必须考虑合解环时环路功率和冲击电流对负荷分配和继电保护的影响，防止设备过载和继电保护动作。

（3）配电网的合解环操作，应使用具备开断负荷电流条件的断路器、负荷开关进行，严禁使用刀闸及跌落式熔断器进行合解环转电操作，就地操作时应保证操作地点和配调值班室的通信畅通，操作过程应防止"先解后合"。

（4）当电网出现局部孤立网运行时，地调值班调控员应及时告知配调孤立网运行的厂站名称，配调值班调控员将孤立网运行厂站的 10kV 馈线向主网运行的厂站线路转移负荷时，严禁非同期并列操作。

（5）跨 10kV 母线的配电网合解环操作必须经上一级调度的许可，操作完成后立即汇报。

（6）合解环操作应尽量选择在有自动化信息的厂站或线路设备上进行，合环时间不宜超过 30min。

（二）刀闸（跌落式熔断器）操作

（1）拉、合无故障的电压互感器。

（2）在无雷击风险时，拉、合无故障的避雷器。

（3）拉、合正常运行变压器的中性点。

（4）拉、合正常运行的 10kV 接地变压器。

（5）拉合励磁电流不超过 2A 的 10kV 空载变压器和电容电流不超过 5A 的空载线路。

（三）开关操作

（1）断路器允许断合负荷电流、各种设备的充电电流以及额定遮断容量内的故障电流。

（2）断路器允许切除故障的次数应在现场规程中明确规定，跳闸次数已达到现场规程规定的极限，需要解除自动重合闸时，现场运维人员应向值班调控员提出申请，经批准后执行。

（3）断路器的送电操作必须确保相关保护已投入。

（四）线路操作

（1）线路停、送电操作时， 应考虑电网电压和潮流的变化，使电网有关线路等设备不过负荷、输送功率不超过稳定极限。

（2）线路停电转检修时，必须在线路各可能来电侧［公网电源、有备案的自备电源、双（多）电源用户］及危及停电作业的交叉跨越、平行和同杆架设线路（包括用户线路）的开关、刀闸（跌落式熔断器）、TV 刀闸（或 TV 二次侧开关或熔丝）完全断开后方可挂地线或合接地刀闸；送电时则应在线路各侧地线或接地刀闸全部拆除或断开后，方可对各可能来电侧的开关、刀闸（跌落式熔断器）进行操作。

（3）装设杆上开关（包括杆上断路器、杆上负荷开关）的配电线路停电，应先断开杆上开关，后拉开刀闸。送电操作顺序与此相反。

（五）配电变压器操作

配电变压器停电操作，应先拉开低压开关（刀闸），后拉开高压开关、刀闸（跌落式熔断器）。送电操作顺序与此相反。

（六）核相

（1）未核相或核相不正确的断开点设备应置冷备用状态，核相时需要值班调控员进行操作配合的，设备运检部门应预先办理申请，经批准后由值班调控员发布操作指令操作到预先拟定的状态，然后进行核相。

（2）并列或合环设备（含线路）在大修、改建、新建投入运行前，设备运维部门必须保证相序相位正确，并在核相正确后及时汇报值班调控员，值班调控员方可发布操作指令进行并列或合环。

三、设备状态及其指令

配电网操作指令包括综合指令和单项指令。综合指令系指在同一个操作单位内，为了完成同一个操作目的，必须由一个或多个设备单元（包括应操作设备单元所属的继电保护、安全自动装置以及 TV、TA 二次回路的切换）进行不可分割的倒闸操作指令；单项指令系指为了完成某个操作目的，仅需操作一个设备（一、二次设备皆可）的倒闸操作指令。

所有配电网设备符合“运行、热备用、冷备用、检修”四态定义的，应统一使用调度综合指令；如存在非标准设备与“四态”定义不符的，应使用单项指令按设备实际状态描述。

下达配电自动化开关的调度指令，应考虑“远方/就地”选择开关的切换位置。

第三节 异 动 管 理

一、基本要求

配调管辖设备异动通过调度接线图系统的异动流程来更新台账及相关异动信息。遵循“谁负责实施异动，谁负责办理申请”原则，项目责任部门提交异动单时附上异动图纸和内容说明，异动内容与勘察申请单工作内容描述应保持一致，经设备运维部门审查后，提交调控部门审批。工作结束后，设备运维部门将现场异动实施情况汇报值班调控员。若现场实施情况与异动单不符，值班调控员应通知设备运维部门发起修正异动。

值班调控员负责在送电前对调度接线图更新发布，核对正式发布异动后的调度接线图与异动单内容无误后下达送电指令，严禁“先送电后异动”。

如因系统问题、网络中断、开工后施工方案临时变更以及紧急抢修等特殊情况造成异动无法及时发布、更新，值班调控员应经调控部门领导同意后，方可按照纸质异动接线进行送电并做好记录交接。系统恢复正常或工程结束后 24h 之内应完成异动流转手续。

设备运维部门发现图实不符情况，应及时汇报调度并提交异动申请单；调控业务处理过程中发现图实不符，应通知设备运维部门根据现场实际情况进行整改。

二、异动流程

在实践中，设备异动通过反映网络模型动态变化的“红黑图机制”实现，该机制不仅能够表示线路改造前后的不同接线图，还能够依据两者不同的拓扑结构作为计划的分解以及各种操作的合理性判断依据。“黑图”指调度正在使用并用来现场调度的图形，是当前配电网络结构和运行状态的图形显示。“红图”指线路改造实施后调度准备使用的图形，是未来配电网络结构的图形显示。“红黑图”作为一种通俗说法，实际上描述的是配电网网络模型的动态变化过程，它不仅涉及图形的不同版本，还涉及网络拓扑的表达以及设备生命周期的管理。

设备异动主要包括异动单申请、异动建模、班组审核、图模检测、调度图模审核、自动化图模审核、异动发布、异动归档等八个环节。如图 2-1 所示。

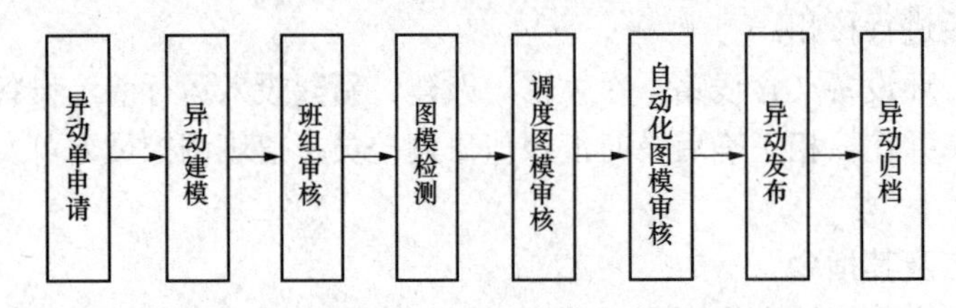

图 2-1　设备异动流程

异动单申请：运维人员发起异动，生成异动单。

异动建模：运维人员完成异动图模绘制。

班组审核：运维班组在 PMS 系统进行审核，审核不通过，则返回重新绘图建模；审核通过，则进行下一环节。

图模检测：PMS 抽取用于向 DMS 提供的模型和图形数据，并对抽取出的图模数据进行自检测。DMS 接收异动单，并获取异动的图模数据；自动对 PMS 发来的异动模型进行检测，生成单线图红图，将异动模型写入红图数据库。

调度图模审核：调度人员根据设备异动审核要求，对异动单进行审核，审核异动变化的设备清单（含高压用户内的配电变压器）和单线图红图接线方式的正确性。

自动化图模审核：自动化运维人员对导入红库后的模型进行审核，主要审核拓扑连接关系是否正确；在此基础上依据红图图形进行自动化调试。

异动发布：调控员在 OMS 系统中进行异动发布。DMS 系统接收到 OMS 发起的异动发布消息后，自动进行异动的发布，异动模型数据由红库同步到黑库，同时单线图红图转为黑图。

异动归档：运维班组完成台账录入和沿布后，归档异动单。

三、配电网单线图审核要求

单线图作为调度控制业务的必备图形，是以单条馈线为单位，描述从变电站出线到线路末端或线路联络开关之间的所有调度管辖设备（单线图可根据具体需要选择绘制或者不绘制配电站房内接线）。组成元素包括变电站、环网柜、开关站、配电室、箱式变压器、电缆分支箱、负荷开关、断路器、隔离开关、跌落式熔断器、组合开关、架空线、电缆、配电变压器、故障指示器及其杆塔等设备。

调控员审核单线图，应使其整体清晰、均匀、直观，线路和设备要保持原有的电气拓扑关系，准确反映当前配电网结构。主要包括以下规则：

（1）线路设备采用横平竖直的正交显示方式，设备及其标注不能交叉重叠。

（2）单线图中对联络点进行特殊标识，需显示联络开关的另一路进线名称和相应的馈线名称，双击联络点设备时，可自动跳转到所联络的对侧馈线。

（3）需要以虚线标示出同杆架设线路（线路名称区别显示）。

（4）单线图中，除高压用户站房采用只显示站房图标的布局外，其余站房采用显示站房及站内接线的布局。

（5）站房的主干进出线间隔绘制在站房母线的两端，在母线下侧连接，分支联络间隔和其余终端间隔均匀布局在母线上、下两侧。

第四节 应急调度管理

一、应急调度管理基本原则

配电网灾害下的应急调度管理遵循以下基本原则：

（1）调控部门根据灾害预警级别有序下放配电网设备的调度管辖权给配电运维单位和区域联络站，营销部门负责受理用户停电申请。

（2）配电运维单位和区域联络站应配置 Web 版配电自动化工作站，根据预警等级开通调度管辖范围内设备的置位、挂牌及停电信息发布权限，按照“谁调度、谁置位”原则，负责调度管辖范围内设备的置位、挂牌及故障停电信息的发布与维护。

（3）灾害应急期间，同一线路多点故障时，事故应急抢修按照“多点抢修、一停多用”原则办理最大化“安措”停电申请。

（4）配电抢修应按照“谁抢修、谁操作”的原则，若由支援抢修队伍操作则应有配电运维人员负责监护。

（5）各单位应按照“先主干、后分支”顺序组织抢修，并尽可能按照“主干、分支同步送电”原则组织复电。

二、应急调度管理实施规定

（一）Ⅲ级预警

可能受灾单位应急办发布灾害Ⅲ级预警后，调控部门应做好以下应急准备工作：

（1）通知配电网调控员（应急调度员）做好待班准备。

（2）备份配电网电子接线图，熟悉“重要用户”“生命线工程用户 ”清单，做好单台公用专用变压器（含自备电源）调度管辖权下放准备工作。

（3）与运检部门确认调整配电网停电计划。

（二）Ⅱ级预警

可能受灾单位应急办发布灾害Ⅱ级预警后，调控部门下放单台公用变压器和具备独立分界的 10kV 专用变压器用户（双多电源、小电源用户除外）分界设备调度管辖权给配电运维单位。

配电运维单位负责下放的配电变压器高、低压设备及专用变压器用户分界设备的调度操作及抢修许可。

（三）Ⅰ级预警

可能受灾单位应急办发布灾害Ⅰ级预警后，现场指挥部启用区域联络站，调控部门下放分支线、双多电源、小电源调度管辖权给区域联络站。

（1）区域联络站应配备配电网调控员（应急调度员）及具备相应调度能力的配电运维人员。

（2）区域联络站站长由配电网调控员（应急调度员）担任，负责受理“配电馈线最大化安措停电范围通知（申请）单”[以下简称：最大化停电通知（申请）单]，向配调反馈补充停电范围；负责调度管辖范围内分支线电源侧设备的调度操作；负责调度管辖范围内设备（含单台公用专用变压器）的置位、挂牌及故障停电信息的发布与维护。

区域联络站内配电运维人员协助区域联络站站长开展以下工作：受理审核事故应急抢修单，向区域联络站站长反馈补充停电范围；事故应急抢修单停电范围内调度管辖权下放设备（含自备电源、双多电源、小电源）的调度操作及线路转检修的调度操作；事故应急抢修单的许可与终结。

（3）配调负责变电站内设备和主干线电源侧设备的调度操作；负责将放射型馈线站内开关跳闸情况以及下令隔离的分支线情况通知区域联络站。

（四）最大化停电通知（申请）单

1. 发布要求

（1）配调针对强送、试送不成，或经现场确认发生故障的主干停电线路，按照最大化停电范围将主干线各电源侧设备转冷备用，并发布“最大化停电通知（申请）单”。

（2）区域联络站可依据配调发布的“最大化停电通知（申请）单”通知抢修工作负责人或工作票签发人进行停电范围内的勘察，对勘察后发现同杆架设、交叉跨越等情况的反馈配调补充停电范围，配调负责完成补充停电范围的调度操作。

（3）区域联络站针对安措涉及主干线设备的分支线故障，主动向配调提交“最大化停电通知（申请）单”，待配调完成主干线设备停电操作后通知设备抢修。其中，对于需主干线设备配合短时停电的分支线隔离操作由配调统一下令。

（4）对于仅涉及分支线的故障，由区域联络站自行布置安全措施并许可抢修。

2. 终结要求

（1）对于主干、分支线同时存在故障的抢修，区域联络站确认主干线抢修完毕，隔离仍需长时间抢修的分支线后，向配调办理“最大化停电通知（申请）单”终结送电。

（2）配调核对异动情况后组织主干线复电。

（3）单独隔离的分支线抢修完毕后，由区域联络站自行组织复电。区域联络站运作流程如图 2-2 所示。

三、灾损统计（SMD 系统）

（一）功能概述

SMD 系统可实现自然灾害发生时对全省配电网实时统计、运行监视及灾害影响的数据统计，提供全省配电网灾害影响的停复电准实时统计数据，同时实现基于地理信息的停电设备展示。此外，系统还可支持频繁停电展示、历史数据查询、配电变压器停电统计、10kV 开关跳闸统计、重过载数据展示、低电压数据展示、保电管理等日常监测功能。SMD 系统界面如图 2-3 所示。

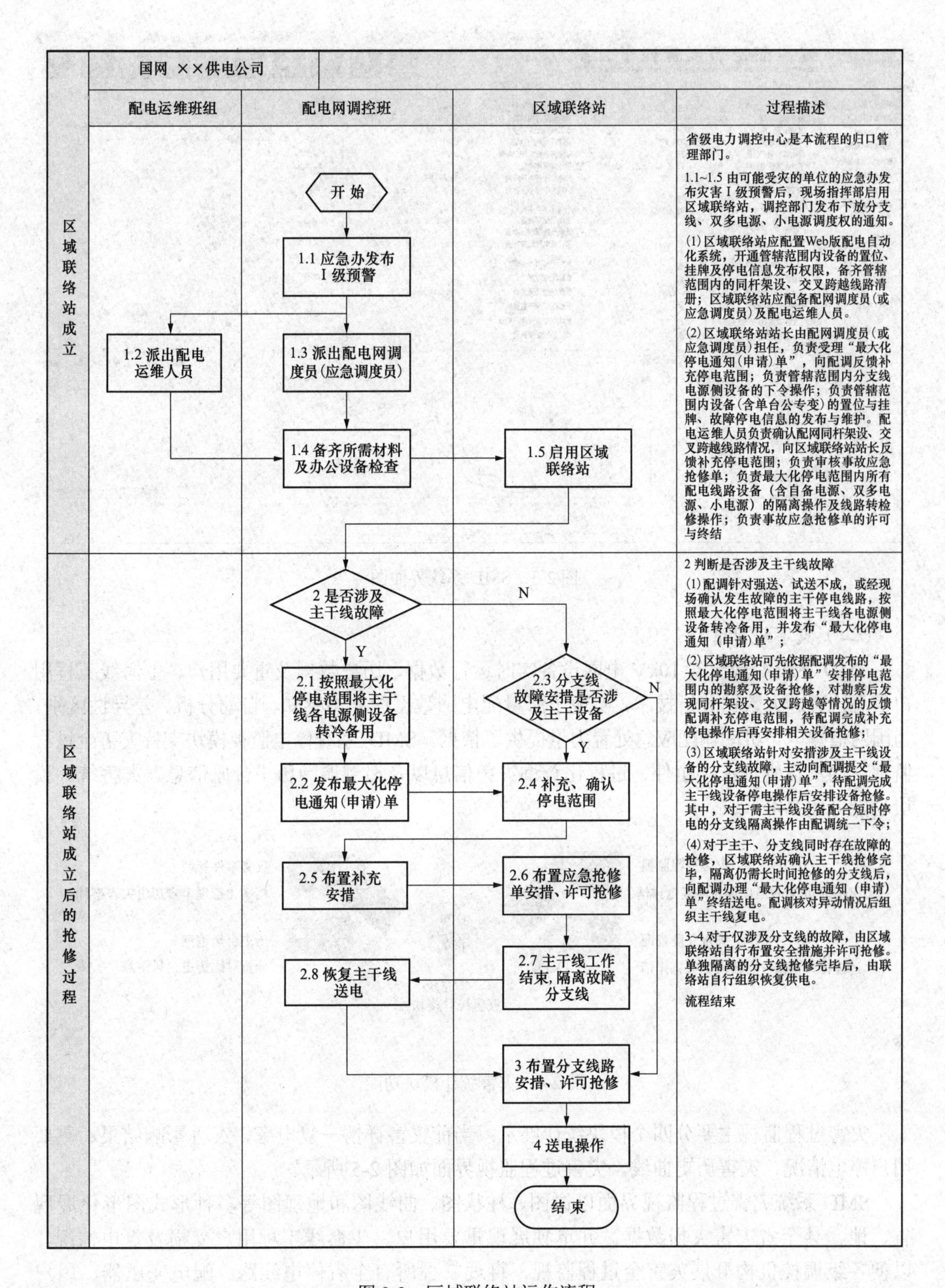

图 2-2　区域联络站运作流程

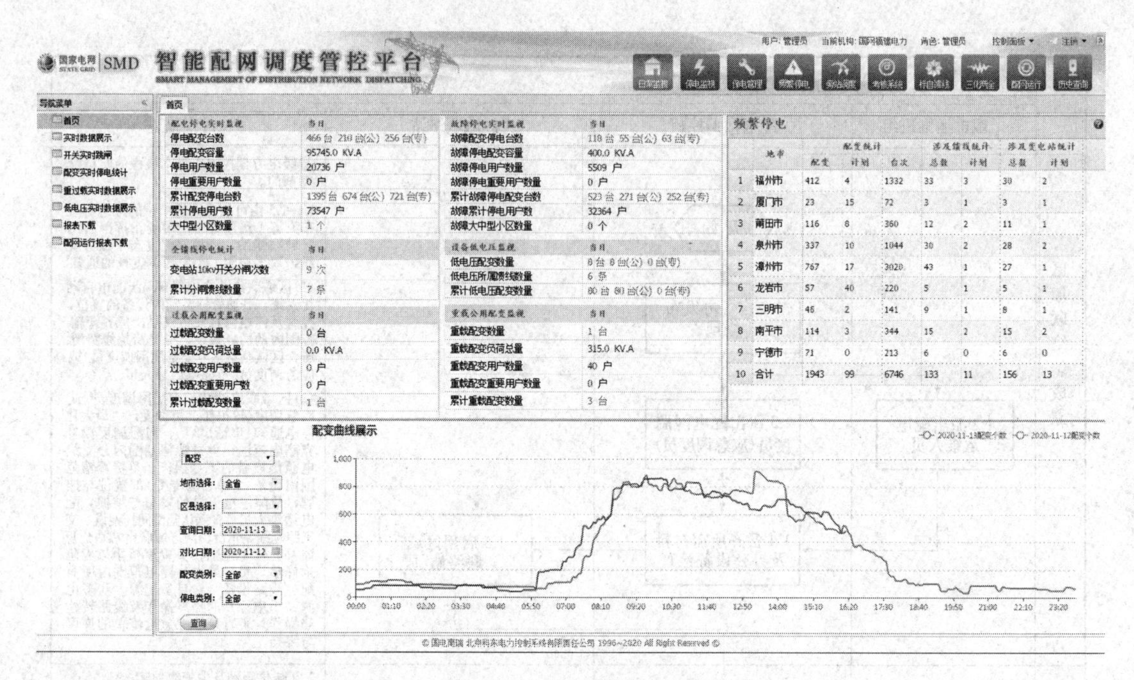

图 2-3　SMD 系统界面图

（二）灾害统计管理

SMD 系统汇聚全省 10kV 电网设备实时运行数据、历史数据及重要用户、生命线工程用户信息，通过大数据分析技术，实现了海量配电网数据的动态感知、自动分析、差异性区别，为国网福建电力机动调配应急处置力量提供了依据。SMD 系统停电监视模块支持灾害全过程监视、档案化管理灾害事件、过程化查询灾害信息以及追溯调阅历史台风信息。灾害统计模块功能见图 2-4。

图 2-4　灾害统计模块功能

灾害过程监视主要分四个模块统计展示：当前灾害详情—复电率、灾害影响结果、重要用户停电情况、灾害历史曲线。灾害过程监视界面如图 2-5 所示。

SMD 系统灾害过程监视界面以饼图、柱状图、曲线图和地理图等多种形式图形化展现省、地、县全省灾害灾损数据，并单独展现重要用户、生命线工程用户受损及复电情况，以便各级调控机构开展灾害全过程监视，直观掌握所有全省停电线路、配电变压器、用户数及其恢复情况。

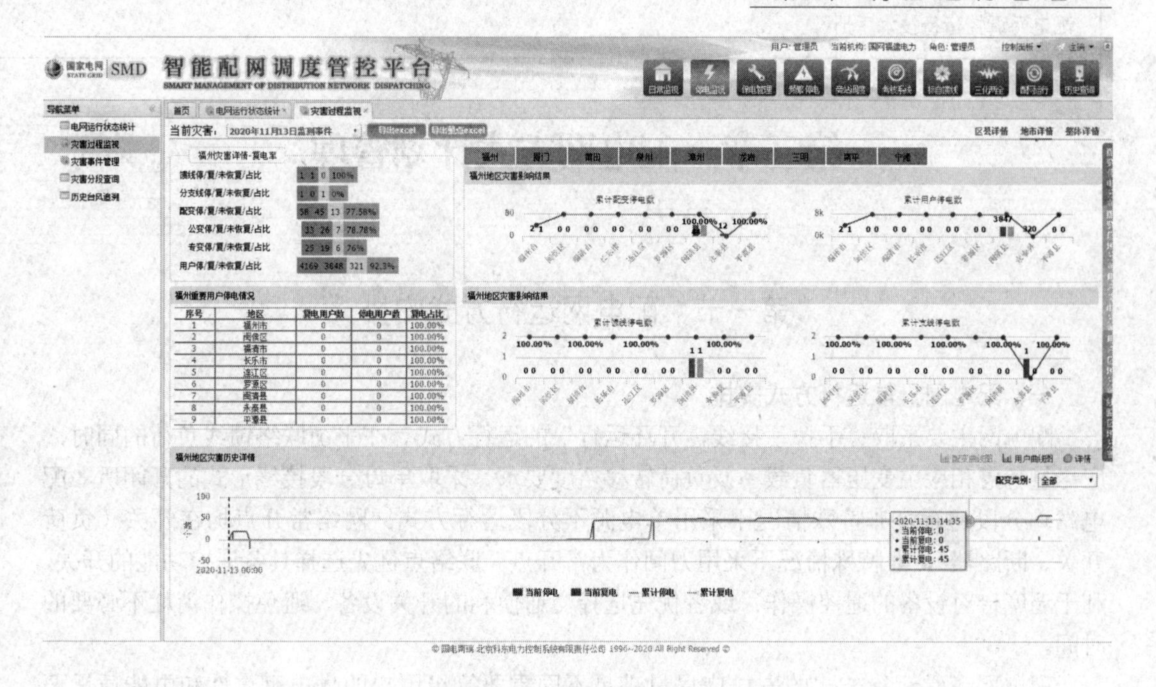

序号	地区	复电用户数	停电用户数	复电占比
1	福州市	0	0	100.00%
2	闽侯区	0	0	100.00%
3	福清市	0	0	100.00%
4	长乐市	0	0	100.00%
5	连江区	0	0	100.00%
6	罗源区	0	0	100.00%
7	闽清县	0	0	100.00%
8	永泰县	0	0	100.00%
9	平潭县	0	0	100.00%

图 2-5　灾害过程监视界面图

第三章 配电网方式计划管理

第一节 配电网运行方式安排

一、配电网日常运行方式安排

配电网主要采取“手拉手接线，开环运行”的运行方式。在平衡联络馈线负荷的同时，应尽量考虑相应主变压器负载率及负荷转移裕度要求。采取单母分段接线形式的开闭所、配电站均分段运行，非特殊情况不采用单电源不分段运行方式。网络常开点均在开关（负荷开关、断路器），非特殊情况不采用刀闸作为常开点。联络点优先选择具备遥控功能的开关，利于调度台对设备的遥控操作；或者优先选择交通便利的开关设备，避免操作消耗不必要的时间。

配电网正常运行方式的安排应尽量满足不同重要等级用户的供电可靠性和电能质量要求，避免因方式调整造成双电源用户单电源供电。在重要设备检修及节假日、特殊时期，重要用户应结合配电网实际情况，安排针对性的保供电运行方式，并根据需要制定相应的保供电预案。

配电网正常运行方式未经运行方式专业同意不得随意变更，检修、故障等原因造成的临时运行方式变化，在处理后应及时恢复正常运行方式。配电网异常运行时，值班调控员有权根据需要遵循安全可靠原则改变配电网运行方式。方式计划性变更，由运行方式专业人员下达“方式变更单”执行调整。任何情况下，改变配电网运行方式均应记录。

二、配电网合解环转电

为减少短时停电对客户用电的影响，配电网在执行转电操作时均应尽可能执行合解环转电，合解环操作时间应小于 30min。对于涉及可能导致网络相序、相位发生变化的工作，须严格执行核相工作。原则上当天工作当天核相，若核相不正确则须两个工作日内安排调相工作。对目前网络中存在的装有电源“二选一”或“三选二”闭锁装置从而导致无法合环转电的配电站房，设备运维班组应开展普查并整改，解除闭锁。

第二节 配电网停电管理

调控中心负责配合运检部做好配电网停电计划管理工作，下一月度的月度检修计划需经设备管理部门内部平衡后，于本月中上旬通过配调支持系统月度检修计划管理模块向调控中心提出，调控中心运方审核工作可行性后，配电职能管理部门中旬前召集有关部门进行平衡。职能管理部门、调控中心、设备管理部门及检修、施工单位等讨论并确定月度检修计划后，由职能管理部门发文并经局分管领导批准后于本月下旬前下达给各有关部门。

调控中心编制配电网停电月度计划时，遵循“合理计划、一停多用、能带不停”的原则。结合主网检修停电计划， 做好主配电网停电计划平衡。对于因主网建设、检修等工作造成

10kV 配电网受迫停电的，一并纳入计划统筹管理。

停电计划安排尽量减少停电范围，对能转移负荷的必须实行转电。涉及架空线路的停电，应经带电作业负责人确认无法采用带电作业后方可上报停电检修计划。对于可预见但未进入施工环节的业扩工程应采取各种有效措施结合馈线停电预装接电装置。

重大节假日与特殊保供电期间，一般不安排配电网检修工作。对用电客户再次安排停电检修的时间间隔应根据上级部门或局有关规定执行，尽量安排结合停电。

一般情况下，每次计划检修对客户连续停电时间不宜超过 8h；工作量特别大的配电网改造工程对客户连续停电时间不宜超过 10h。

对于连续性施工的配电网改造、业扩工程以及变电站新建、扩建项目的配电网新出馈线工程，设备管理部门应保证施工方案最优，并在上报月度检修计划的同时将审核后的施工方案报送调控中心。

第三节　检 修 作 业 申 请

配电网检修作业申请单主要包括现场勘察申请单、客户停复役申请单、外单位停电工作申请单、新设备启动申请单、运行方式变更通知单、低压设备状态变更申请单、配电馈线最大化安措停电范围通知（申请）单等类别。

一、现场勘察申请单

现场勘察申请单类别主要包括计划申请、临时申请、紧急申请、零停申请、带电申请、结合申请等。

（一）计划申请

计划申请适用于已纳入月度计划停电平衡，满足提前 7 天发布停电公告条件的计划检修、施工工作。涉及对外公告的计划停电工作，设备运维部门提前 11 天 11:00 前向调控部门提交现场勘查申请单，调控部门提前 9 天 11:00 前予以批复。如提前 11 天为节假日，应在节假日前一天 11:00 前提交调控部门审批，调控部门于当天 16:00 前予以批复。

（二）临时申请

临时申请适用于满足提前 24h 但不满足提前 7 天发布停电公告条件的临时检修作业，主要包括应急工程、缺陷处理等临时检修、施工工作。临时新增停电工作应由单位分管生产领导审批，方可填报现场勘察申请单。涉及对外公告的临时停电工作，设备运维部门提前 4 天 11:00 前向调控部门提交现场勘查申请单，调控部门提前 3 天 11:00 前予以批复。如提前 4 天为节假日，应在节假日前一天 11:00 前提交调控部门审批，调控部门于当天 16:00 前予以批复。

（三）紧急申请

紧急申请适用于危急（紧急）缺陷处理等无法满足提前 24h 发布停电公告条件的紧急检修、施工工作。紧急申请不得套用于预安排的停电工程。对于停电区域内近期有预安排停电的工作，可结合开展。

（四）零停申请与带电申请

（1）零停申请适用于不涉及用户停电的检修、施工工作，应纳入月度（周）计划平衡，未列入月度（周）计划平衡的零停申请应执行相关部门审批制。

（2）带电申请适用于带电作业。涉及用户停电工程的带电作业应纳入月度计划停电平衡，并视为计划申请。

（3）零停申请、带电申请等不涉及对外公告的检修、施工工作，设备运维部门提前3天11:00前向调控部门提交现场勘查申请单，调控部门提前2天11:00前予以批复。如提前3天为节假日，应在节假日前一天11:00前提交调控部门审批，调控部门于当天16:00前予以批复。

（五）结合申请

计划申请停电范围内新增检修、施工工作的结合申请，其停电时间和施工时间不得超过计划申请的停电时间和施工时间。原则上应与计划申请同步上报，如遇特殊情况，设备运维部门应至少提前3个工作日11:00前提交调控部门审批。

二、其他类别申请单

（一）客户停复役申请单

停复役申请单适用于10kV专用变压器用户的销户、停役、复役。由营销部门负责发起申请，经设备运维部门审核，并至少提前1个工作日11:00前提交调控部门审批。

（二）外单位停电工作申请单

外单位停电工作申请单适用于10kV用户侧设备检修，需电网侧设备配合停电的检修、施工工作。外单位停电工作申请单应提供经批准的用户停送电联系人书面申请。对于不涉及其他用户停电的申请，应至少提前2个工作日11:00前提交调控部门审批。对于涉及其他用户停电的申请，应纳入月度计划停电平衡。

（三）新设备启动申请单

新设备启动申请单适用于新设备启动送电过程中出现异常无法当天送电，待整改、消缺完毕后提交启动送电申请。新设备启动申请单应明确启动范围，并提前3个工作日11:00前提交调控部门审批。

（四）运行方式变更通知单

运行方式变更通知单适用于根据主网设备检修或其他实际需要（不包括配电网检修计划）进行配电网运行方式调整的方式变更。

（五）低压设备状态变更申请单

低压设备状态变更申请单适用于调度管辖范围内的低压设备检修、施工工作。涉及对外停电公告的低压申请应按照计划停电的相关要求执行。

（六）配电馈线最大化安措停电范围通知（申请）单

配电馈线最大化安措停电范围通知（申请）单适用于地市公司启动Ⅰ级预警后，配调按照最大化停电范围将各电源侧设备转冷备用的配电网灾害应急抢修作业。

三、新设备启动送电要求

（1）10kV新设备必须验收合格后方可安排接电启动，10kV新设备接电及启动送电应同步进行。值班调控员应确认现场勘查单已批准，对于业扩工程还应确认收到各部门会签完整的业扩工程启动送电通知单，方可安排停电操作。具备带电条件的新设备接电工程优先采用不停电方式作业。对不能实施带电作业施工的新设备接电工程应全部纳入月度停电计划平衡。

（2）新设备送电前，值班调控员应接到设备运维人员对接入设备验收合格，电网侧设备处冷备用（断开）状态，具备送电条件的汇报，关联配电网工程的工作负责人汇报工作已终结，并接到用电检查人员对用户侧进线设备处冷备用（断开）状态，具备送电条件的汇报，方可安排送电。

（3）新设备启动送电过程中，因异常需要消缺整改无法当天送电的，应严格按照运用中设备进行调度管理和现场安全管理，值班调控员须与现场做好状态核对，在调度接线图上进行状态置位、挂牌标识。设备消缺作业原则上应在一周内整改完毕并启动送电。已接入电网的新设备应按照调度管辖范围纳入调度管理，按照设备运行维护范围分别纳入运检、营销管理。

第四节 配电网用户及电源调度管理

一、配电网双（多）电源用户管理

10kV 侧联络的双（多）电源供电的用户，应在营销部门的协助下于申请接电前与调控部门签订调度协议，未签订协议者不得送电。

双（多）电源客户，均应分段开环运行。对单母不分段客户，须按照调度协议要求由其主供电源承带。对供电连续性有特殊要求的客户，须向调度提出申请并取得同意方能短时合环转电。

高压双（多）客户配置的电源自投装置应经配调许可并进行电网试验方可投入，并将相关资料报调度运方组、继保组备案。

二、配电网自备电源用户管理

自备电源系指由用户自行配备，在正常供电电源全部发生中断的情况下，能为用户保安负荷可靠供电的独立电源。0.4kV 侧联络的双电源用户按照自备电源用户进行管理。

自备电源与电网电源之间必须正确装设切换装置和可靠的闭锁装置，确保在任何情况下，均无法向电网倒送电。自备电源与电网电源必须采用“先断后通”的切换方式。用电检查人员应定期进行检查，对客户受电装置不符合安全规定的，应及时提出整改通知。

三、重要电力用户管理

营销部门汇总重要用户清册（应包含站所名及电工联系方式），经审定后报地方政府批准发布，原则上每年发布一次。涉及重要用户清册内容变更的，营销部门应及时书面告知运检部门和调控部门。

对属于重要用户责任的安全隐患，营销部门应以书面形式告知用户，督促用户整改。

调控部门应制定重要站所、重要用户紧急情况下通过配电网转电应急措施。

四、高压用户设备增、减容及停、复役管理

高压用户设备增、减容工作需由配调进行停电许可的，由用电检查至少提前两个工作日通过配调支持系统向调控中心申请，用电检查在向调控中心提交《外单位停电工作申请许可单》时应附有《用户设备竣工报告及验收单》，送电前用电检查应向配调值班调控员汇报用户设备验收情况。

高压用户设备欠费停电、暂时停运或销户需配调配合停电的，由用电检查至少提前一天通过配调支持系统向调控中心申请，申请单上应注明停电前是否需要用电检查确认，审核后通过调度指令形式执行。对已销户用户，设备管理部门应将分界设备拆除工作纳入检修计划

统一平衡，优先采用不停电方式作业，原则上应在一个月内安排拆除。

高压用户暂时停运后需复役者，由用电检查人员至少提前一天通过配调支持系统向调控中心申请。配调送电前还需与申请人确认具备送电条件、用户进线线路在冷备用状态后方可送电。停运 6 个月及以上设备重新送电应按照新设备的要求启动送电。

高压用户欠费停电，结清电费后需送电者，由用电检查人员至少计划送电当日 16:00 前通过配调支持系统向调控中心申请。配调送电前还需与申请人确认具备送电条件、用户进线线路在冷备用状态后方可送电。

用电检查人员应实时更新高压用户在调度电子接线图上的信息。

五、在运的高压用户设备产权移交管理

已在运的高压用户设备产权移交，配电运维班组需书面告知配调，向调控中心运方人员、继保人员提供保护定值单、电气接线图及各设备的运行状态等资料。配调核对配电运维班组提交的电气接线图与调度电子接线图一致后，还应通过调度电话与配电运维班组核对设备状态、双重名称，经核对无误后配调方可接受调度管辖权。

高压用户设备产权移交，设备管理部门应及时通过异动建模将调度电子接线图中的高压用户图标改为公司所属站房图标，并通知配调值班调控员发布异动和修改调度电子接线图。

配调接受调度管辖权前，配调值班调控员应根据配电运维班组汇报的设备运行状态立即在调度电子接线图上挂牌、置位，确保设备状态图实一致。

第五节 有序用电管理

调控中心根据营销部编制的有序用电方案，编制辖区超电网供电能力限电序位表，列出拉荷顺序，馈线名称，每条馈线或每台主变压器控制超负荷的数值，经相关部门审定后报地方政府批准执行。原则上序位表每年修订一次。

电网负荷在省网电力紧张的非常时期实行统筹安排，统一调度的管理原则。根据上级部门下达的本地区供电指标，调控中心会同相关部门，认真制定下达各有关客户的用电指标，执行计划用电指标，防止造成超负荷紧急拉闸限电。

第六节 电网检修风险预警

根据每周电网检修计划，结合电网计划检修及风险预警通知发布，开展并落实防控措施，确保检修期间电网安全平稳运行。

分析各项检修可能造成的运行安全风险，同时提出针对性的风险防控措施。对于可能造成变电站内主变压器过载、部分 10kV 母线失压或全站失压事故的检修，提前做好相关的负荷转移方案及应急事故处理预案。对于影响重要用户全电源用电的检修，风险责任分配到部门，由变电运维室、配电运检室、营销部、客户服务中心等相关部门做好职责内管辖设备的特巡及检查工作，做好事故的应急处理措施。

第四章 配电网继电保护

第一节 继电保护概述

一、继电保护主要作用

当发电机、变压器、输配电线路、母线等电力设备发生故障时，要求用尽可能最短的时限和在尽可能最小的区间自动把故障设备从电网中断开，以减轻故障设备的损坏程度和对相邻地区供电的影响，完成这种任务的自动装置，习惯上统称为继电保护装置。

电力系统继电保护的基本作用在于：

（1）有选择地将故障元件从电力系统中快速、自动地切除，使其损坏程度减至最轻，并保证最大限度地恢复无故障部分的正常运行。

（2）反映电气元件的异常运行工况，根据运行维护的具体条件和设备的承受能力，发出报警信号、减负荷或延时跳闸。

（3）依据实际情况，尽快自动恢复对停电部分的供电。

多年的运行实践证明，电力系统继电保护工作的好坏，对电力系统本身及重要用户安全运行影响很大，继电保护工作是保证系统安全稳定运行不可缺少的重要手段。如果做得不好，不仅不能起到应有的作用，甚至可能成为扩大事故或造成电网大面积停电事故之源，对系统、用户都可能造成灾难。

二、继电保护基本原理

继电保护主要利用电力系统中元件发生短路或异常情况时的电气量（电流、电压、功率、频率等）的变化，构成继电保护动作的原理，也有其他的物理量，如变压器油箱内故障时伴随产生的大量瓦斯或油压强度的增高。大多数情况下，不管反映哪种物理量，继电保护装置将包括测量部分（和定值调整部分）、逻辑部分、执行部分，如图 4-1 所示。

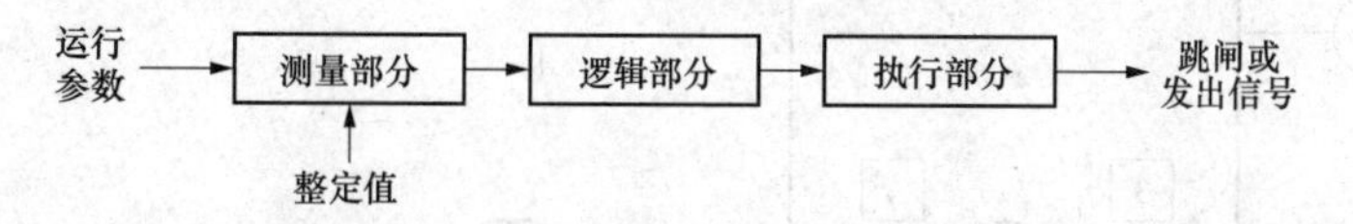

图 4-1 继电保护装置基本组成框图

测量部分从被保护对象输入有关信号，再与给定的整定值相比较，决定保护是否动作。

根据测量部分各输出量的大小、性质、出现的顺序或它们的组合，使保护装置按一定的逻辑关系工作，最后确定保护应有的动作行为，由执行部分立即或延时发出报警信号或跳闸信号。

三、继电保护分类

电力系统中的电力设备和线路，应装设短路故障和异常运行的保护装置。电力设备和线路故障的保护应有主保护和后备保护，必要时可增设辅助保护。

（1）主保护是满足系统稳定和设备安全要求，能以最快速度有选择地切除被保护设备和线路故障的保护。

（2）后备保护是主保护或断路器拒动时，用以切除故障的保护，后备保护可分为远后备和近后备两种方式。

1）远后备是当主保护或断路器拒动时，由相邻电力设备或线路的保护实现后备的保护。

2）近后备是当主保护拒动时，由该电力设备或线路的另一套保护实现后备的保护，当断路器拒动时，由断路器失灵保护来实现后备保护。

（3）辅助保护是为补充主保护和后备保护的性能或当主保护和后备保护退出运行而增设的简单保护。

（4）异常运行保护是反映被保护电力设备或线路异常运行状态的保护。

四、继电保护基本要求

继电保护装置应满足可靠性、选择性、灵敏性和速动性的要求。这"四性"之间紧密联系，既矛盾又统一。

（1）可靠性是指保护该动作时可靠动作，不该动作时应可靠不动作。可靠性主要由配置结构合理、质量优良和技术性能满足运行要求的继电保护装置以及符合有关规程要求的运行维护和管理来保证。

（2）选择性是指首先由故障设备或线路本身的保护切除故障，当故障设备或线路本身的保护或断路器拒动时，才允许由相邻设备各保护、线路保护或断路器失灵保护切除故障。

如图4-2所示的网络中，当线路L4上d2点发生短路时，保护6动作跳开断路器6QF，将L4切除，继电保护的这种动作是有选择性的。d2点故障，若保护5动作，将5QF跳开，则变电站C和D都将停电，继电保护的这种动作是无选择性的。同样，d1点故障时，保护1和保护2动作跳开1QF和2QF，将故障线路L1切除，才是有选择性的。

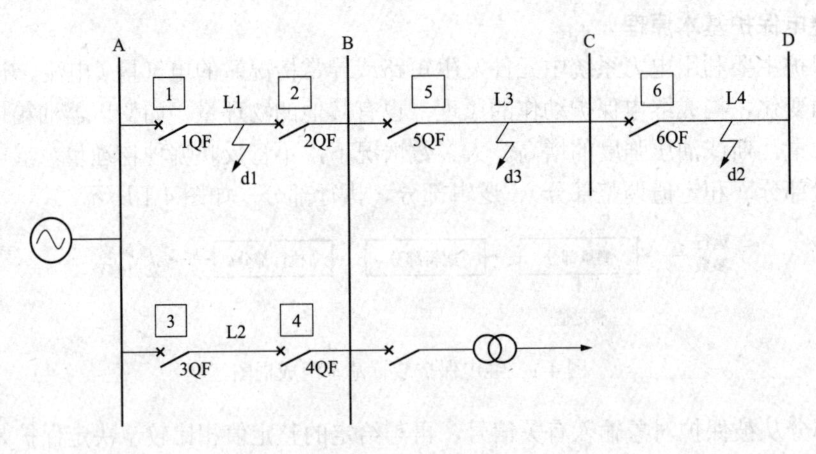

图4-2　电网保护选择性动作说明图

（3）灵敏性是指在设备或线路的被保护范围内发生金属性短路时，保护装置应具有必要的灵敏系数，各类保护的最小灵敏系数各不相同，配电线路保护灵敏度应根据线路长度不同满足1.3～1.5倍的灵敏度要求。

（4）速动性是指保护装置应尽快地切除短路故障，其目的是提高系统稳定性，减轻故障设备和线路的损坏程度，缩小故障波及范围，提高自动重合闸和备用电源或备用设备自动投入的效果等。一般从装设速动保护（如高频保护、差动保护）、充分发挥零序接地瞬时段（一般称为第一段）保护及相间速断保护的作用、减少继电器固有动作时间和开关跳闸时间等方面入手来提高速动性。

第二节 配电网涉及的继电保护

一、变压器保护

变压器是现代电力系统中的主要电气设备之一。由于变压器发生故障时造成的影响很大，故应加强其继电保护装置的功能，以提高电力系统的安全运行水平。

变电站35kV及以下电力变压器继电保护装置的配置原则一般为：

（1）应装设反映内部短路和油面降低的瓦斯保护。

（2）应装设反映变压器绕组和引出线的多相短路及绕组匝间短路的纵联差动保护或电流速断保护。

（3）应装设作为变压器外部相间短路和内部短路后备保护的过电流保护（或带有复合电压启动的过电流保护）。

（4）为防止变压器过负荷的变压器过负荷（信号）保护。

（一）变压器的纵联差动保护

变压器的纵联差动保护用来反映变压器绕组、引出线及套管上的各种短路故障，是变压器的主保护。

变压器纵联差动保护单相原理接线如图4-3所示。在变压器两侧装设互感器1TA和2TA。1TA和2TA一次绕组的同极性端均置于相同的一侧，二次绕组的不同极性端相连，差动电流继电器KD并联在电流互感器二次绕组上，形成环流法比较接线。

在正常情况和外部故障时，其两侧流入和流出的一次电流之和为零，差动继电器不动作。实际上，此时会有不平衡电流流入继电器。

当变压器内部发生故障时，连接变压器两侧的电源都向变压器供给短路电流，各侧所供短路电流之和流入差动继电器，差动继电器动作，瞬时切除故障。因此，纵联差动保护能正确区别变压器的内、外部故障，而不需要与其他保护配合。

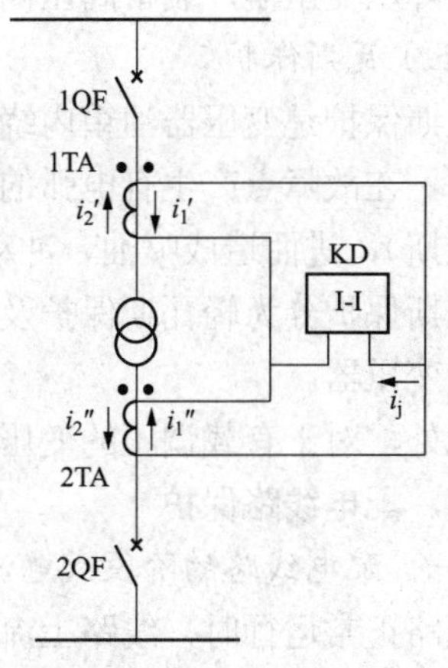

图4-3 变压器纵联差动保护单相原理接线图

（二）变压器的电流速断保护

对于容量较小的变压器，可在电源侧装设电流速断保护。电流速断保护与瓦斯保护配合，以反映变压器绕组及变压器电源侧的引出线套管上的各种故障。保护动作于跳开两侧断路器。电流速断保护具有接线简单、动作迅速等优点，但它不能保护变压器的全部，因此一般不单独作为变压器的主保护。电流速断保护单相原理接线如图4-4所示。

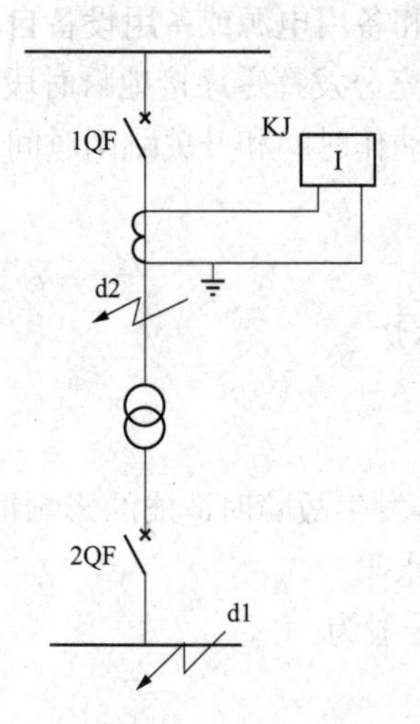

图 4-4　电流速断保护单相原理接线图

（三）变压器的后备保护

变压器的后备保护既是变压器主保护的后备保护，又是相邻母线或线路的后备保护。根据变压器容量的大小和系统短路电流的大小，35kV 及以下变压器相间短路的后备保护可采用过电流保护、复合电压启动的过电流保护。

变压器过电流保护的装设可按以下原则确定：

（1）对于单侧电源的变压器，后备保护可装设于电源侧，作为差动保护、瓦斯保护的后备或相邻元件的后备。

（2）对于多侧电源的变压器，后备保护应装设于变压器各侧，作为变压器差动保护的后备，以及作为各侧母线和线路的后备保护。

简单的过电流保护，适用于容量不大的单侧电源变压器，作为变压器的后备保护。其整定值按下述条件计算：

（1）躲开变压器可能的最大负荷电流整定。

（2）躲过负荷自启动的最大工作电流整定。当系统某处故障而被切除后，因电压恢复负荷中的动力负荷将产生自启动电流。

（3）按躲过变压器低压母线自动投入负荷整定。

（4）按与相邻保护相配合整定。当变压器低压侧具有出线保护时，应相配合。

对升压变压器、大容量降压变压器以及其他负荷电流变化较大的变压器等，均可能出现短时间的过负荷运行方式。当采用一般的过电流保护灵敏度不够时，可装设带电压闭锁的过电流保护装置，这样其电流定值计算可不考虑变压器的短时过负荷电流。

（四）变压器的过负荷保护

变压器的过负荷保护反映变压器对称过负荷引起的过电流，动作电流应躲开变压器的额定电流整定，保护经延时动作于信号。对双绕组升压变压器，过负荷保护装于低压侧；对于双绕组降压变压器，装于高压侧。

（五）瓦斯保护

瓦斯保护是变压器油箱内绕组短路故障及异常的主要保护。其作用原理是：变压器内部故障时，在故障点产生有电弧的短路电流，造成油箱内局部过热并使变压器油分解、产生气体（瓦斯），进而造成喷油、冲动气体继电器，瓦斯保护动作。

瓦斯保护分为轻瓦斯保护及重瓦斯保护两种。轻瓦斯保护作用于信号，重瓦斯保护作用于切除变压器。

此外，对于有载调压的变压器，在有载调压装置内也设置瓦斯保护。

二、配电线路保护

（一）配电线路的阶段式电流保护

线路正常运行时，线路上流过的是负荷电流，母线电压一般为额定电压。当线路发生相间短路时，电源至短路点之间的电流会增大，故障相母线电压会降低。因此，可利用这一特征反映故障。

阶段式电流保护，即为了迅速、可靠地切除被保护线路的故障，将瞬时电流速断保护、限时电流速断保护、定时限过电流保护三种电流保护组合在一起构成的一整套保护。一般是构成三段式电流保护，瞬时电流速断保护为第Ⅰ段，限时电流速断保护第Ⅱ段，定时限过电流保护第Ⅲ段，Ⅰ段、Ⅱ段共同构成主保护，第Ⅲ段作为后备保护。阶段式电流保护不一定都用三段，也可只用两段，即瞬时或限时电流速断保护第Ⅰ段、定时限过电流保护第Ⅱ段，构成两段式电流保护。

1. 瞬时电流速断保护（电流Ⅰ段保护）

反映电流增大且瞬时动作的保护，简称电流速断保护。其动作电流按大于本线路末端短路时最大短路电流整定。电流速断保护不能保护本线路全长，而且保护范围随运行方式和故障类型而变。最大运行方式下三相短路时，保护范围最大；最小运行方式下两相短路时，保护范围最小。

2. 限时电流速断保护（电流Ⅱ段保护）

带有延时的电流速断保护。限时电流速断保护能保护线路全长，并延伸至下一线路的首端。为了保证选择性，其动作值和动作时限应与下一线路电流速断保护或限时电流速断保护配合整定。

3. 定时限过电流保护（电流Ⅲ段保护）

通常是指其动作电流按躲过线路最大负荷电流整定的一种保护。在正常运行时，它不会动作。当电网发生故障时，由于一般情况下故障电流比最大负荷电流大得多，所以保护的灵敏性较高，不仅能保护本线路全长，作本线路的近后备保护，而且还能保护相邻线路的全长甚至更远，作相邻线路的远后备。

（二）配电线路光纤电流差动保护

光纤差动保护一般采用分相电流差动的实现方式，通过比较被保护线路两端的三相电流判断故障是否在保护区内。在中性点直接接地或采用小电阻接地方式的配电网中，还利用零序电流构成电流差动保护，以克服负荷电流的影响，提高保护反映接地故障的灵敏度，光纤差动保护比较的是线路两端电流相量之间的差异，因此，要求两端保护装置能够在“同一时刻”进行采样，即实现采样的同步。光纤电流差动保护构成原理（专用通道）见图 4-5，光纤电流差动保护构成原理（复用通道）见图 4-6。

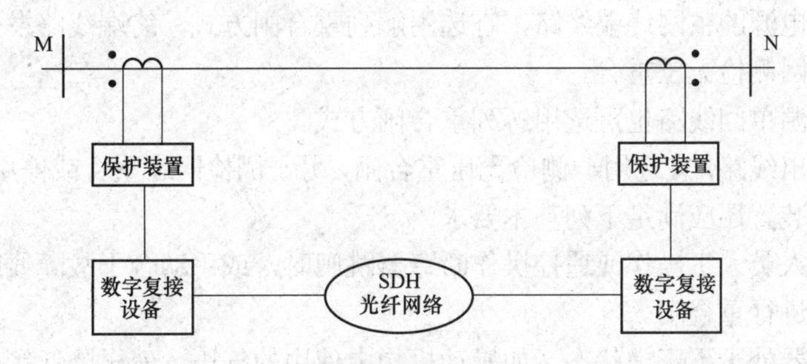

图 4-5 光纤电流差动保护构成原理（专用通道）

光纤电流差动保护主要用于下面几种情况：

（1）用于高可靠性要求的闭环运行的配电环网线路。

（2）用于分布式电源高度渗透的有源配电线路。

（3）用于接有电源暂降敏感用电设备的配电线路。

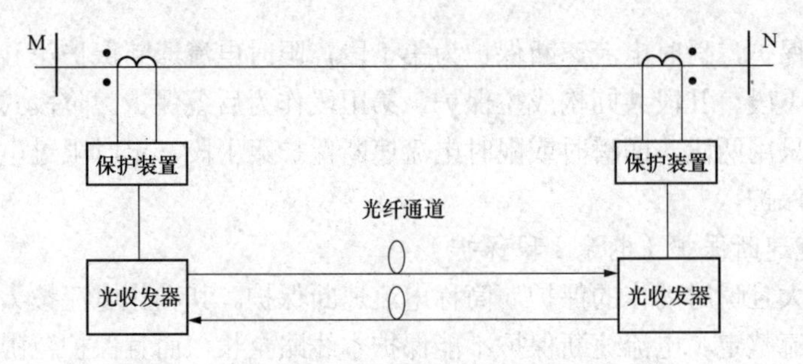

图 4-6　光纤电流差动保护构成原理（复用通道）

三、安全自动装置

（一）自动重合闸装置

一般认为，电缆线路中的故障几乎都是永久性的，因此，不采用重合闸。对于电缆架空混合线路来说，需要根据电缆长度所占的比例决定是否投入重合闸。

1. 配电线路重合闸装置的作用

（1）大大提高供电可靠性，特别是单侧电源单回线路。

（2）为了自动恢复瞬时故障线路的运行，从而自动恢复整个系统的正常运行状态。

（3）可以纠正由于断路器或继电保护装置造成的误跳闸。

（4）与线路上分段开关配合，实现就地控制方式的馈线自动化，完成故障区段的自动隔离。

2. 自动重合闸的类型

自动重合闸的类型有三相重合闸、综合重合闸（包括单相重合、三相重合、综合重合、全停四种运行方式）。35kV 及以下电网均采用三相重合闸，自动重合闸方式的选定，应根据电网结构、系统稳定要求、发输电设备的承受能力等因素合理地考虑。

单侧电源线路一般情况下采用三相一次重合闸。

双侧电源线路选用系统侧检无压，小电源侧检同步重合闸方式，也可酌情选用下列重合方式：

（1）带地区电源的主网终端线路，宜选用解列重合闸方式，终端线路发生故障，在地区电源解列后，主网侧检无压重合。

（2）双侧电源单回线路也可选用解列重合闸方式。

发电厂的送出线路，宜选用一侧检无压重合闸，另一侧检同步重合或停用重合闸的方式。

自动重合闸装置还应满足下列基本要求：

（1）在运行人员人工操作或遥控操作断路器跳闸时，或手动合于故障线路而跳闸时，重合闸装置均不应进行重合闸。

（2）当断路器处于不正常状态（如操动机构中使用的气压、液压降低等）时应闭锁重合闸装置。

（3）重合闸装置应具备与继电保护装置密切配合的条件，以提高和改善保护装置的技术性能。

3. 自动重合闸的前加速与后加速

自动重合闸与继电保护的配合有前加速与后加速两种方式。

前加速方式的配合过程为：当线路上出现短路故障时，保护首先无选择性地加速动作，快速跳闸切除故障，然后断路器进行一次重合；若为瞬时性故障，则重合成功；而若故障是永久性的，则保护带时限、有选择性地动作于跳闸。

后加速方式的配合过程为：当线路出现短路故障时，保护首先有选择性地动作，然后断路器进行一次重合；若为瞬时性故障，则重合成功；若重合于永久性故障时，保护装置不带时限无选择性地动作跳开断路器。

4. 大电流闭锁重合闸

为了减少配电线路多次瞬时故障产生的大电流对主设备的冲击，特别是对变压器的多次冲击（可能造成变压器绕组变形等危害），设置大电流闭锁重合闸功能。当故障电流大于设置值即闭锁重合闸功能，设置值一般取本站 5 倍变压器低压额定电流。35kV 变电站 10kV 馈线开关应综合研判设备健康状况及供电可靠性，可适当调大闭锁重合闸电流定值，但不得大于 10 倍变压器低压额定电流。设备部确认为抗短路能力差的变压器，其所供电 10kV 线路的过电流 I 段定值按不超过 3 倍变压器低压侧额定电流整定，时限 0s，不再考虑保护选择性要求，过电流 I 段应闭锁线路重合闸。

（二）备用电源自动投入装置

在 10～35kV 电网中，常常采用放射型的供电方式。在这些系统接线方式中，为提高对用户供电的可靠性，可采用备用电源自动投入装置，简称备自投（BZT）装置，使系统自动装置与继电保护装置相结合。这是一种提高用户不间断供电可靠性既经济而又有效的重要技术措施之一。

备自投方式有进线电源备自投、桥（分段）备自投、变压器备自投。

备自投装置动作逻辑：备自投动作逻辑中设有闭锁条件、启动条件、检查条件。当启动条件全部满足，闭锁条件不满足时，动作出口，检查条件用于检测动作成功与否。另外，为了防止装置误动，在动作判别中设计有充电条件，只有充满电后才开放出口逻辑。

备自投装置动作基本遵循的原则：

（1）满足充电条件；

（2）工作母线失压（非 TV 断线造成）；

（3）检查有无其他外部条件闭锁备自投；

（4）跳开与原工作电源相连接的断路器，以免备用电源合于故障；

（5）检查备用电源是否合格，如满足要求则合上工作母线与备用电源相连的断路器；

（6）备自投装置只动作一次，动作投于永久性故障的设备上时应加速跳闸，闭锁备自投装置。

如图 4-7 所示，备自投装置动作原理如下：

进线备自投：进线 I 为工作电源、进线 II 为备用电源，11QF 运行，21QF 热备用；进线失电后，备自投装置启动跳开 11QF，合上 21QF，由备用电源进线 II 恢复对变电站供电。

分段备自投：进线 I、进线 II 运行，31QF 热备用；进线 I 失电后，备自投装置启动跳开 11QF，合上 31QF，恢复进线 II 对 1TM 供电。

变压器备自投：1TM 为工作变压器、2TM 为备用变压器，即 12QF、13QF 运行，22QF、23QF 热备用，当 1TM 故障或误跳 12QF、13QF 后，备自投动作合上 22QF、23QF，将备用变压器 2TM 投入。

（三）故障解列装置及反孤岛保护装置

“孤岛”是指配电网与大电网的连接断开后形成的一个有分布式电源供电的配电子系统。

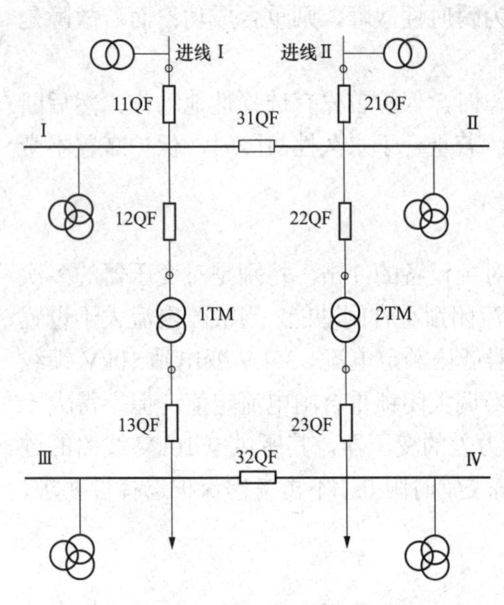

图 4-7　备自投装置动作原理图

有计划性“孤岛”及非计划性“孤岛”。非计划性“孤岛”是不允许的。非计划性“孤岛”主要通过故障解列装置或者反孤岛保护装置来实现分布式电源与电网脱离，两者的主要保护功能都涉及了电压和频率。

1. 故障解列装置

故障解列装置是当检测的本站母线或者线路出现问题时，为了不使本站冲击到电网，将并网点切除，从而保证电网的安全运行。故障解列装置一般是零序过压、过压、低压、高频、低频等保护功能。

2. 反孤岛保护

反孤岛保护可以分为基于本地电气量的被动式反孤岛保护、主动式反孤岛保护以及基于通信的反孤岛保护。

（1）基于本地电气量的被动式保护。指测量并网开关处电气参数的保护，主要有过压、低压、低频、高频、频率突变和逆功率等，及时跳开并网点开关。

（2）主动式反孤岛保护。在分布式电源输出功率与负荷功率基本平衡时，孤岛运行时的电压与频率可能都在允许的范围内，因此，上述基于本地电气量的被动式反孤岛保护总是存在死区，从原理上就无法可靠地实现反孤岛保护，而主动式反孤岛保护方法可以解决这个问题。目前提出的主动式反弧岛保护方法主要有注入信号法以及适用于逆变器的主动扰动法。

（3）基于通信的反孤岛保护。直接远方跳闸安装在变电站内的保护装置或智能终端，在检测到变电站出线断路器跳闸时，通过通信通道向分布式电源并网开关处的智能终端发出命令，跳开并网开关。

直接远方跳闸保护是一种非常可靠的反孤岛保护措施。不过，如果在分布式电源与变电站出口断路器之间还有分段断路器时，则需要采用集中控制装置实现分布式远方跳闸，通过统一采集处理出口断路器与上游分段开关的动作信息，在上游任何一个开关动作时都发出远方跳闸命令，断开分布式电源。

四、电容器保护

常见电力电容器保护主要有以下类型：

（一）熔丝保护

电容器组的每台电容器上都装有单独的熔丝保护，只要配合得当，就能够迅速将故障电容器切除，避免电容器的油箱发生爆炸，使附近的电容器免遭波及损坏。

（二）延时电流速断保护

主要反映电容器与断路器之间连接线的相间短路故障，保护动作于开关跳闸。

（三）过电流保护

过电流保护的任务，主要是保护电容器引线上的相间短路故障或在电容器组过负荷运行时使开关跳闸。

（四）过电压保护

电容器在过高的电压下运行时，其内部游离增大，可能发生局部放电，使介质损耗增大局部过热，并可能发展到绝缘被击穿。过电压保护防止电容器组在超过最高容许的电压下运行，保护动作于开关跳闸。

（五）低电压保护

低电压保护主要是防止变电站事故跳闸、变电站停电等情况下，空载变压器与电容器同时合闸时工频过电压和振荡过电压对电容器的危害。

（六）单星形接线电容器组开口三角电压保护

电压取自放电线圈二次侧所构成的开口三角。在正常运行时，三相电压平衡，开口处电压为零，当单台电容器因故障被切除后，即出现差电压 U_0，保护采集到差电压后即动作跳闸。

（七）单星形接线电容器组电压差动保护

电容器电压差动保护原理就像电路分析中串联电阻的分压原理。是通过检测同相电容器两串联段之间的电压，并作比较。当设备正常时，两段的容抗相等，各自电压相等，因此两者的压差为零。当某段出现故障时，由于容抗的变化而使各自分压不再相等而产生压差，当压差超过允许值时，保护动作。

（八）双星形接线电容器组的中性线不平衡电压保护

保护所用的低变比电流互感器串接于双星形接线的两组电容器的中性线上，在正常情况下，三相阻抗平衡，中性点间电压差为零，没有电流流过中性线。如果某一台或几台电容器发生故障，故障相的电压下降，中性点出现电压，中性线有不平衡电流流过，保护采集到不平衡电流后即动作跳闸。

五、消弧装置（接地变压器）保护

消弧装置（接地变压器）一般采用两段式过电流保护，电流Ⅰ段保护、电流Ⅱ段保护。

电流Ⅰ段保护主要反映消弧装置（接地变压器）内部故障、消弧装置（接地变压器）与断路器之间连接线的相间短路故障。

电流Ⅱ段保护主要反映消弧装置（接地变压器）低压侧发生金属性短路故障或消弧装置（接地变压器）严重过负荷运行。

另外，在小电阻接地系统中，接地变压器保护还应设置零序电流保护，动作于跳闸。

第三节 配电网保护具体配置与应用

一、配电网保护配置主要原则

（1）配电网保护配置应适应配电网灵活多变的运行方式，并做到简洁、高效。10kV 配电网应以馈线为单位进行整体系统建设改造，形成电缆单、双环网和架空三分段两联络为主的 10kV 网架结构，保护配置应与配电网网架及一次设备建设改造同步进行。

（2）受变电站出线保护边界条件限制，配电网保护级数不多于三级（不包括变电站 10kV 开关）。

（3）配电网保护应配置相过电流、零序过电流及重合闸等功能，根据系统接地方式及运行需求可投入零序保护功能。

（4）用户接入产权分界处、小电源（小水电及分布式电源）接入点，电网侧应配置带保护的分界断路器。小电源接入点分界断路器保护应具有过压、高频、低频等解列保护功能。因小电源接入，重合闸需投检无压方式的架空线路断路器应配置两侧 TV。

（5）保护装置所用电流量应取自保护级电流互感器，相过电流保护电流互感器一次额定值不宜低于 200A，经计算不满足保护整定范围的长线路末端电流互感器一次额定值可适当调整。

（6）配电网保护装置应符合可靠性、选择性、灵敏性和速动性的要求，采用具有成熟运行经验的微机综合型装置，具备保护、控制、测量、采集及通信功能，可采用测控、保护、配电自动化一体化装置，以满足经济型要求。

（7）配电网保护应能够通过“就地”和“远方”两种方式实现投退保护、投退重合闸、切换保护定值区、修改保护整定值等功能，以满足一二次设备“全分析”“全遥控”智慧调控需要。

二、配电网保护装置及自动化终端保护功能要求

（一）保护装置功能要求

（1）至少具备两段相过电流（可经电压、方向闭锁）、一段零序过电流（可经方向闭锁）、三相一次重合闸（检无压、检同期或不检）、后加速、过负荷告警等保护功能。每段保护可通过修改整定值分别投退，零序过电流可动作于跳闸或告警。定值及时间应连续可调，重合闸最大时限宜不低于 10min。

（2）具备通过“就地”和“远方”两种方式实现投退保护功能、投退重合闸、切换保护定值区、修改保护整定值和相关控制参数，跳闸出口可就地投退。

（3）具备上传线路故障告警、装置告警、保护动作等信号的功能。

（4）具备故障录波和事件记录功能，可经召测后上送 DMS 主站。

（二）自动化终端保护功能要求

保护测控一体装置（即带保护的 DTU、FTU）内的保护功能满足以下要求：

（1）至少具备两段相过电流（可经电压、方向闭锁）、一段零序过电流（可经方向闭锁）、三相一次重合闸（检无压、检同期或不检）、后加速、过负荷告警等保护功能。每段保护可通过修改整定值分别投退，零序过电流可动作于跳闸或告警。定值及时间应连续可调，重合闸最大时限宜不低于 10min。

（2）具备通过“就地”和“远方”两种方式实现投退保护功能、投退重合闸、切换保护定值区、修改保护整定值和相关控制参数，跳闸出口可就地投退。

（3）具备接入配电主站系统的接口并满足 IEC101/104 协定。具备上传线路故障告警信号、装置告警信号、保护动作等信号的功能。

（4）具备事件记录功能，可经召唤后上送 DMS 主站。

（5）保护跳/合闸出口与遥控分/合闸出口分开，装置自带操作回路，具备分/合闸硬件自保持功能。

（6）保护测控一体的站所终端 DTU 还应满足以下要求：

1）装置支持扩充至少 8 个间隔的三相电流、零序电流接入，2 组母线电压和零序电压接入；

2）各接入间隔的保护定值可分别整定；

3）各间隔保护分别按照各间隔整定的动作时间动作，独立出口跳闸；

4）可根据运行需要具备备自投功能。

（三）备自投装置功能要求

1. 备自投功能

（1）线路备自投方案：包括母联或桥开关备自投、进线备自投。

（2）备自投逻辑自动适应一次方式，充放电自动完成，保证备自投装置正确动作，逻辑中灵活使用电流模拟量条件，提高装置动作可靠性。

（3）两轮过负荷联切功能。

（4）母联或桥开关、进线开关的保护动作信号应作用于闭锁备自投。

（5）备自投装置充电后仅允许动作一次，且自动复归备自投逻辑。

（6）具备无压有流闭锁功能。

2. 保护功能

（1）两段式定时限复压闭锁过电流保护，作为母联或桥开关、进线开关保护。

（2）一段式定时限零序过电流保护，作为母联或桥开关保护。

（3）母联或桥开关的复压闭锁过电流加速保护。

（4）母联或桥开关的零序过电流加速保护。

（5）母联或桥开关由分到合后加速保护投入3s，3s后加速保护自动退出。

（6）装置设有保护功能、跳闸出口、闭锁备自投压板。

三、架空线路典型接线及保护配置原则

架空线路典型接线为三分段两联络模式，根据线路长度及负荷分布合理配置带保护的分段断路器（一、二次融合成套开关），见图4-8。长度小于2km的架空主干不配置带保护的分段断路器，2～8km宜配置一个带保护的分段断路器，8～15km宜配置两个带保护的分段断路器。15km以上线路应安排改造，改造前可配置三个带保护的分段断路器。在满足配电网保护级数不多于三级的前提下，大支线可按上述原则配置若干带保护的分段断路器。专用变压器用户、小电源接入点装设分界断路器并配置保护。

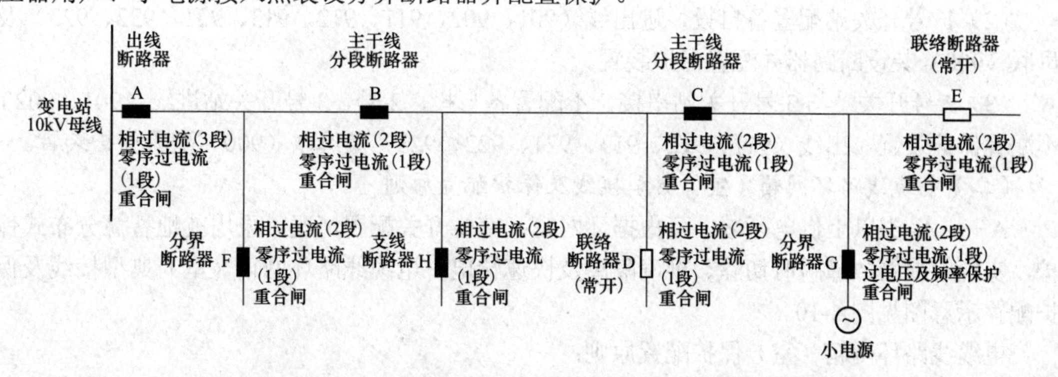

图4-8 架空线路典型接线（三分段两联络）及保护配置示意图

架空线路典型接线（三分段两联络）保护配置原则：

（1）断路器A配置的保护装置：为变电站10kV出线保护。

（2）根据线路长度、负荷分布在骨干装设分段断路器（B、C），联络点装设断路器（D、E），分支线路配置断路器（H）。在满足配电网保护级数不多于三级的前提下，大支线可配置若干带保护的分段断路器。保护功能优先在配电自动化终端实现。

（3）专用变压器用户、小电源接入点装设分界断路器（F、G），保护功能优先在配电自动化终端实现。

（4）图 4-8 中零序过电流保护适用于中性点经小电阻接地方式，不接地及经消弧线圈接地系统也应配置。

四、配电站房保护配置

（一）开关站典型接线及保护配置原则

开关站出线及母联装设断路器并配置保护装置，配置备自投的开关站进线装设断路器并配置保护装置。开关站典型接线及保护配置示意图见图 4-9。

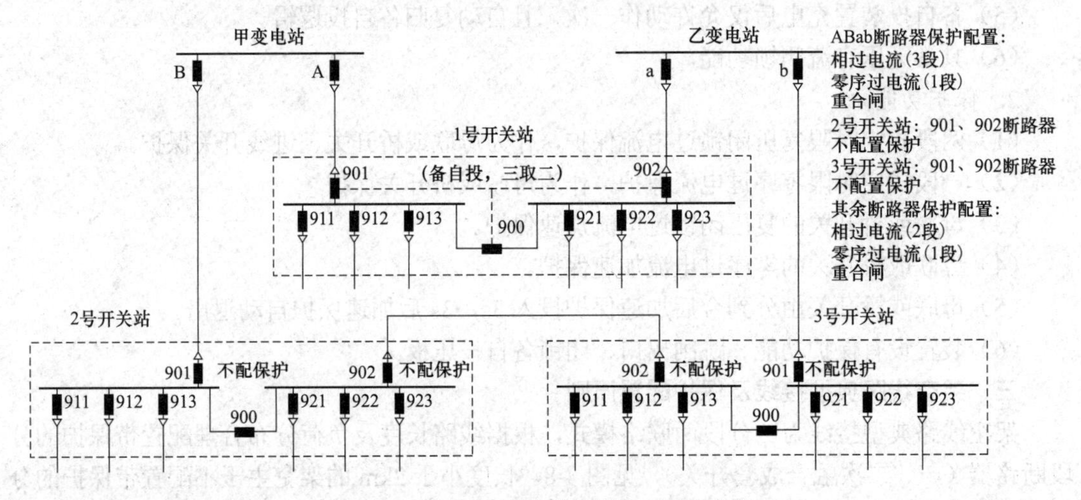

图 4-9　开关站典型接线及保护配置示意图

开关站保护配置原则：

（1）变电站出线（A、a、B、b）装设断路器并配置保护装置。

（2）1 号开关站配置备自投，进出线（901、902、911、912、913、921、922、923）及母联（900）装设断路器并配置保护装置。

（3）2 号开关站与 3 号开关站串接，不配置备自投，2 号、3 号开关站进线（901、902）不配置保护装置，出线（911、912、913、921、922、923）及母联（900）配置保护装置。

（二）电缆线路环网箱（室）典型接线及保护配置原则

A+、A 类以上供电区域，可根据环网箱（室）开关配置情况，采用就地智慧分布式保护，实现电缆网故障瞬时切除、准确隔离及快速转电。电缆线路环网箱（室）典型接线及保护配置示意图见图 4-10。

电缆线路环网箱（室）保护配置原则：

（1）环网箱（室）环进环出均装设断路器。在满足配电网保护级数不多于三级的前提下，根据线路长度、负荷分布在主干选择 1～2 个断路器作为分段点（在 K1～K6 中选 1～2 个）配置保护。

（2）出线均装设断路器并配置保护。

（3）专用变压器用户内部进线应装设断路器并配置保护，实现分界内故障就地自动隔离。

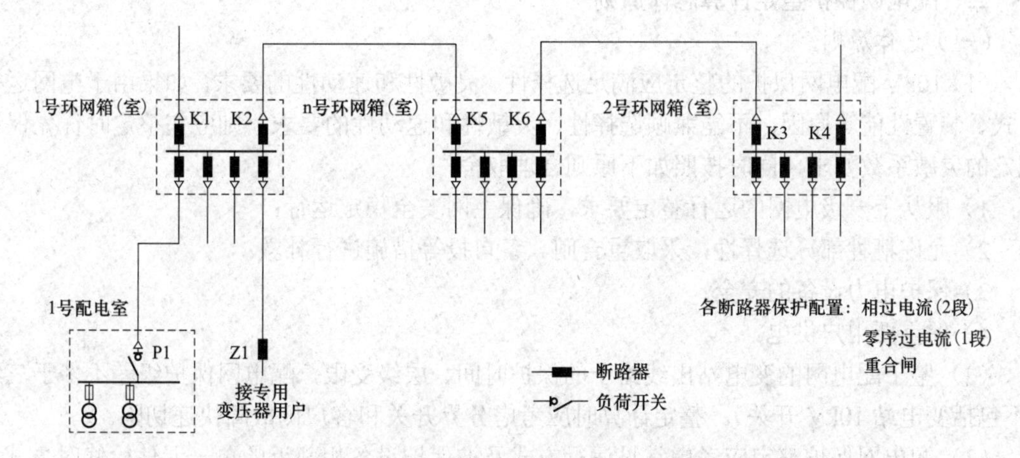

图 4-10 电缆线路环网箱（室）典型接线及保护配置示意图

第四节 配电网继电保护管理

一、配电网继电保护运行管理

保护投入运行前，工程筹建部门或设备运维部门应对保护装置进行检验，出具检验报告。设备运维部门应验收保护装置检验及定值调试情况，在保护装置检验报告单及定值调试报告单上签字确认，并与值班调控员核对定值单的编号及执行正确无误后方可投入保护，同时将定值单、保护装置检验报告单、定值调试报告单一并在相应开关台账中归档。配调管辖范围内新投运开关的保护定值或在运开关的保护定值改变，工作结束后相关定值流程应返回调控中心。

系统运行方式变更或电源接入，应考虑继电保护装置的配置及定值相应变更。

如遇临时运行方式或事故运行方式，需要变更保护定值时，由调控部门继电保护专业通知配调值班调控员，再由值班调控员下达指令进行更改，运行方式恢复后，恢复原定值，双方应做好记录并进行核对。

保护装置动作后，设备运维人员或电网监控人员应及时收集和记录保护动作情况，详细检查并准确记录保护的动作时间、动作类型及故障电流等，将主要情况向值班调控员汇报。

配调管辖设备的保护投入和退出应根据调度操作指令执行，由设备运维人员操作。

备自投装置联切的投入与退出应根据所辖调度的指令执行，并符合有关管理规定，不得擅自改变装置的运行方式。

重合闸投退要求：

（1）10kV 馈线带有小电源，线路保护无法检测线路电压时，重合闸应退出运行；10kV 馈线为电缆线路或电缆长度达 50%以上的线路，重合闸应退出运行；带电作业有要求时应退出重合闸；检定线路无压或检定同期的重合闸，当线路电压互感器停运时应退出重合闸；检定线路同期的重合闸，在母线电压互感器断线或停运时应退出重合闸。

（2）联络线临时作单电源馈电时，受电侧的保护、重合闸均解除。恢复联络线时，受电侧的馈线保护，重合闸压板投入。

二、配电网保护整定计算总体原则

（一）总体原则

（1）10kV 配电网保护的整定应满足选择性、灵敏性和速动性的要求，如果由于电网运行方式、装置性能等原因，不能兼顾选择性、灵敏性和速动性的要求，则应在整定时优先保证规定的灵敏系数要求，同时按照如下原则合理取舍：

1）服从上一级电网的运行整定要求，确保主网安全稳定运行；

2）允许牺牲部分选择性，采取重合闸、备自投等措施进行补救；

3）保护电力设备的安全；

4）保重要用户供电。

（2）鉴于配电网的变电站出线给予的保护时间、层级受限，配电网保护级差不多于三级（不包括变电站 10kV 开关）。整定计算时应考虑分界开关和客户侧故障快速切除。

（3）配电网保护整定应考虑常见运行方式及被保护设备相邻近的单一元件检修时方式，可不考虑环网倒电、转供电等短时方式。

（4）配合时间级差。微机型的继电保护装置可以采用 0.3s 的时间级差。若部分地区电网保护逐级配合有困难时应综合考虑断路器断开时间、保护返回时间、时间继电器误差等因素，报所在单位分管领导批准后时间级差可采用 0.15～0.2s。

（5）配电网保护采用远后备方式，即保护或断路器拒动时由电源侧相邻的保护切除故障。

（6）配电网线路重合闸采用后加速方式。

（二）典型接线保护定值配合示例

（1）架空线典型接线（三分段两联络）保护整定配合示例，如图 4-11 所示。

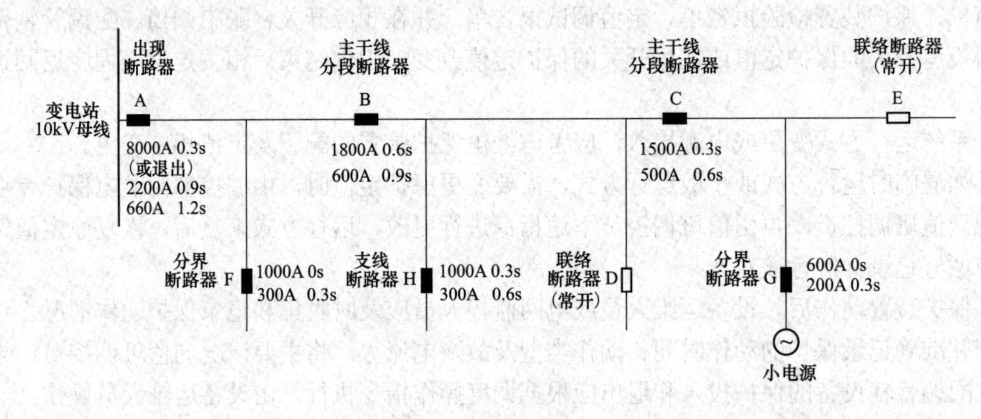

图 4-11　架空线典型接线（三分段两联络）保护整定配合示例图

说明：

1）主干线分段断路器 B 过电流 I 段与分段断路器 C、支线断路器 H 过电流 I 段配合，分段断路器 C 过电流 I 段与分界断路器 G 过电流 I 段配合。

2）主干线分段断路器 B 过电流Ⅱ段躲最大负荷电流并与分段断路器 C、支线断路器 H 过电流Ⅱ段配合，分段断路器 C 过电流Ⅱ段躲最大负荷电流并与分界断路器 G 过电流Ⅱ段配合。

3）变电站出线为短线路时断路器 A 的电流 I 段定值可能超出保护装置整定范围，可将该段保护退出。

（2）开关站典型接线保护整定配合示例，如图 4-12 所示。

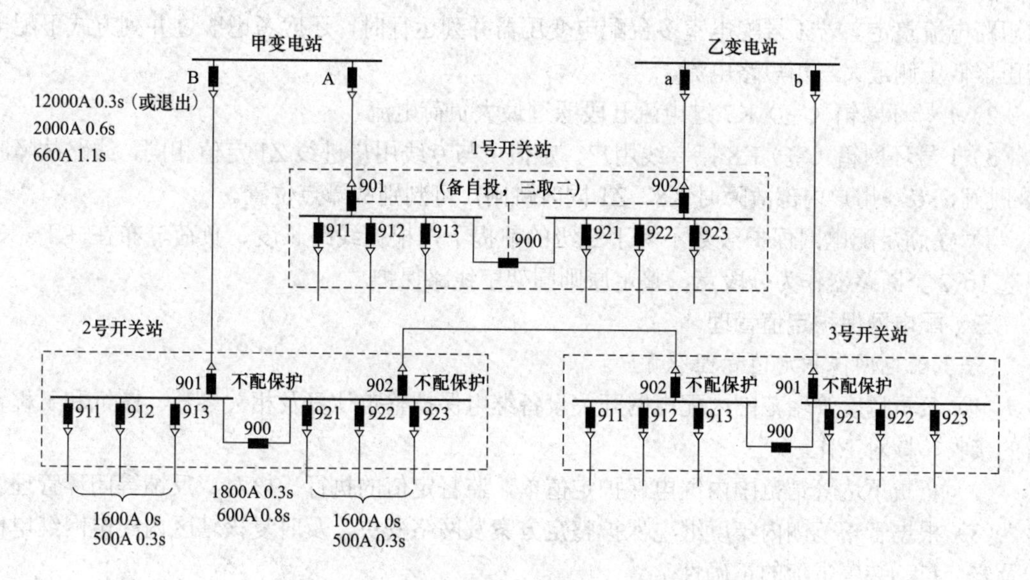

图 4-12　开关站典型接线保护整定配合示例图

说明：

1）甲变电站 B 线过电流Ⅰ段躲 2 号开关站母线故障。如果其为短线路，可能计算出的数值太大而超出整定范围，可将该段保护退出。

2）甲变电站 B 线过电流Ⅱ段与 2 号开关站 900、911、912、913 过电流Ⅰ段配合。

3）甲变电站 B 线过电流Ⅲ段躲过最大负荷电流，并与 2 号开关站 900、911、912、913 过电流Ⅱ段配合。

4）1 号开关站 901、902 保护动作闭锁备自投装置，其定值和时间可与线路对侧保护 A、a 相同，在时间级差允许时动作时限也可比线路对侧缩短ΔT。

（3）电缆线路环网箱（室）典型接线保护整定配合示例，如图 4-13 所示。

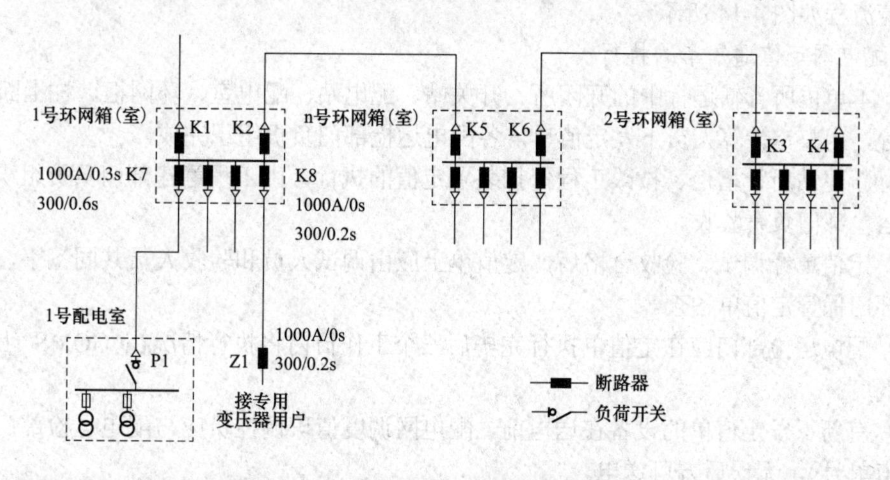

图 4-13　电缆线路环网箱（室）典型接线保护整定配合示例图

说明：

1）1 号环网箱（室）K7 过电流Ⅰ段躲过 1 号配电室最大容量配电变压器低压侧最大三相短路电流整定。若 1 号配电室多台配电变压器并列运行时，还应考虑躲过并列方式下配电变压器低压侧最大三相短路电流。

2）1 号环网箱（室）K7 过电流Ⅱ段躲过最大负荷电流。

3）1 号环网箱（室）K8 接专线用户，定值可与专线用户进线 Z1 定值相同，线路故障时 K8 跳闸，专线用户内部故障时 K8、Z1 同时跳闸，可判别故障点位置。

4）在满足配电网保护级数不多于三级的前提下，根据线路长度、负荷分布在 K1～K6 中选 1～2 个断路器作为分段点，整定原则同架空线路保护。

三、配电网保护定值管理

（一）配电网保护定值管理职责

（1）负责调度管辖范围内配电网开关设备继电保护整定计算及相关参数、图纸和工程资料的接收、核对工作。

（2）负责下达管辖范围内继电保护定值单，监督定值的执行、核对、反馈等闭环管理。

（3）根据管辖范围内年度继电保护整定方案及网络变更，及时复核辖区内配电网继电保护及安全自动装置定值的正确性。

（4）负责下达公司维护住宅工程用户侧进线继电保护及安全自动装置的定值。

（5）负责下达本辖区配电网客户（小电源）进线侧边界定值限额，并审核重要用户其报备定值是否满足边界要求。

（6）负责接收、批准继电保护及安全自动装置定值新增、变更的工作申请；配电网调度值班调控员应与配电运检部门核对定值（定值单号），无误后方可送电。

（二）配电网保护定值管理流程

1. 配电网保护定值整定的申请

配电网继电保护整定申请单应具备的资料应提前 10 个工作日通过 GOMS 流程流转上报，整定计算人员应在确认接到完整资料后提前 4 个工作日内完成定值下达。涉及设备异动配电网保护整定申请单，在 GOMS 流程提交时应同时关联勘察申请单、设备异动单等。定值整定申请流程如图 4-14 所示。

2. 配电网定值通知单的执行

（1）本单位所管辖运行中的开闭所、开关站、配电站、配电室、环网柜、柱上断路器的定值执行，由整定计算人员下发定值单，各配电运检部门负责组织完成。

（2）新建站所、增柜、技改工程保护装置定值的执行，由工程筹建部门负责组织完成，各配电运检部门负责验收。

（3）定值单经调试、验收合格后，定值单上应由调试人员和验收人员共同签字，由各配电运检部门保管定值单备查。

（4）配电运检部门应在定值单执行完毕后三个工作日内将执行情况在 GOMS 上按流程反馈给调度。

（5）有新下发定值单的设备在送电前，配电网调度值班调控员应与配电运检部门核对定值（定值单号），无误后方可送电。

保护定值通知执行流程如图 4-15 所示。

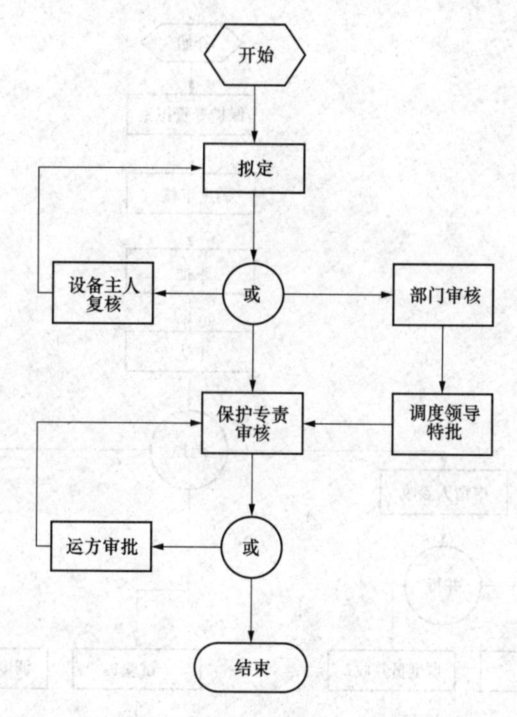

图 4-14 定值整定申请流程图

四、配电网保护远方修改定值及“在线”整定

（一）配电网保护远方修改定值

（1）以 FTU、DTU 等配电自动化为基础，实现开关设备远方调整定值。远方修改定值流程涉及现有的 GOMS 定值整定申请单、定值通知单、勘察申请单、异动单及 DMS 系统智能成票等多个流程，形成各流程贯通关联。

（2）开关定值远方修改执行，系统自动进行开关识别、下装新定值、定值召测、召测值与定值单校核等一系列步骤，实现定值线上一键下装，简化调控员进行定值下装的操作步骤。

（3）配电网运行方式需要开关定值调整时，利用智能开票模块与 DMS 定值下装模块开发多个开关定值批量下装功能；实现线路上开关定值配合运行方式及时调整，提高保护规范化管理水平。

（二）配电网定值自动计算及远方下装

配电网定值自动计算及远方下装通过 DMS 系统 Web 服务（三区）开发定值自动计算程序，生成标准电子定值通知单发送至 GOMS 系统进行流转审批，通过 DMS 系统（一区）从远方下装至现场装置，实现了定值自动计算、在线下装、召测比对全过程闭环管理。

自动计算主要是根据整定开关的设备 ID、设备名称，提取 DMS 等系统上开关所属馈线定值、系统阻抗等定值计算需要的数据，展示并用于定值计算。通过简图功能快速选择整定方案（开关定值整定第几级，分段或分界开关），最后一键自动计算并将计算结果嵌入完整定值单模板中生成电子定值单。

远方下装通过定值自动计算后生成正式的电子定值单发送至 DMS 一区，调度台与现场确认并核实定值单后，一键式将定值下发至现场装置，并执行定值召回，复验的功能保证定值正确性。

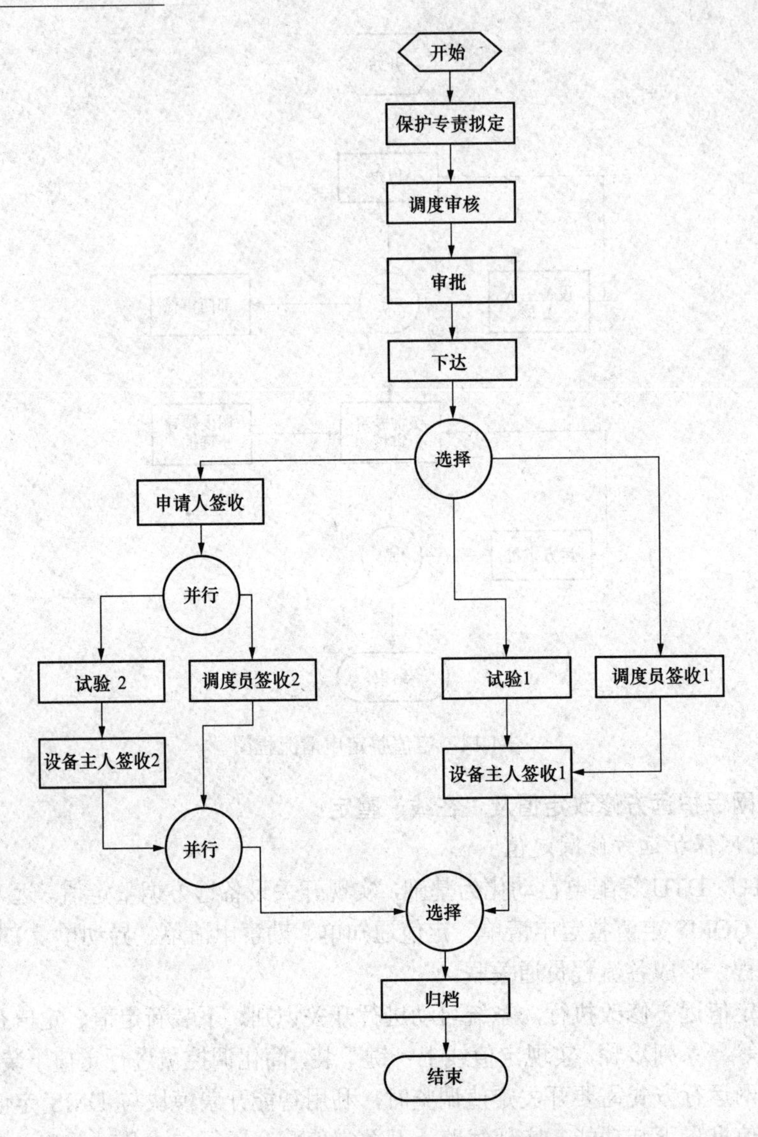

图 4-15 保护定值通知执行流程图

第五章 配电网故障处理

配电网常见故障主要为短路故障和电压异常。短路故障主要为两相相间短路。电压异常主要为 TV 断线、谐振、单相接地故障，调控员要根据母线电压的征象进行故障判断。本章通过几个常见案例的处理，讲述配电网常见故障处理方法和记录规范，旨在总结故障处理的相关思路和一般原则，培训新进调控员学习处理故障的思路，规范故障记录。

一、故障处理的一般原则

（1）迅速限制事故发展，消除或隔离事故根源，解除对人身和设备安全的威胁。

（2）根据系统条件尽最大可能保持对用户的正常供电。

（3）迅速对已停电用户恢复送电，特别优先恢复重要用户的用电。

（4）调整电力系统的运行方式，使其恢复正常。

二、运行设备缺陷的分类

凡运行中的设备发生缺陷或异常时，发现人应及时汇报管辖该设备的值班调控员或主管单位，以便尽快安排处理。缺陷的分类原则：

（1）一般缺陷：设备本身及周围环境出现不正常情况，一般不威胁设备的安全运行，可列入小修计划进行处理的缺陷。

（2）重大（严重）缺陷：设备处于异常状态，可能发展为事故，但设备仍可在一定时间内继续运行，须加强监视并进行大修处理的缺陷。

（3）紧急（危急）缺陷：严重威胁设备的安全运行，不及时处理，随时有可能导致事故的发生，必须尽快消除或采取必要的安全技术措施进行处理的缺陷。

紧急（危急）缺陷消除时间不得超过 24h，重大（严重）缺陷应在 7 天内消除，一般缺陷可结合检修计划尽早消除，但应处于可控状态。设备带缺陷运行期间，运行单位应加强监视，必要时制定相应应急措施。只有紧急（危急）缺陷可向调度办理紧急申请，紧急申请的停电通知是以故障形式对外发送的。

第一节 相 间 短 路

相间短路故障可分为相间短路和接地相间短路，当电力系统发生相间短路时，短路电流将大大超过正常运行时的负荷电流，因此常常采用反映电流增大而动作的电流保护，电流保护可以根据其动作速度和保护范围的不同分为无时限电流速断保护、限时电流速断保护和定时限过电流保护。当电力系统发生短路时，保护装置中几种保护将同时对短路参数进行测量，并根据各自的保护范围，做出选择性判断，启动的保护中速度最快的动作于断路器跳闸，快速切除故障。

一、相间故障处理步骤

（1）故障通知：记录故障发生时间、保护动作情况、重合闸、负荷情况等，并通知变电运维、抢修班、总调度长。

（2）查看 DMS 系统，开展故障研判，隔离故障区域，缩小巡线范围。具备强送条件的可强送一次。

（3）巡线查找故障点并及时隔离：巡线查看现场一、二次设备情况并及时汇报。

（4）转电恢复正常线路供电（转移前注意对侧馈线的负荷情况）。

（5）办理抢修及修复后复电：令现场上报抢修，复电需开指令票，注意抢修后的相位情况，如不能恢复正常运行方式，需通知运方。

二、注意事项

（1）值班调控员对调度自动化系统未研判出明确故障区域，且未收到现场异常报告的跳闸线路，允许强送一次。下列情况不得强送：

1）有带电作业的线路跳闸。

2）出现大电流闭锁重合闸动作信号的线路跳闸。

3）检修、施工后，送电过程发生的线路跳闸。

4）全电缆或电缆架空混合（电缆线路比例超 50%）等重合闸退出的线路跳闸。

5）接有小水电（分布式电源）的 10kV 线路跳闸，未确认机组已停机解列。

（2）强送不成功或不具备强送条件的，调控员在故障点未明确隔离或处理前，不得再强送。调控员一定要求抢修班人员巡视到位，汇报全线巡视正常方可试送。

（3）若巡线未发现故障指示器翻牌动作，馈线供电线路未发现故障时，应首先考虑为出线电缆故障。不得试送出线电缆，应由对侧线路倒供。

（4）电缆故障处理后应与现场核对相位是否正确，如不能保证相位正确，常断点要挂牌。

三、案例及分析

[案例一] 无自动化信号的断路器跳闸故障处理

案例简述：秀山变电站 10kV 泉头线 613 断路器过电流Ⅱ段保护动作，断路器跳闸，重合不成功，电流加速段保护动作。秀山变电站 613、鼎屿变电站 634、鼎屿变电站 653 联络图见图 5-1。

处理原则：根据现场故障指示器动作情况查找故障点，发现故障点后隔离与故障点最近的电源侧隔离开关（包含自备电源、双电源等），注意隔离点要有明显断开点，办理抢修，抢修完成后恢复原运行方式。

处理过程：

（1）通知变电运维、抢修班检查现场设备（强送不成功）。

（2）线路巡线发现 10kV 盘石 22.134.2 向 10kV 盘石 22.134.2 支侧引线线夹处有电弧烧焦痕迹，两相引线边相断股，其他线路巡视正常。

（3）隔离故障点：

1）查 10kV 盘石 22.134.25 柱上开关确在冷备用并挂牌。

2）查 10kV 西园 21.119.15 柱上开关确在冷备用并挂牌。

3）秀山变电站 10kV 泉头 613 线路由热备用转检修。

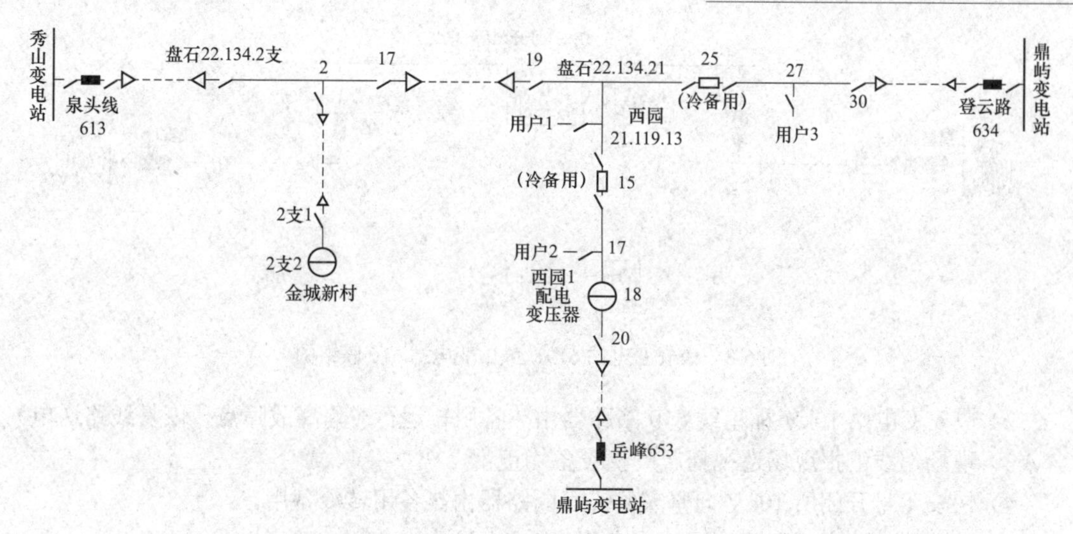

图 5-1 秀山变电站 613、鼎屿变电站 634、鼎屿变电站 653 联络图

（4）许可抢修单。

（5）验收终结抢修单。

（6）恢复送电。

1）秀山变电站 10kV 泉头 613 线路由检修转热备用。

2）秀山变电站 10kV 泉头 613 开关由热备用转运行。

3）10kV 盘石 22.134.25 柱上开关拆牌。

4）10kV 西园 21.119.15 柱上开关拆牌。

［案例二］ 有自动化信号提示

案例简述：2019 年 3 月 14 日 21:21 快安变电站 10kV 福星线 619 断路器过电流Ⅱ段保护动作，断路器跳闸，重合闸未投入。

DMS 故障全研判系统事项显示如图 5-2 所示。

事项类型	发生时间	所属厂站	部件名称	详细信息
FA事件	2019-03-14 21:22:19	110kV快安变	快安变619福星	FA方案报告
故指事件	2019-03-14 21:27:54	快安1#开闭所	快安1#开闭所616断路器	短路
故指事件	2019-03-14 21:27:54	110kV快安变	福星线619开关	短路
故指事件	2019-03-14 21:27:54	快安1#开闭所	快安1#开闭所611开关	短路

图 5-2 DMS 故障全研判系统事项显示屏

处理原则：根据自动化提示信息研判故障点，隔离故障恢复线路供电。

处理过程：

（1）通知变电运维站、抢修班检查现场设备。

（2）调控员查看 DMS 系统（见图 5-3），快安变电站 10kV 福星线 619、快安 1 号开闭所 611、616 断路器有过电流信号，结合 DMS1000E 故障全研判系统事项（见图 5-2），怀疑坚宏（快安 1 号开闭所 616）用户内部相间短路故障 （利用自动化信号提示信息研判故障点）。

（3）隔离故障点。

1）遥控操作：快安 1 号开闭所 10kV 向坚宏侧 616 断路器由运行转热备用。

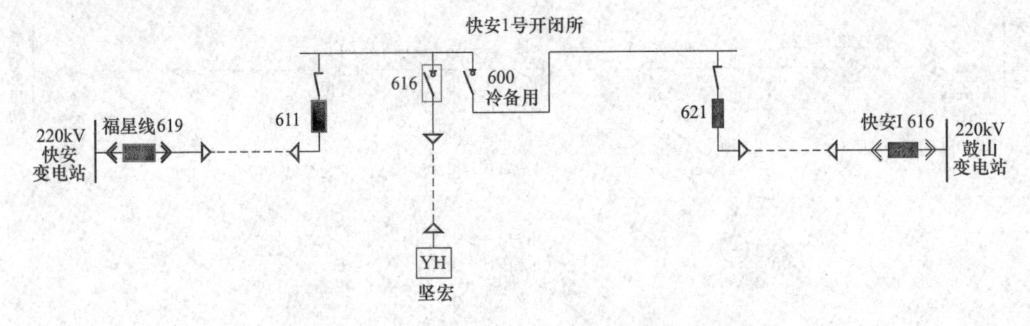

图 5-3　快安变电站 619、鼓山变电站 616 联络图

2）快安变电站 10kV 福星线 619 断路器由热备用转运行（隔离故障点，恢复线路送电）。

3）现场巡线汇报现场巡视局属产权设备均正常。

4）快安 1 号开闭所 10kV 向坚宏侧 616 断路器由热备用转冷备用。

5）故障用户隔离后即通知用检（查找故障原因）。

（4）恢复送电：

1）用检汇报：坚宏（快安 1 号开闭所 616）用户内部故障系下雨造成设备绝缘降低，套管闪络。现已处理完毕，用户验收合格并具备送电条件。

2）快安 1 号开闭所 10kV 向坚宏侧 616 断路器由冷备用转热备用。

3）遥控操作：快安 1 号开闭所 10kV 向坚宏侧 616 断路器由热备用转运行送电正常后通知运检。

［案例三］　自动化信号

案例简述：2019 年 3 月 7 日 05:28 铜盘变电站 10kV 丞相线 621 断路器过电流Ⅱ段保护动作，断路器跳闸，重合不成。

DMS 故障全研判系统事项显示见图 5-4。

事项类型	发生时间	所属厂站	部件名称	详细信息
配变事项	2019-03-07 05:30:00	左海公寓箱式变	左海公寓箱式变#1变	停电台区号:3M80701000041032
配变事项	2019-03-07 05:29:00	省征兵办	省人民政府征兵办公室	停电台区号:0029530877
配变事项	2019-03-07 05:29:00	白龙东路1#路灯箱变	白龙东路1#路灯箱变#1变	停电台区号:7633475755
FA事件	2019-03-07 05:28:56	110kV铜盘变	铜盘变621丞相线	FA方案报告
配变事项	2019-03-07 05:28:00	[illegible]干休	福建省军区福州[illegible]干休所	停电台区号:0022046692
配变事项	2019-03-07 05:28:00	110kV铜盘变	[illegible]善后办	停电台区号:0000374511
故指事件	2019-03-07 05:38:01	铜盘路9#环网	铜盘路9#环网901负荷开关	短路
故指事件	2019-03-07 05:38:01	铜盘路9#环网	铜盘路9#环网八一七北路5#环网902负荷开关	短路
故指事件	2019-03-07 05:38:01	110kV铜盘变	10kV丞相线621开关	短路
故指事件	2019-03-07 05:38:01	铜盘路11#环网	铜盘路11#环网902负荷开关	短路
故指事件	2019-03-07 05:38:01	铜盘路11#环网	铜盘路11#环网横锦巷环网901负荷开关	短路

图 5-4　DMS 故障全研判系统事项显示屏

处理原则：根据自动化提示信息研判故障区域，利用遥控断路器隔离故障区域和恢复非故障区域线路供电。

注意：①DMS 系统研判依据为开关是否有过电流信号，调控员处理时要对无过电流信号的开关加以辨别；②若 DMS 研判故障为出线电缆，应隔离出线第一级开关，从后端试送，防止近端故障对主变压器造成较大冲击；③电缆故障处理完成后需核对相位。

处理过程：

（1）通知变电运维、抢修班检查现场设备。

（2）调控员查看 DMS 系统（见图 5-5），铜盘变电站 10kV 丞相线 621 断路器，铜盘路 11 号环网 901、902，铜盘路 9 号环网 901、902 有过电流信号，铜盘路 9 号环网 901 出线电缆有闪电信号，结合 DMS 故障全研判系统事项（见图 5-4），怀疑铜盘路 9 号环网 901—铜盘某干休所环网 902 之间电缆相间短路故障（利用自动化信号提示信息研判故障点）。

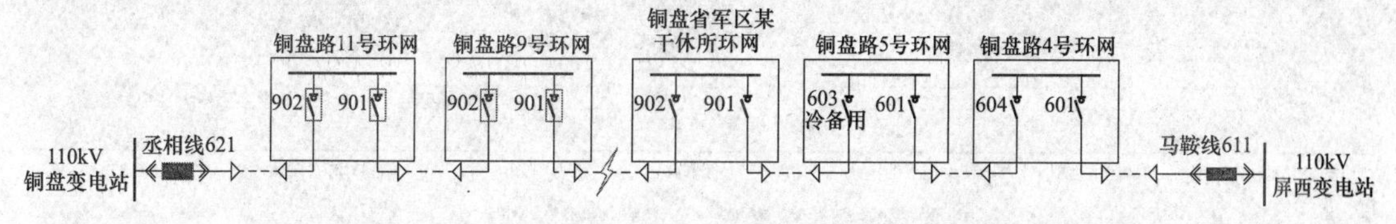

图 5-5 铜盘变电站 621、屏西变电站 611 联络图

（3）隔离故障点。

1）遥控操作：铜盘路 9 号环网 10kV 向铜盘某干休所环网侧 901 断路器由运行转热备用。

2）铜盘变电站 10kV 丞相线 621 断路器由热备用转运行。

3）遥控操作：铜盘某干休所环网 10kV 向铜盘路 9 号环网侧 902 断路器由运行转热备用。

4）查看铜盘变电站 621、屏西变电站 611 负荷情况，转电后负荷满足要求。

5）铜盘路 5 号环网 10kV 向铜盘某干休所环网侧 603 断路器由冷备用转运行（隔离故障区域，恢复非故障区域送电）。

6）查看 D5000 系统，屏西变电站无异常报警。

7）现场设备看不出异常。

8）铜盘路 9 号环网 10kV 向铜盘某干休所环网侧 901 断路器由热备用转冷备用。

9）铜盘某干休所环网 10kV 向铜盘路 9 号环网侧 902 线路由热备用转检修。

10）铜盘路 9 号环网 10kV 向铜盘某干休所环网侧 901 线路由冷备用转检修。

（4）许可抢修：许可 FZ-BB-PQ-2019-0177 号故障紧急抢修单（见图 5-6）。

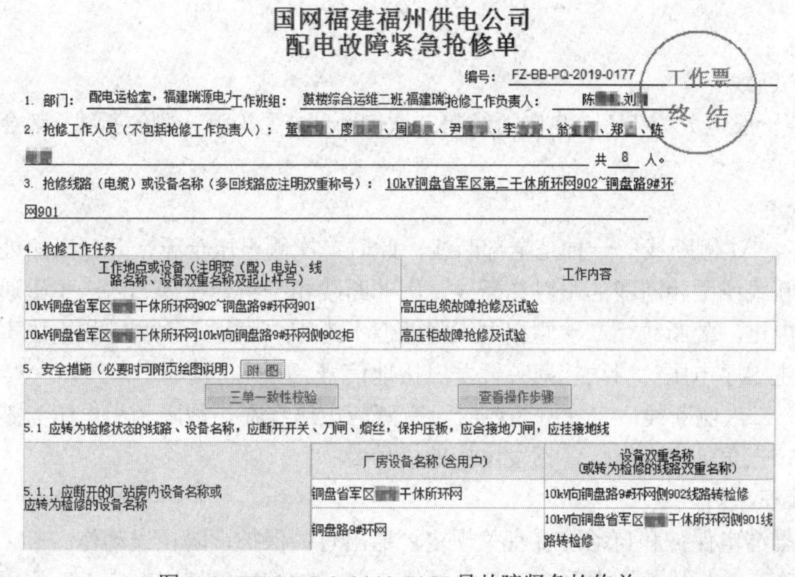

国网福建福州供电公司
配电故障紧急抢修单

编号：FZ-BB-PQ-2019-0177

工作票 终结

1. 部门：配电运检室，福建瑞源电力 工作班组：鼓楼综合运维二班,福建瑞 抢修工作负责人：陈[illegible],刘[illegible]

2. 抢修工作人员（不包括抢修工作负责人）：董[illegible]、廖[illegible]、周[illegible]、尹[illegible]、李[illegible]、翁[illegible]、郑[illegible]、陈[illegible] 共 8 人。

3. 抢修线路（电缆）或设备名称（多回线路应注明双重称号）：10kV铜盘省军区第二干休所环网902~铜盘路9#环网901

4. 抢修工作任务

工作地点或设备（注明变（配）电站、线路名称、设备双重名称及起止杆号）	工作内容
10kV铜盘省军区[illegible]干休所环网902~铜盘路9#环网901	高压电缆故障抢修及试验
10kV铜盘省军区[illegible]干休所环网10kV向铜盘路9#环网侧902柜	高压柜故障抢修及试验

5. 安全措施（必要时可附页绘图说明） 附 图

三单一致性校验 查看操作步骤

5.1 应转为检修状态的线路、设备名称，应断开开关、刀闸、熔丝，保护压板，应合接地刀闸，应挂接地线

	厂房设备名称(含用户)	设备双重名称（或转为检修的线路双重名称）
5.1.1 应断开的厂站房内设备名称或应转为检修的设备名称	铜盘省军区[illegible]干休所环网	10kV向铜盘路9#环网侧902线路转检修
	铜盘路9#环网	10kV向铜盘省军区[illegible]干休所环网侧901线路转检修

图 5-6 FZ-BB-PQ-2019-0177 号故障紧急抢修单

（5）终结抢修。

1）汇报铜盘某干休所环网 902 开关柜击穿。

2）终结 FZ-BB-PQ-2019-0177 号故障紧急抢修单（**电缆故障后，需核对相位才能转电**）。

（6）送电操作。送电操作指令票如图 5-7 所示。

编号:	ZLP20190307049	调令类型:	送电类	调令状态:	执行完成	已执行	
操作目的:	10kV铜盘省军区 干休所环网902~铜盘路9#环网901高压电缆故障抢修及试验等工作后复电（FZ-BB-PQ-2019-0180#）						
开票人:	魏	开票时间:	2019-03-07 12:08:09	审票人:	陈	审票时间:	2019-03-07 15:58:12
预令下达人:	陈	预令下达时间:	2019-03-07 15:59:06	发令人:	陈 ,	发令时间:	2019-03-07 15:59:00
计划操作日期:	2019年 3月 7日	版本号:	0	置位确认时间:	2019-03-07 17:59:53	结束时间:	2019-03-07 17:59:53
备注:							
预令接受人:						唯一索引:	64f44fbd-f8e9-4f59-9823-f4e119bb26aa

定位	选择	编号	操作单位	操作步骤	操作内容	发令时间	汇报时间	受令人	发令人	监护人
定位		1	维护班	△	汇报FZ-BB-PQ-2019-0180#配电故障紧急抢修单验收合格具备送电条件	2019-03-07 16:24:00	2019-03-07 16:24:00	陈	高	陈
定位		2	瑞源五队	△	汇报FZ-BB-PQ-2019-0180#配电故障紧急抢修单工作已终结	2019-03-07 16:30:00	2019-03-07 16:30:00	刘	魏	陈
定位		3	王睿	△	汇报鼓字第19-03-07-11号异动单已转正	2019-03-07 16:32:00	2019-03-07 16:32:00	王	魏	陈
定位		4	配调	△	GIS联络图已更改正确	2019-03-07 16:35:00	2019-03-07 16:35:00	魏	魏	陈
定位		5	鼓抢	△	准备操作	2019-03-07 15:59:00	2019-03-07 15:59:00	池	陈	陈
定位		6	鼓抢	1	铜盘路9#环网10kV向铜盘省军区 干休所环网侧901线路由检修转冷备用	2019-03-07 17:08:00	2019-03-07 17:24:00	谢	陈	陈
定位		7	鼓抢	2	铜盘省军区 干休所环网10kV向铜盘路9#环网侧907线路由检修转热备用	2019-03-07 17:08:00	2019-03-07 17:24:00	谢	陈	陈
定位		8	配调	1	铜盘省军区 干休所环网10kV向铜盘路9#环网侧907开关由热备用转运行（遥控）	2019-03-07 17:26:00	2019-03-07 17:26:00	魏	魏	陈
定位		9	鼓抢	3	铜盘路9#环网10kV向铜盘省军区 干休所环网侧901开关由冷备用转热备用	2019-03-07 17:26:00	2019-03-07 17:36:00	刘	魏	陈
定位		10	鼓抢	4	铜盘省军区 干休所环网10kV备用（2）902线路由检修转冷备用	2019-03-07 17:26:00	2019-03-07 17:36:00	刘	魏	陈
定位		11	维护班	△	汇报铜盘路9#环网901开关核相正确	2019-03-07 17:35:00	2019-03-07 17:35:00	陈	陈	陈
定位		12	地调	△	屏西变I段、铜盘变II段10kV系统准备合解环	2019-03-07 17:37:00	2019-03-07 17:37:00	李	魏	陈
定位		13	配调	2	铜盘路9#环网10kV向铜盘省军区 干休所环网侧901开关由热备用转合运行（遥控）	2019-03-07 17:38:00	2019-03-07 17:38:00	魏	魏	陈
定位		14	鼓抢	5	铜盘路5#环网10kV向铜盘路7#环网侧603开关由合环运行转冷备用	2019-03-07 17:38:00	2019-03-07 17:58:00	刘	魏	陈
定位		15	配调	△	DMS联络图已置位	2019-03-07	2019-03-07	魏	魏	陈

图 5-7　送电操作指令票

第二节　母线电压不平衡

一、TV 断线

TV 断线一般可分为 TV 一次侧断线和二次侧断线，无论哪一侧的断线，都会出现二次电压异常。

（一）分类

（1）TV 一次侧断线：一种是全部断线，此时二次侧电压全无，开口三角处无电压；另一种是单相断线或两相断线的不对称断线，因非断线相绕组会在铁芯内产生磁通，在二次侧仍存在感应电压，故断线相二次侧相电压降低但不为零；由于一次侧三相电压不平衡，在开口三角处产生零序电压，启动接地装置发出接地信号。

（2）TV 二次侧断线：二次侧断线时没有感应电压存在，故障相相电压为零，一次电压仍平衡，开口三角处没有电压，不发出接地信号。

（二）处理原则

（1）根据继电保护和自动装置有关规定，退出有关保护，防止误动作。

（2）检查高、低压熔断器及自动开关是否正常，如熔断器熔断，应查明原因立即更换，当再次熔断时则应慎重处理。

（三）案例及分析

［案例一］ 高压熔断一相

案例简述：快安变电站 10kVⅡ段母线电压不平衡，三相电压为 0.6、6.0、6.0kV。

处理过程：

（1）通知变电运维查看现场设备。

（2）现场汇报快安变电站 10kVⅡ段母线 TV 熔丝 A 相熔断，现已更换处理，电压已恢复正常。

［案例二］ 高压熔断两相

案例简述：亭江变电站 10kVⅠ段母线电压异常，三相电压为 0.8、1.0、5.9kV。

处理过程：

（1）通知变电运维查看现场设备。

（2）现场汇报亭江变电站 10kVⅠ段母线 TV 一次侧熔丝熔断两相，现已更换完毕，电压已恢复正常。

［案例三］ 低压熔断三相

案例简述：福兴变电站 10kVⅡ段母线电压异常，三相电压为 0、0、0kV。

处理过程：

（1）查看 D5000 系统，福兴变电站 10kVⅡ段母线上馈线负荷电流并无突降（判断是否母线失压）。

（2）通知变电运维检查现场设备情况。

（3）现场汇报福兴变电站 10kVⅡ段母线 TV 二次空气开关跳闸，现已合上二次空气开关，母线电压已恢复正常。

二、谐振

为满足电网测量、保护需要，电力系统中配置大量电感电容元件，如互感器、电抗器等电感元件，电容器、线路对地电容等电容元件，当进行设备操作或系统故障时，电感电容元件构成振荡回路，在一定条件下产生谐振。

（一）谐振给电力系统造成的破坏性后果

（1）谐振使电网中的元件产生大量附加的谐波损耗，产生局部过热，加速绝缘老化，降低发电、输电及用电设备的效率及可靠性，影响各种电气设备的正常工作。

（2）导致继电保护和自动装置误动作，并会使电气测量仪表计量不准确。

（3）对邻近的通信系统产生干扰，产生噪声，降低通信质量，甚至使通信系统无法正常工作。

（二）谐振判断及处理

若母线电压一相升高两相降低或一相降低两相升高，并且伴随三相电压有规律快速大幅度摆动，或者某相电压升高超过线电压，则初步判断为由于电网中的电容元件和电感元件参数不利组合引发谐振过电压。破坏系统谐振的根本原理是通过改变系统结构从而改变系统电感、电容参数，破坏谐振条件。改变系统运行方式经常通过以下途径实现：

（1）分合母联断路器以及改变接线方式。

（2）投入或切除线路（非重要用户线路），以改变谐振条件。

（3）投入或退出电容器、电抗器。

（三）注意事项

（1）分合母联断路器虽不会导致用户停电，但有时参数改变较小，无法破坏谐振条件，只能改善谐振程度，切除负荷较小的线路也是如此，有时需切除负荷较大的线路才能彻底破坏谐振条件。

（2）变电站年检后，只带某条馈线运行时会出现谐振特别是只带路灯线时候，特别容易出现，因此在指令票中应注意尽量避免先对路灯线送电。

（3）在现有频繁停电管控要求下，处理时尽量按照试分合母联断路器、投入或退出电容不影响用户用电的方式处理。

（四）案例及分析

［案例一］ **试拉大负荷线路**

案例简述：义洲变电站10kVⅠ段母线电压不平衡，三相电压为5.53、5.69、7.18kV，电压一直在波动。

处理过程：

（1）通知变电运维查看现场设备。

（2）调控员查看D5000系统，义洲变电站 10kVⅠ段母线电压不平衡为 6.05、7.44、4.99kV，电压仍在变动，怀疑谐振。

（3）现场汇报：现场一、二次设备检查正常，义洲变电站614、615、617断路器的零序电流比较大。

（4）试拉线路。

1）通知总调度长：义洲变电站10kV西二环617线路将短时断电。

2）义洲变电站10kV西二环617断路器由运行转热备用，电压恢复正常。

3）义洲变电站10kV西二环617断路器由热备用转运行，电压正常。

［案例二］ **分合母联断路器+试拉线路**

福飞变电站 10kVⅠ段母线电压异常电压为 7.4、5.1、5.3kV，电压波动，单相接地选线为福飞变电站651线。

处理过程：

（1）通知变电运维查看现场设备。

（2）试分合母联断路器：

1）向地调申请试分合福飞变电站10kV Ⅰ、Ⅱ段母联66M断路器。

2）福飞变电站10kV Ⅰ、Ⅱ段母联66M断路器由热备用转合环运行电压恢复正常，即转热备用，母联66M断路器转热备用后电压再次异常。

（3）仍怀疑谐振，准备试分合福飞变电站651判断。

1）查看DMS系统，发现福飞变电站651为纯电缆线路，且负荷电流只有8A。低负荷的电缆线路容性参数较大，欲试切除该线路以改变阻抗参数。

2）通知总调度长：福飞变电站 10kV 绕城线 651 将短时断电。

3）福飞变电站 10kV 绕城线 651 断路器由运行转热备用，电压正常。

4）福飞变电站 10kV 绕城线 651 断路器由热备用转运行，电压正常。

三、单相接地（含多点单相接地）

（一）原理

目前 10kV 配电网系统大都采用中性点不接地或中性点通过消弧线圈接地的小电流接地运行方式，如图 5-8 所示，相电压分别为

$$U_{Ad}=E_A+U_N=U_A$$
$$U_{Bd}=E_B+U_N=U_B$$
$$U_{Cd}=E_C+U_N=U_C$$

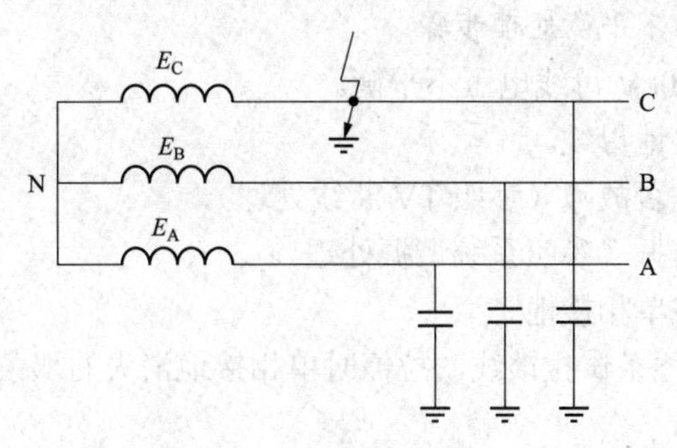

图 5-8 中性点不接地系统

当该系统发生 C 相金属性接地时，即 $U'_{Cd}=0$，可知中性点电压发生偏移 $U'_N=-U_C$，如图 5-9 所示，此时 A 相、B 相的相电压及线电压分别为

$$U'_{Ad}=U_A+U'_N=U_A-U_C=U'_{AC}=\sqrt{3}U_A$$
$$U'_{Bd}=U_B+U'_N=U_B-U_C=U'_{BC}=\sqrt{3}U_B$$
$$U'_{AB}=U'_{Ad}-U'_{Bd}=U_A-U_B$$

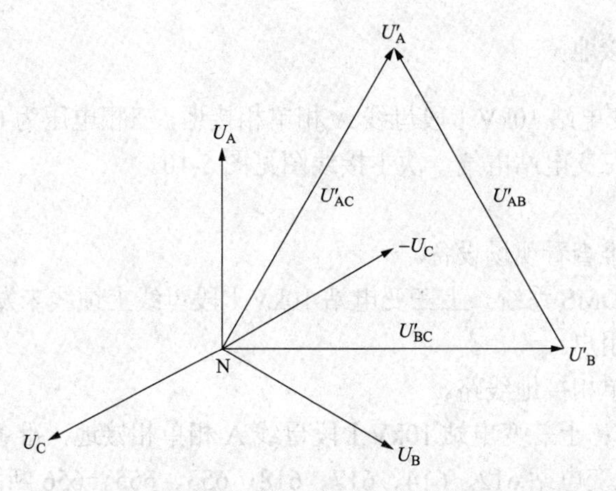

图 5-9 小电流接地系统 C 相金属性接地电压向量图

可以看出，小电流接地系统发生单相接地故障时，故障相电压变为零，非故障相电压升

高为原来的$\sqrt{3}$倍，线电压大小保持不变，线电压相位仍保持不变，因此，利用线电压工作的电气设备仍然可以保持正常运行。此外，通过故障点的电流仅为系统的电容电流或经消弧线圈补偿后的残留，其数值较小，为保障供电可靠性，允许短时继续运行，但相电压的升高增加了设备的绝缘压力，故带接地故障运行一般不得超过2h。

注：单相接地故障应尽快确定故障线路消除单相接地线路。首先若导线掉落地上，长时间单相接地运行易引发人身事故。其次与110kV电缆同沟的10kV线路，长时间单相接地运行易扩大故障影响范围。

目前，小电流接地电力系统中常配置基于零序电流的接地选线装置，但由于在经消弧线圈接地的系统中消弧线圈对接地线路电容电流具有补偿消减作用，接地线路与非接地线路的零序电流相近，影响部分选线装置的正确性。在无接地选线装置或选线装置失灵的情况下，小电流接地系统发生单相接地故障时，通常采用拉路法和试送法对故障点进行查找确认。

（二）10kV母线电压不平衡处理步骤

（1）地调监控通知10kV母线电压不平衡。

（2）分段判别单相接地母线。

（3）判断测量回路是否故障（参照TV断线处理）。

（4）判断系统是否谐振（参照系统谐振处理）。

（5）判断是否是馈线单相接地。

1）单相一点接地。逐条试拉馈线，拉停时单相接地消失的那条馈线即为单相接地馈线。

2）两点同名相接地。

a．逐条试拉馈线，单相接地仍在。

b．拉停所有馈线直至单相接地消失，最后一条即为单相接地馈线。

c．逐条试送，试送时失地出现的那条馈线即为第二条单相接地馈线。

（6）巡线查找故障点并及时隔离。

（7）转电恢复非故障段线路正常供电。

（8）办理抢修及修复后复电。

（三）案例及分析

［案例一］ 单相接地

案例简述：上三变电站10kVⅠ段母线A相单相接地，三相电压为0.09、10.57、10.47kV，无单相接地选线。上三变电站电气一次主接线图见图5-10。

处理过程：

（1）通知变电运维查看现场设备。

（2）调控员查看DMS系统，上三变电站10kVⅠ段母线上馈线未发现异常信号，并通知重要双电源、生命线用户。

（3）试拉法判别单相接地线路。

1）通知总调度长：上三变电站10kVⅠ段母线A相单相接地，准备试拉。

2）逐条试拉上三变电站612、614、617、618、653、655、656断路器。

3）上三变电站10kV学区线656断路器转热备用后单相接地消失，现656断路器在热备用。

（4）通知抢修班巡线。先农变电站617、上三变电站656联络图见图5-11。

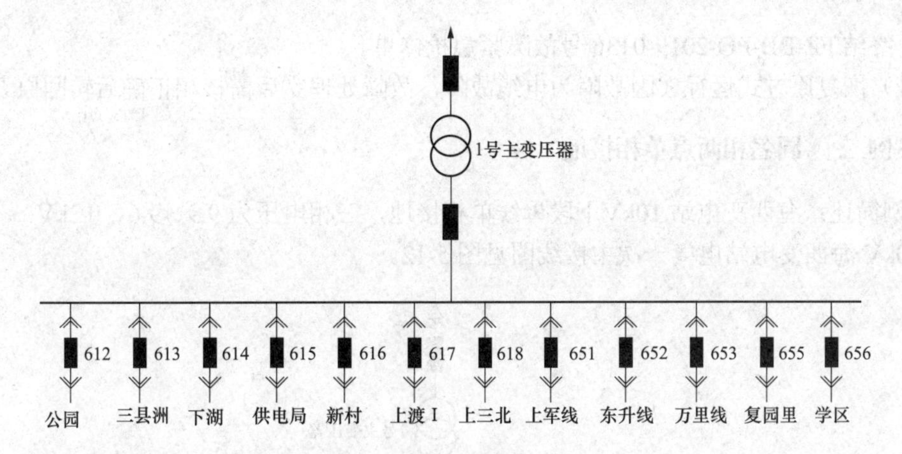

图 5-10　上三变电站电气一次主接线图

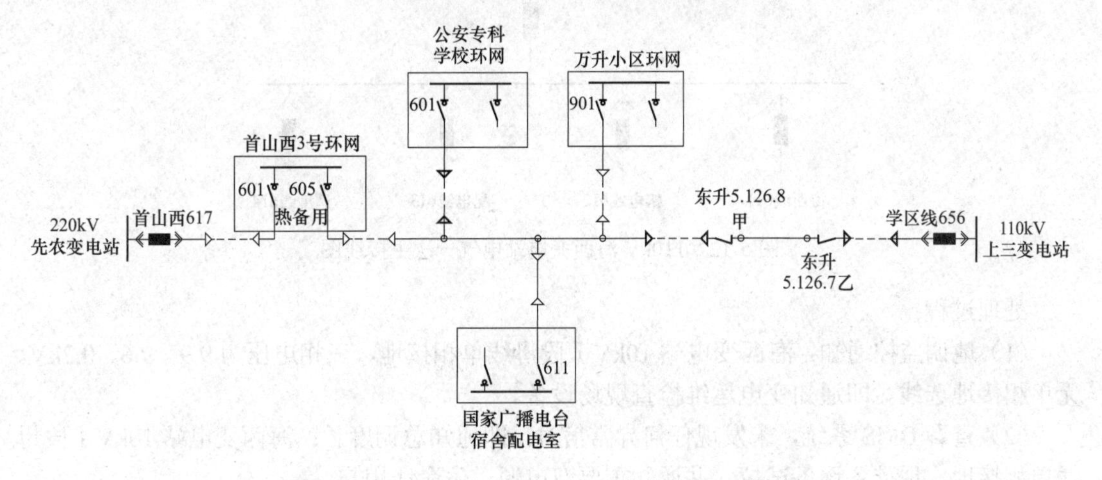

图 5-11　先农变电站 617、上三变电站 656 联络图

（5）巡线汇报：线路巡视正常，未发现故障点，怀疑出现电缆故障。10kV 东升 5.126.7 乙隔离开关在东升小学内部，无法进入操作。

（6）分段判断故障区域。

1）查看 DMS 系统，首山西 3 号环网 605 断路器确在热备用。

2）10kV 东升 5.126.8 甲隔离开关由合闸转分闸。

3）上三变电站 10kV 学区线 656 断路器由热备用转运行，单相接地出现，三相电压为 0.09、10.57、10.47kV，即令其转回热备用，单相接地消失。

（7）转移负荷。

1）查看负荷情况：上三变电站 656 负荷转移至先农变电站 617 满足要求。

2）遥控操作：首山西 3 号环网 10kV 向双湖路 5.20.1 乙侧 605 断路器由热备用转运行。

（8）隔离故障区域：上三变电站 10kV 学区线 656 线路由热备用转检修。

（9）许可抢修：许可 FZ-BB-PQ-2019-0136 号故障紧急抢修单。

（10）终结抢修。

1）维护班汇报：FZ-BB-PQ-2019-0136 号故障紧急抢修单验收合格并具备送电条件，故障系：上三变电站 10kV 学区线 656 出现电缆头击穿。

2）终结 FZ-BB-PQ-2019-0136 号故障紧急抢修单。

（11）恢复原方式运行（因故障为电缆故障，故障处理完后需核相正确后转回原方式）。

［案例二］ 同名相两点单相接地

案例简述：海西变电站 10kV Ⅰ段母线单相接地，三相电压为 9.9、9.6、0.2kV。

110kV 海西变电站电气一次主接线图见图 5-12。

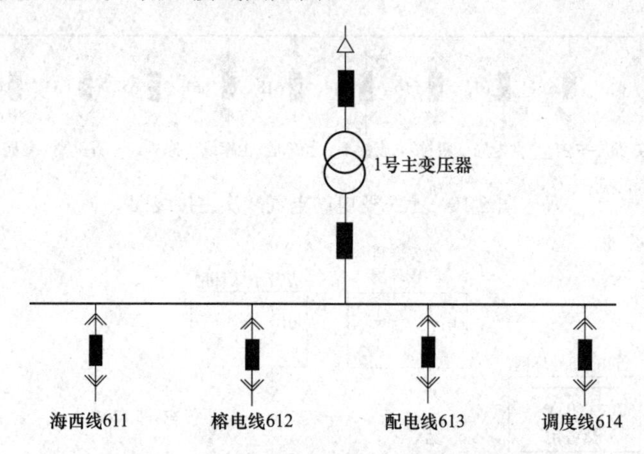

图 5-12 110kV 海西变电站电气一次主接线图

处理过程：

（1）地调监控通知：海西变电站 10kV Ⅰ段母线单相接地，三相电压为 9.9、9.6、0.2kV，无单相接地选线。即通知变电运维检查现场设备。

（2）查看 DMS 系统，未发现任何异常信号，即通知总调度长：海西变电站 10kV Ⅰ段母线单相接地，现准备逐条试拉，并通知重要双电源、生命线用户。

（3）令变电运维：逐条试拉海西变电站 613、612、611、614 断路器。

（4）变电运维汇报：逐条试拉海西变电站 613、612、611、614 断路器后，单相接地均未消失，现在断路器均在运行。

（5）令变电运维：逐条拉停海西变电站 613、612、611、614 断路器，单相接地消失为止。

（6）变电运维汇报：拉停海西变电站 10kV 调度线 614 后，单相接地消失，现海西变电站 613、612、611、614 断路器均在热备用。

（7）令变电运维：依次试送海西变电站 613、612、611 断路器，单相接地出现为止。

（8）变电运维汇报：海西变电站 10kV 海西线 611 断路器转运行后单相接地出现，现海西变 613、612、611 断路器均在运行。即令其：海西变电站 10kV 海西线 611 断路器由运行转热备用。

（9）变电运维汇报：海西变电站 10kV 海西线 611 断路器已转热备用，现海西变电站 612、613 断路器均在运行，海西变电站 611、614 断路器均在热备用。即通知抢修班巡线。

（10）抢修班汇报：巡线发现湿泡沫挂在 10kV 调度 6～调度 8 之间裸导线上（见图 5-13），现已用绝缘杆挑开，其他线路正常。

（11）令变电运维：海西变电站 10kV 调度线 614 断路器由热备用转运行汇报送电正常。

（12）抢修班汇报：巡线发现 10kV 配电网 4 隔离开关上端边相绝缘子破裂（见图 5-14），

其他线路正常。

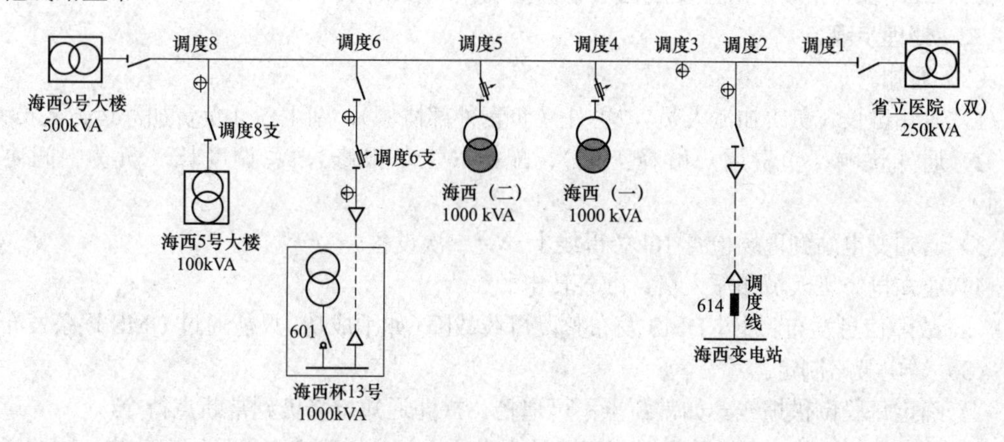

图 5-13 海西变电站 10kV 调度线 614 联络图

（13）隔离故障。

1）10kV 配电网 3 海西杯（一）柱上开关由运行转冷备用并挂牌。

2）10kV 配电网 8 海西杯（二）柱上开关由热备用转冷备用并挂牌。

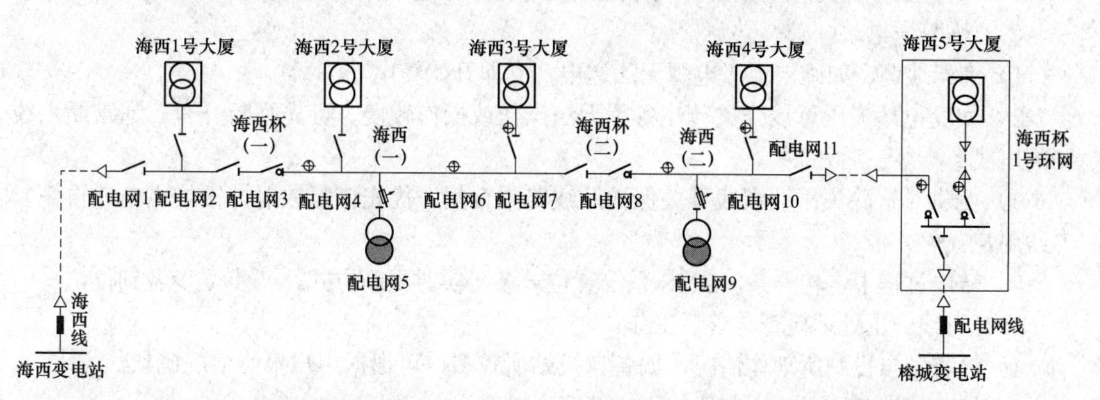

图 5-14 海西变电站 10kV 海西线 613、榕城变电站 10kV 配电网线 623 联络图

（14）海西变电站 10kV 海西线 613 断路器由热备用转运行，汇报正常。

（15）许可抢修单。

（16）验收终结抢修单。

（17）恢复送电。

1）10kV 配电网 3 海西杯（一）柱上开关由冷备用转运行并拆牌。

2）10kV 配电网 8 海西杯（二）柱上开关由冷备用转热备用并拆牌。

第三节 母 线 失 压

一、10kV 母线失压原因

（1）上一级线路故障跳闸。

（2）母线及直接连接在母线上的设备故障。

（3）线路保护拒动造成主变压器后备保护动作越级跳闸。

二、处理步骤

（1）通知。

1）通知班长（负责加派人员）、主任（负责外部协调）、副主任（负责加派运方人员）。

2）通知快响（负责用户解释工作）、配抢（工单报修），总调度长（负责中间协调沟通）。

3）通知变电站到现场检查10kV母线上一、二次设备。

4）通知抢修班人员加派人员，准备转电。

（2）故障信息发布。通过DMS发布整段母线故障（如不成功，只能通过DMS逐条发布）。

（3）送电策略制定。

1）确定每段倒供馈线。如常断点不可遥控，立即通知抢修班到常断点待令。

2）重要负荷转移。查找重要用户双路是否在同一站，如确定双电源同时失电，立即通知抢修班到常断点待令。

3）利用自动化开关快速转电。查找常断点三遥开关，同时非三遥常断点通知抢修班到现场待令。

（4）调控长分配任务，原则每人分配一段母线，如遇工作日，后台支援。

（5）恢复送电。

1）询问地调，如确定上级电源无法送电，立即开始转电。

2）如变电站失压母线开关转热备用无法操作或操作较慢，可先行断开有三遥常断点线路的出线第一级三遥开关。

3）倒供时解除失压端馈线开关保护及线路重合闸，优先恢复放射性馈线供电，再恢复专线用户。

4）转电过程中，转一条，DMS系统置位一条，实时更新方式，一步一步做到位。

（6）母线失压处理检查与善后工作。

1）检查备自投站所动作情况，如备自投站所较多，可根据用户报修情况确认。

2）检查接地变压器、电容器的送电情况。

3）检查各馈线负荷情况。

4）检查GIS、DMS系统开关置位情况。

5）维护停电信息。

6）通知总调度长：负荷恢复情况。

7）由调控长认真检查故障处理日记的完整性。

8）方式恢复正常，一定记得投入失压端馈线开关保护及线路重合闸。（注意：如忘记，会出现该馈线故障，越级跳上一级电源，直接跳主变压器低压侧！）

三、注意事项

（1）夏天高峰期转电：使用IES700/D5000报表系统统计各馈线最高负荷情况，及两侧馈线最高负荷加总值，而冬天转电可直接根据当前负荷转电，基本不会过负荷。

（2）10kV馈线保护拒动越级跳闸造成的失压：拒动的断路器转冷备用，再对母线恢复正常送电。10kV转电视情况而定。

（3）上一级线路跳闸，母联备自投未启动造成的失压，一般通过合上母联断路器恢复。

四、案例及分析

1. 案例简述

城门变电站 110kV 南城Ⅱ路 138 断路器距离Ⅰ段保护动作，断路器跳闸，110kV 城门变电站全站失压。城门变电站、南效变电站联络图见图 5-15。城门变电站电气一次主接线图见图 5-16。

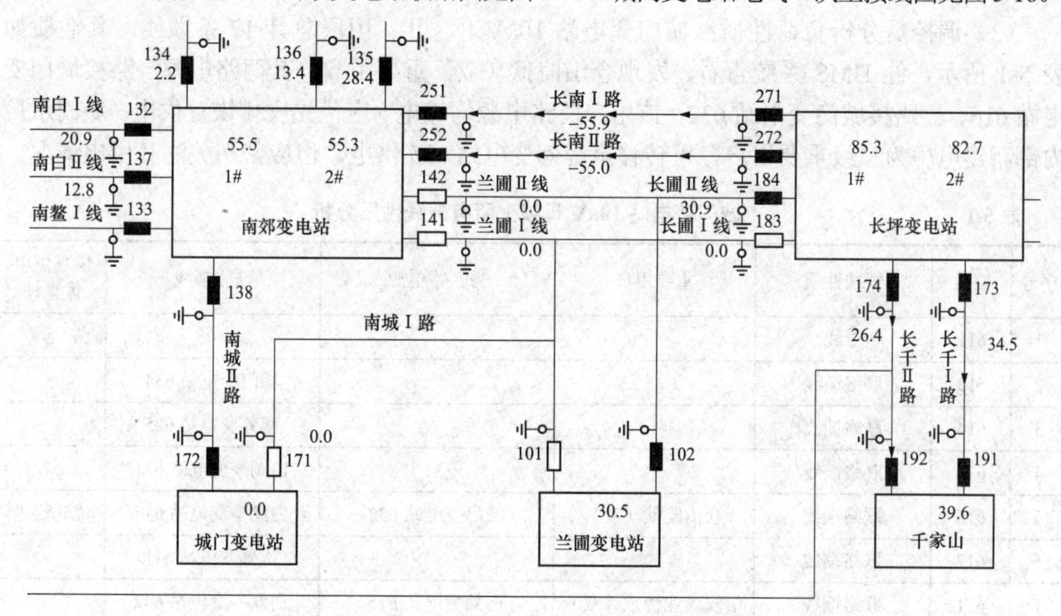

图 5-15 城门变电站、南郊变电站联络图

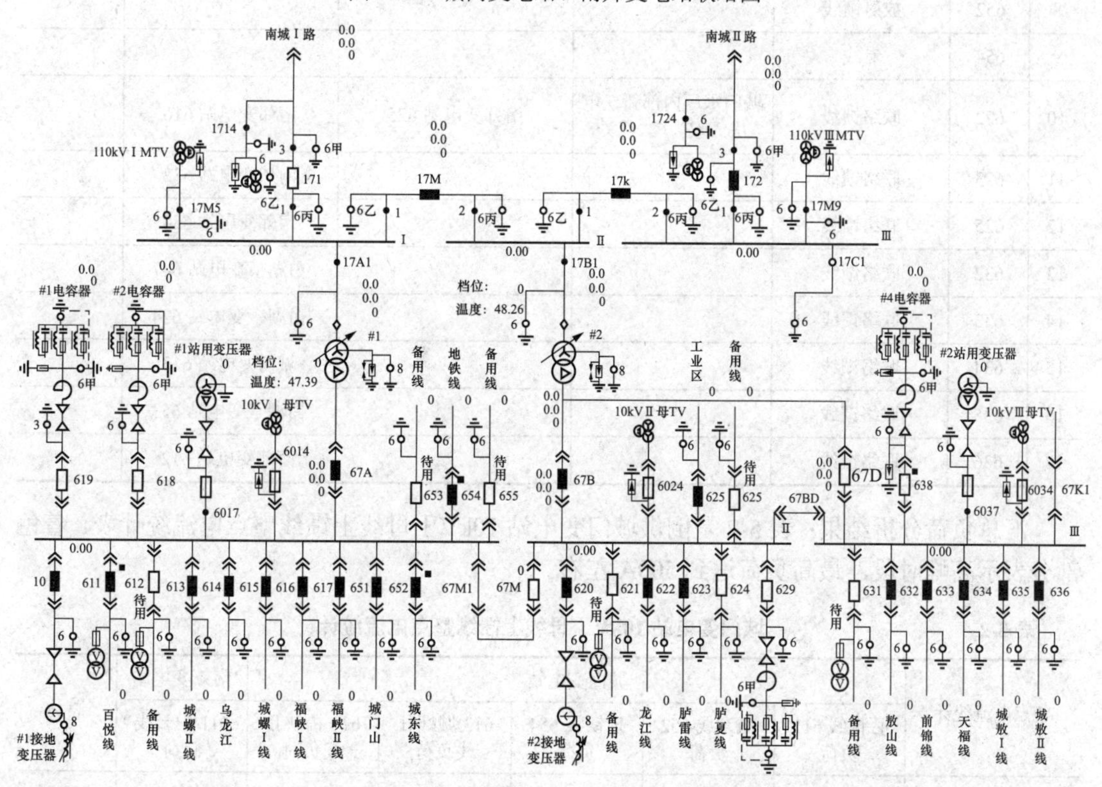

图 5-16 城门变电站电气一次主接线图

2. 处理过程

（1）地调监控通知：南郊变电站110kV南城Ⅱ路138断路器距离Ⅰ段保护动作，断路器跳闸，110kV城门变电站全站失压。

（2）地调告知：城门变电站强送不成，请立即倒供负荷。

（3）调控员分析负荷性质：城门变电站10kVⅠ、Ⅱ、Ⅲ段总计17条馈线，其性质如表5-1所示，经DMS系统查看，发现仓山监狱（双）重要用户，其两路电源一路接城门变电站616、一路接城门变电站632，该用户两路电源均停电。应优先安排恢复供电。城门水厂内部新建电房为二级重要用户，可转移至南郊变电站625供电，但应密切关注其用电情况。

表5-1　城门变电站10kV母线上所有馈线性质分析

序号	馈线	馈线性质	重要用户	另一路电源	联络馈线	恢复供电优先性
1	611	专线				
2	613	联络馈线			城门变电站634	
3	614	联络馈线			南郊变电站625	
4	615	联络馈线			白湖亭变电站621	
5	616	联络馈线	仓山监狱（双）	城门变电站632	白湖亭变电站644	优先送电
6	617	联络馈线			南郊变电站611	
7	651	联络馈线	信安商业管理（双）	南郊变电站615	白湖亭变电站642	
8	652	放射馈线				
9	654	专线				
10	622	联络馈线	城门水厂内部新建电房（双）（二级）	南郊变电站625	南郊变电站616	
11	623	联络馈线			南郊变电站632	
12	625	联络馈线			南郊变电站624	
13	632	联络馈线			白湖亭变电站647	
14	633	联络馈线			白湖亭变电站624	
15	634	联络馈线			城门变电站613	
16	635	联络馈线			白湖亭变电站653	
17	636	联络馈线			南郊变电站612	

汇总负荷分析结果：表5-2是倒供城门变电站10kVⅠ母线上馈线整点电流统计表，着色部分表示高峰时段，最高负荷达到500A左右。

表5-2　城门变电站10kVⅠ母线上馈线整点电流统计

整点电流统计	城门变电站					南郊变电站	总计
	百悦线611负荷	城东线652负荷	地铁线654负荷	613城螺Ⅱ线负荷	617福峡Ⅱ线负荷	611白云线负荷	
0点	2.99	24.09	13.54	120.79	96.00	43.20	300.61

续表

整点电流统计	城门变电站					南郊变电站	总计
	百悦线 611 负荷	城东线 652 负荷	地铁线 654 负荷	613 城螺Ⅱ线负荷	617 福峡Ⅱ线负荷	611 白云线负荷	
1 点	2.64	20.57	25.49	108.66	89.14	41.40	287.90
2 点	2.64	18.46	12.31	106.55	92.48	41.40	273.84
3 点	2.81	19.34	31.12	92.66	95.82	33.00	274.75
4 点	2.64	16.18	11.60	90.55	87.03	35.40	243.40
5 点	0.00	16.35	38.15	92.66	81.05	36.60	264.81
6 点	0.00	16.53	45.19	110.42	81.76	33.60	287.49
7 点	0.00	18.29	0.00	115.87	107.08	36.00	277.23
8 点	4.75	13.54	23.56	146.46	137.67	60.60	386.58
9 点	5.63	14.95	2.81	183.74	196.92	87.60	491.64
10 点	6.33	17.41	7.21	192.35	197.63	83.40	504.33
11 点	5.98	18.81	21.45	192.53	183.21	81.00	502.98
12 点	6.15	20.75	7.38	161.23	141.89	54.00	391.41
13 点	5.63	21.45	48.53	176.00	162.64	54.00	468.24
14 点	5.98	21.45	24.09	189.71	187.78	73.20	502.21
15 点	6.68	19.69	11.96	196.40	193.05	79.20	506.98
16 点	5.45	14.07	24.26	159.12	140.84	72.60	416.34
17 点	4.92	17.23	12.48	192.18	158.95	59.40	445.16
18 点	3.69	22.51	8.26	175.82	114.64	43.20	368.13
19 点	2.81	19.16	13.19	153.67	102.15	42.00	332.99
20 点	2.99	21.80	12.31	164.75	115.52	46.20	363.57
21 点	3.34	24.97	37.63	162.81	143.82	48.60	421.17
22 点	3.34	30.24	17.93	156.48	130.29	51.60	389.89
23 点	2.99	26.90	16.53	151.03	133.63	51.00	382.08

表 5-3 是倒供城门变电站 10kVⅡ、Ⅲ母线上馈线整点电流统计表，着色部分表示高峰时段，最高负荷达到 600A 以上。

表 5-3　　城门变电站 10kVⅡ、Ⅲ母线上馈线整点电流统计

整点电流统计	城门变电站			白湖亭变电站	总和
	632 敖山线负荷	天福线 634 负荷	635 城敖Ⅰ线负荷	653 黄山路负荷	
0 点	118.15	166.86	110.95	1.58	397.54
1 点	130.81	162.11	92.66	1.58	387.16
2 点	126.24	163.16	78.42	1.58	369.40
3 点	127.65	138.73	75.08	1.58	343.03

续表

整点电流统计	城门变电站			白湖亭变电站	总和
	632 敖山线负荷	天福线 634 负荷	635 城敖Ⅰ线负荷	653 黄山路负荷	
4 点	134.33	130.64	75.78	1.58	342.33
5 点	116.22	152.44	71.38	1.58	341.62
6 点	145.93	175.47	62.59	1.58	385.58
7 点	144.00	175.65	64.00	1.58	385.23
8 点	238.24	211.69	66.46	1.58	517.98
9 点	280.97	247.74	71.74	1.58	602.02
10 点	268.31	252.31	100.40	1.58	622.59
11 点	276.75	263.21	96.18	1.58	637.71
12 点	190.77	199.74	91.43	1.58	483.51
13 点	203.08	209.93	93.01	1.58	507.60
14 点	253.01	229.45	98.64	1.58	582.68
15 点	272.18	226.99	97.41	1.58	598.15
16 点	245.27	197.63	79.47	1.58	523.95
17 点	241.58	213.98	82.64	1.58	539.78
18 点	203.43	192.70	80.70	1.58	478.42
19 点	196.75	190.24	70.86	1.58	459.43
20 点	173.54	198.33	82.11	1.58	455.56
21 点	172.66	191.47	88.79	1.58	454.50
22 点	161.05	189.89	113.76	1.58	466.28
23 点	148.40	189.71	75.43	1.58	415.12

城门变电站 10kV 母线上部分馈线转移负荷后预计电流情况如表 5-4 所示。

表 5-4　　城门变电站 10kV 母线上部分馈线转移负荷后预计电流　　A

序号	馈线	最大负荷电流	联络馈线	联络馈线最大负荷电流	负荷电流加总最大值
1	城门 614	42.02	南郊变电站 625	243.00	285.02
2	城门 615	176.53	白湖亭变电站 621	272.18	448.71
3	城门 616	304.7	白湖亭变电站 644	24.96	329.66
4	城门 651	286.42	白湖亭变电站 642	132.01	418.43
5	城门 622	186.37	南郊变电站 616	158.40	344.77
6	城门 623	165.10	南郊变电站 632	38.40	203.50
7	城门 625	245.45	南郊变电站 624	84.00	329.45
8	城门 633	125.19	白湖亭变电站 624	233.79	358.98
9	城门 636	247.91	南郊变电站 612	67.15	315.06

倒供方案如下：

1）如图 5-17 所示，由南郊变电站 10kV 白云 611 线经永南路 9-1-49 永南路-5 柱上开关、城门变电站 617，倒供城门变电站 10kV Ⅰ段母线。恢复站用电后，视负荷情况逐条恢复 611、613、652、654 馈线负荷。

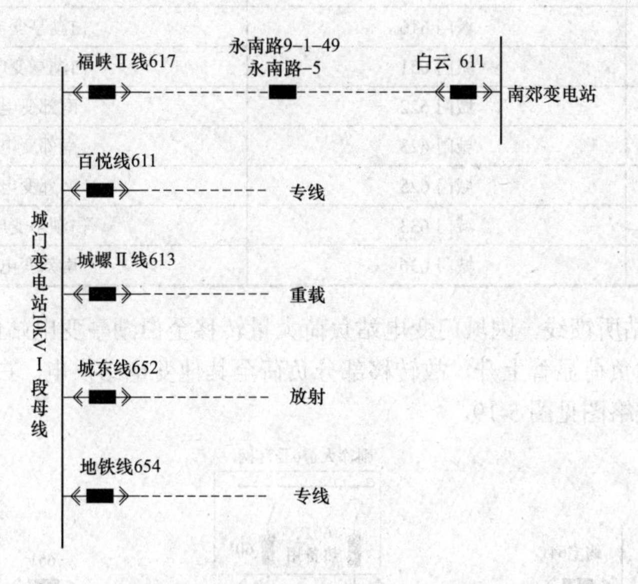

图 5-17 城门变电站 10kV Ⅰ段母线倒供方案

2）如图 5-18 所示，由白湖亭变电站 10kV 黄山路 653 线经福峡东 2 号环网 621、611 及城门变电站 635，倒供城门变电站 10kVⅡ、Ⅲ段母线。恢复站用电后，视负荷情况逐条恢复 632、634 馈线负荷。

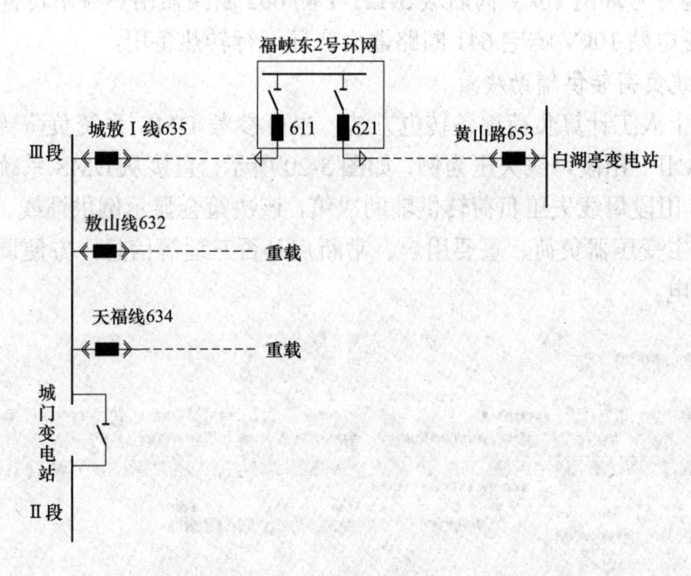

图 5-18 城门变电站 10kVⅡ、Ⅲ段母线倒供方案

3）其他馈线转电方案如表 5-5 所示。

表 5-5　　城门变电站部分馈线转供方案

序号	馈线	转供馈线
1	城门 614	南郊变电站 625
2	城门 615	白湖亭变电站 621
3	城门 616	白湖亭变电站 644
4	城门 651	白湖亭变电站 642
5	城门 622	南郊变电站 616
6	城门 623	南郊变电站 632
7	城门 625	南郊变电站 624
8	城门 633	白湖亭变电站 624
9	城门 636	南郊变电站 612

4）转移重载站所馈线。因城门变电站负荷大量转移至白湖亭变电站供电（约达 8MW），造成白湖亭变电站负荷显著上升，故转移部分负荷至其他变电站供电。白湖亭变电站 641、高湖变电站 651 联络图见图 5-19。

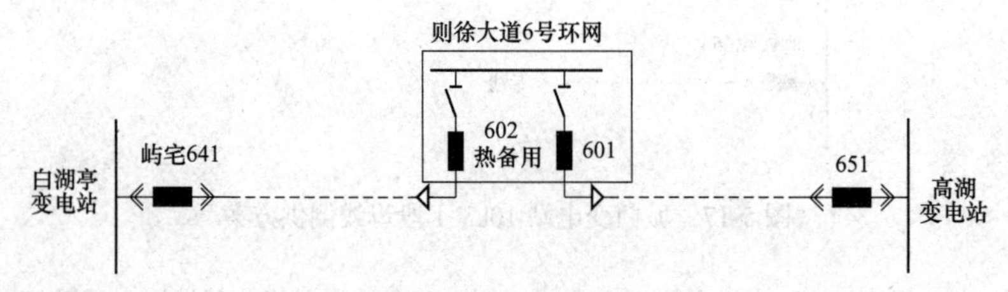

图 5-19　白湖亭变电站 641、高湖变电站 651 联络图

a．向地调申请：白湖亭变电站Ⅳ段、高湖变电站Ⅰ段 10kV 系统准备合解环。

b．则徐大道 6 号环网 10kV 向后坂 5-121-1 侧 602 断路器由热备用转合环运行。

c．白湖亭变电站 10kV 屿宅 641 断路器由合环运行转热备用。

3. DMS 系统负荷转供辅助决策

除了采用以上人工计算负荷逐条转电方法，也可参考 DMS 系统负荷转供辅助决策，以城门变电站 10kVⅡ、Ⅲ段母线失压为例，如图 5-20 所示，直接从 DMS 系统预案库调取城门变电站 10kVⅡ、Ⅲ段母线失压负荷转供辅助决策，该决策会显示倒供馈线、转电前后馈线负荷、转电后对侧主变压器负荷、重要用户、常断点是否三遥等信息，方便调控员快速做出决策，及时恢复供电。

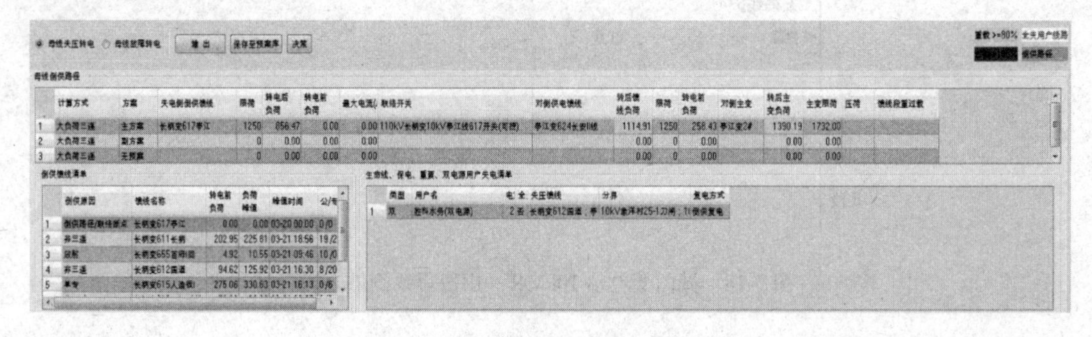

图 5-20　DMS 系统负荷转供辅助决策

第四节 缺 相

一、缺相原理

目前，配电网变压器主要有两种接线方式：Dyn11 和 Yyn0。

（1）Dyn11 类型变压器相对于 Yyn0 类型变压器有许多优点，如带不平衡负载能力强，输出电压质量高，能够为零序电流提供通路，又可以防止零序电流进入高压电网等。因此，Dyn11 类型变压器也是目前使用较为广泛的变压器。

Dyn11 接线方式如图 5-21 所示。

Dyn11 类型变压器高压缺相时接线如图 5-22 所示。

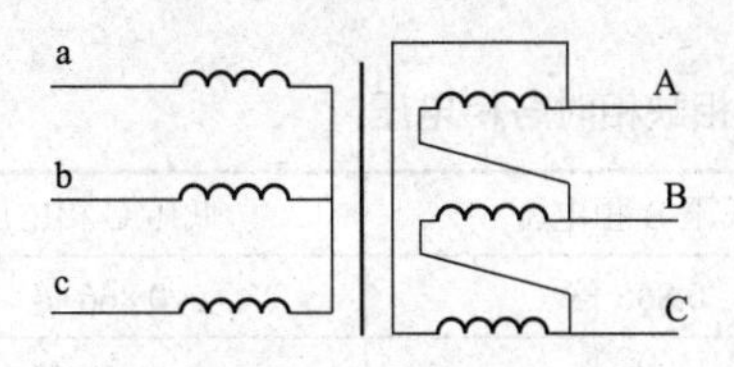

图 5-21 Dyn11 接线方式

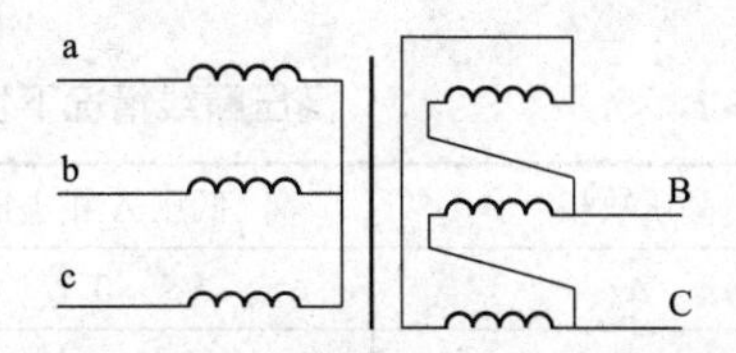

图 5-22 Dyn11 类型变压器 A 相高压缺相接线

当 A 相缺相时（见图 5-22），高压侧相当于 A、C 两相绕组串联之后再与 B 相绕组并联（见图 5-23），因 ABC 三相绕组参数相同，所以它们的阻抗大致相同，即 $Z_A=Z_B=Z_C$。所以 B 相绕组两端的电压仍为线电压，A、C 两相绕组因阻抗相同，各自分摊一半的线电压即 $\frac{1}{2}U_{BC}$，那么反映到配电变压器低压的情况：B 相电压不变。A、C 两相电压值降为原来值的一半。所以 Dyn11 接线方式的配电变压器当高压出现某相断线缺相运行时，低压会出现某一相电压正常，其余两相电压降为原来电压值的一半的现象。

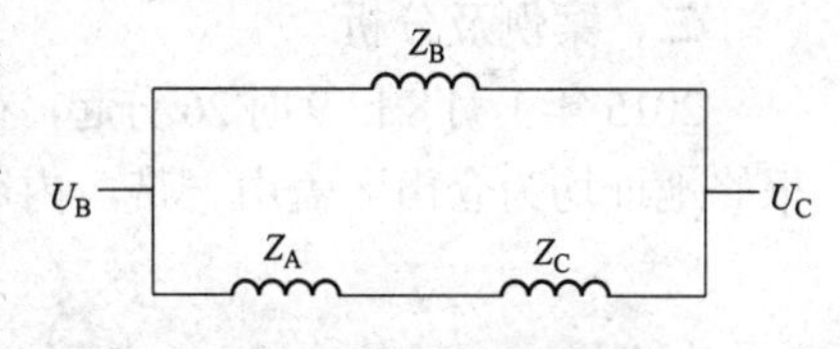

图 5-23 A 相缺相时等效电路图

综上，当发生 A、B、C 三相缺相时各相电压见表 5-6。

表 5-6 发生 A、B、C 三相缺相时各相电压

高压缺相	低压 A 相电压	低压 B 相电压	低压 C 相电压
A	降为 1/2	不变	降为 1/2
B	降为 1/2	降为 1/2	不变
C	不变	降为 1/2	降为 1/2

对于单相用户来说，接至电压正常的那一相用户可以正常用电，但是另外两相用电的用户设备则因欠压而无法正常工作，而且若负载属于电机型负载如：风扇、空调、油烟机等则可能因电压偏低不能正常启动而烧毁。对于三相用电设备，因三相不对称，没有在空气隙中产生旋转磁场，故也不能驱动电机设备转动，最终因电流热效应导致设备烧毁。

（2）Yyn0 接线方式配电变压器高压断线的情况，接线如图 5-24 所示。

以配电变压器高压 A 相缺相为例（见图 5-25），电流在 B、C 两绕组当中流过，两绕组中电流方向相反，所以磁通相互抵消，A 相绕组由于高压断线开路绕组中没有电流，没有产生磁通，故在低压侧没有产生感应电压。高压侧的等效电路图，相当于B、C绕组串联。同理由于三绕组参数相同，则阻抗相等：$Z_A=Z_B=Z_C$。那么B绕组与C绕组各自分摊一半的线电压$\frac{1}{2}U_{BC}$，即倍0.866的额定电压，一般设备还能维持正常运行，并且从电能质量上来看依然是合格的。综上：当发生A、B、C三相缺相时各相电压见表5-7。

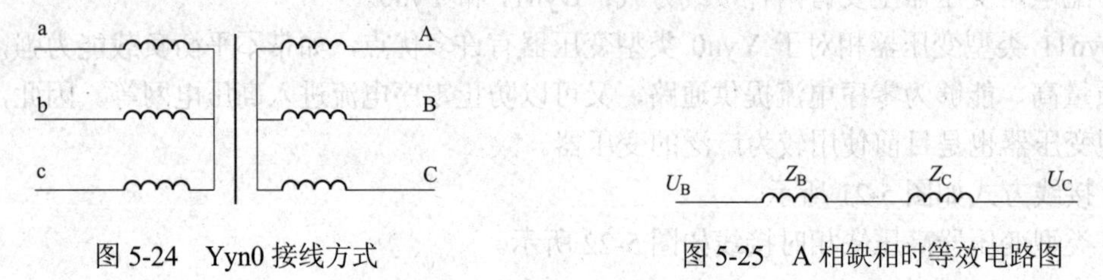

图5-24 Yyn0接线方式　　图5-25 A相缺相时等效电路图

表5-7　　高压断线情况下发生A、B、C三相缺相时各相电压

高压缺相	低压A相电压	低压B相电压	低压C相电压
A	0	0.866倍	0.866倍
B	0.866倍	0	0.866倍
C	0.866倍	0.866倍	0

对于单相用户来说，当用户接在故障相相对应的低压相线时，用户负载不能正常工作，也不会造成设备损坏。当用户接在非故障相所对应的低压相时，用户设备利用率低，影响正常出力，但也不会造成设备损坏。对于三相用电设备，因三相不对称，不可能在空气隙中产生旋转磁场，故也不能驱动电动机设备转动，最终因电流热效应导致设备烧毁。

二、案例及分析

2015年1月8日9时26分起，福州配电网抢修指挥班连续接到15张报修工单（见图5-26），报修地址均为仓山区盖山一带，内容均为低电压及没电。

故障单

故障单　关联　物资耗材　短信　附件

工作单编号	业务类型	业务子类型	受理内容	受理时间	受理进程	关联合并人员	关联合并时间	关联类型	关联关系	操作
150108379175	故障报修	低压故障	【设备故障】客户报修多户缺相，请处理。	2015-01-08 10:40:10	接单派工	廖	2015-01-08 10:42:21	合并--群体行为	合并	
150108377274	故障报修	低压故障	【多户无电】客户报修此处居民全部停电，请处理。	2015-01-08 10:24:20	接单派工	廖	2015-01-08 10:27:15	合并--群体行为	合并	
150108372419	故障报修	电压低	【电能质量】客户报修一户电压低，电器无法正常使用，请处理。	2015-01-08 09:40:07	接单派工	廖	2015-01-08 09:42:23	合并--群体行为	合并	
150108369878	故障报修	低压故障	【一户无电】客户报修一户无电，经指导客户检查，无法判断设备故障，请现场查处。	2015-01-08 09:30:29	接单派工	廖	2015-01-08 09:37:43	合并--群体行为	合并	
150108371365	故障报修	低压故障	【设备故障】客户报修福建省福州市仓山区盖山镇中山村缺相，请处理。	2015-01-08 09:36:59	接单派工	廖	2015-01-08 09:40:43	合并--群体行为	合并	
150108372859	故障报修	低压故障	【电能质量】客户报修多户电压低，电器无法正常使用，请处理。	2015-01-08 09:47:16	接单派工	廖	2015-01-08 09:51:30	合并--群体行为	合并	
150108381711	故障报修	低压故障	【设备故障】客户报修多户缺相，请处理	2015-01-08 11:03:18	接单派工	黄	2015-01-08 11:06:29	合并--群体行为	合并	
150108369520	故障报修	低压故障	【设备故障】客户报修多户缺相，请处理。	2015-01-08 09:26:27	接单派工	廖	2015-01-08 09:37:24	合并--群体行为	合并	
150108379695	故障报修	低压故障	【设备故障】客户报修整条街缺相，请处理。	2015-01-08 10:50:42	接单派工	黄	2015-01-08 10:56:21	合并--群体行为	合并	
150108371225	故障报修	低压故障	【多户无电】客户报修此处居民全部停电，请处理。	2015-01-08 09:35:09	接单派工	廖	2015-01-08 09:40:21	合并--群体行为	合并	
150108371415	故障报修	低压故障	【电能质量】客户报修多户电压不稳，电器无法正常使用，请处理。	2015-01-08 09:37:31	接单派工	廖	2015-01-08 09:41:15	合并--群体行为	合并	
150108388098	故障报修	低压故障	【设备故障】客户报修多户缺相，请处理。	2015-01-08 12:28:53	接单派工	黄	2015-01-08 12:32:15	合并--群体行为	合并	
150108397600	故障报修	低压故障	【设备故障】客户报修单户缺相，请处理。	2015-01-08 14:49:22	故障处理	廖	2015-01-08 14:57:40	合并--群体行为	合并	
150108392568	故障报修	低压故障	【电能质量】客户报修一户电压不稳，电器无法正常使用，请处理。	2015-01-08 13:39:31	接单派工	黄	2015-01-08 13:42:57	合并--群体行为	合并	

图5-26 报修工单

对多份工单二级研判后，配电抢修值班员发现多数研判结果显示故障线路为上三变电站10kV天水线626，如图5-27所示，即对关联工单进行合并。

图5-27　工单研判结果

配电抢修值班员根据研判结果立即调阅 DMS 系统内上三变电站 626 的联络图（见图5-28），根据召唤数据判定线路存在一相断线。

注：当线路单相断线时，Yy 接线的变压器所供一相用户没电，Yd 接线的变压器会有两相用户表现出低电压。

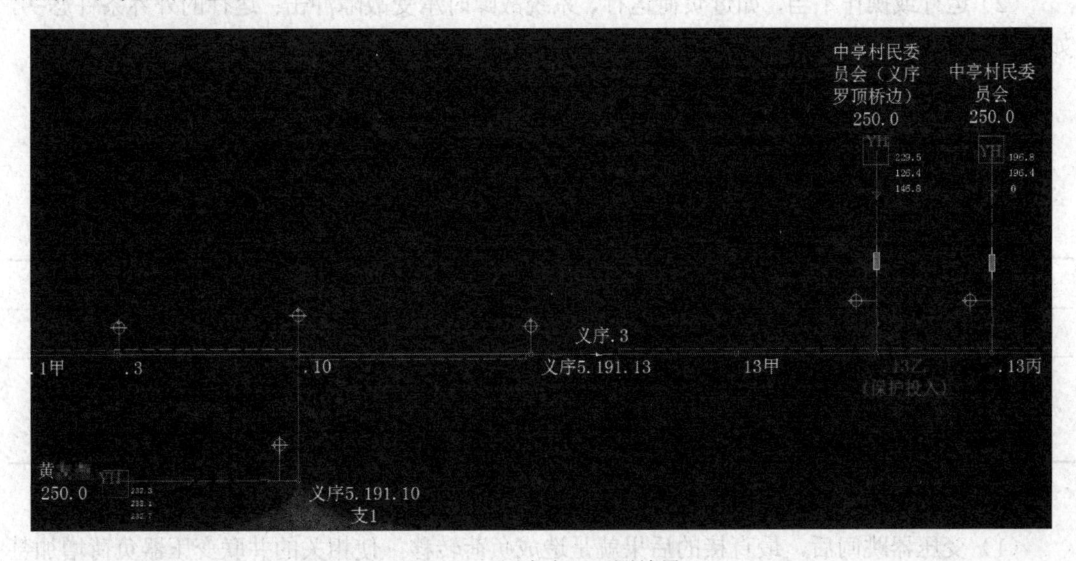

图5-28　用户电压召测结果

根据图示电压信息则可以通知巡线人员至最前端缺相变压器查看线路是否断线，这样可加快故障处理速度。

第五节　35kV主变压器故障

一、变压器故障的种类

变压器故障分为内部故障和外部故障两大类，如图5-29所示。

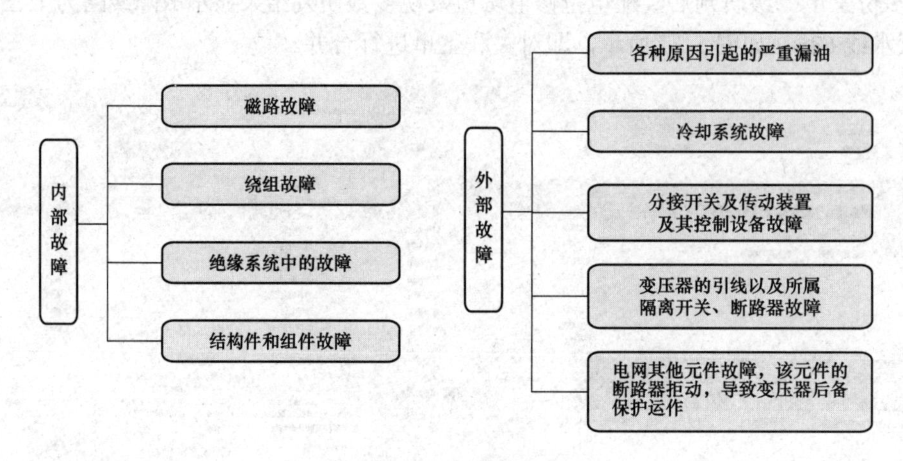

图 5-29　变压器故障类型

二、变压器故障的原因

变压器的故障类型是多种多样的，引起故障的原因也是复杂的，原因主要如下：

（1）制造缺陷，包括设计不合理，材料质量不良，工艺不佳；运输、装卸和包装不当；现场安装质量不高。

（2）运行或操作不当，如过负荷运行、系统故障时承受故障冲击；运行的外界条件恶劣，如污染严重、运行温度高。

（3）维护管理不善或不充分。

（4）雷击、大风天气下被异物砸中、动物危害等其他外力破坏。

变压器故障跳闸的现象见表 5-8。

表 5-8　　变压器故障跳闸的现象

类别	主保护动作跳闸	后备保护动作跳闸
设备状态	主变压器各侧开关跳闸	变压器一侧或各侧开关跳闸
保护动作情况	主变压器主保护至少一个动作。 气体继电器内可能有气体聚集。主变压器内部严重短路故障时，可有压力释放阀动作	变压器相应后备保护动作。 变压器内部故障可有轻瓦斯动作

三、变压器跳闸对电网的影响

（1）变压器跳闸后，最直接的后果就是造成负荷转移，使相关的并联变压器负荷增加甚至过负荷运行。

（2）当系统中重要的联络变压器跳闸后，还会导致电网的结构发生重大变化，导致大范围潮流转移，使相关线路过稳定极限。某些重要的联络变压器跳闸甚至会引起局部电网的解列。

（3）负荷变压器跳闸后，其所带负荷全部转移到其他变压器，使得原本双电源供电的用户变成单电源供电，降低了供电的可靠性或直接损失大量的用户负荷。

（4）中性点接地变压器跳闸后造成电网参数变化会影响相关零序保护配置，并对设备绝缘构成威胁。

四、变压器故障处理原则

电力变压器发生事故对电网影响巨大，正确、快速地处理事故，防止事故扩大，减小事故损失显得尤为重要。

变压器跳闸后应关注负荷及潮流转移情况，立即采取措施消除设备过负荷及断面过极限。当中性点接地变压器跳闸后，应考虑系统中性点接地是否满足运行要求，必要时可将其他变压器中性点接地开关合入。

变压器跳闸后，应关注相关变压器、线路等设备是否有过负荷现象，对于变压试送电应遵循的原则如下：

（1）若变压器主保护（瓦斯、差动）动作，未查明原因并消除故障前不得送电。

（2）若只是变压器过电流保护（或低压过电流）动作，在找到故障并有效隔离后，可试送一次。

（3）有备用变压器或备用电源自动装置投入的变电站，当运行变压器跳闸时应先启用备用变压器或备用电源，然后再检查跳闸的变压器。

（4）检修完工后的变压器送电过程中，变压器差动保护动作后，如明确为励磁涌流造成变压器跳闸，可立即试送。

（5）在检查变压器外部无明显故障，检查瓦斯气体和故障录波器动作情况，确认变压器内部无故障者，可以试送一次，有条件时，应利用发电机组进行零起升压。

（6）母线失压处理步骤参照上一章节。

五、案例及分析

1. 案例简述

110kV 管柄变电站 35kV 管中 323 断路器过电流Ⅱ段动作跳闸，重合不成功，对侧 35kV 中房变电站全站失压。35kV 中房变电站接线见图 5-30。

2. 处理原则

迅速做好全站失压下，10kV 负荷倒供并恢复失压变电站站用变压器。事故前运行方式为：10kV Ⅰ、Ⅱ段母线分段运行。

3. 处理过程

（1）通知输电班巡线，通知变电运维、检查现场设备。

（2）通知小水电站机组退出运行。

（3）10kV 母线倒供。

1）遥控操作：中房变电站 35kV 管中线 311 断路器、百丈 312 断路器、乌山 313 断路器由运行转热备用，1 号主变压器 10kV 侧 601 断路器、2 号主变压器 10kV 侧 602 断路器由运行转热备用。

2）遥控操作：10kV 秋岭线 14.41.6 号杆 XZ2 开关由热备用转运行（倒供路径：洪洋变电站 10kV 秋岭线 945 线路—中房变电站 10kV 洋里线 612 线路—中房变电站 10kV Ⅰ段母线）。

3）下令变电运维：中房变电站 10kV 母分 600 断路器由热备用转运行。

（4）隔离故障。

1）故障点：35kV 管中线 12 杆 C 相绝缘子、43 号杆 C 相绝缘子及避雷器被雷击击穿。

2）下令变电运维：35kV 管中线线路转检修。

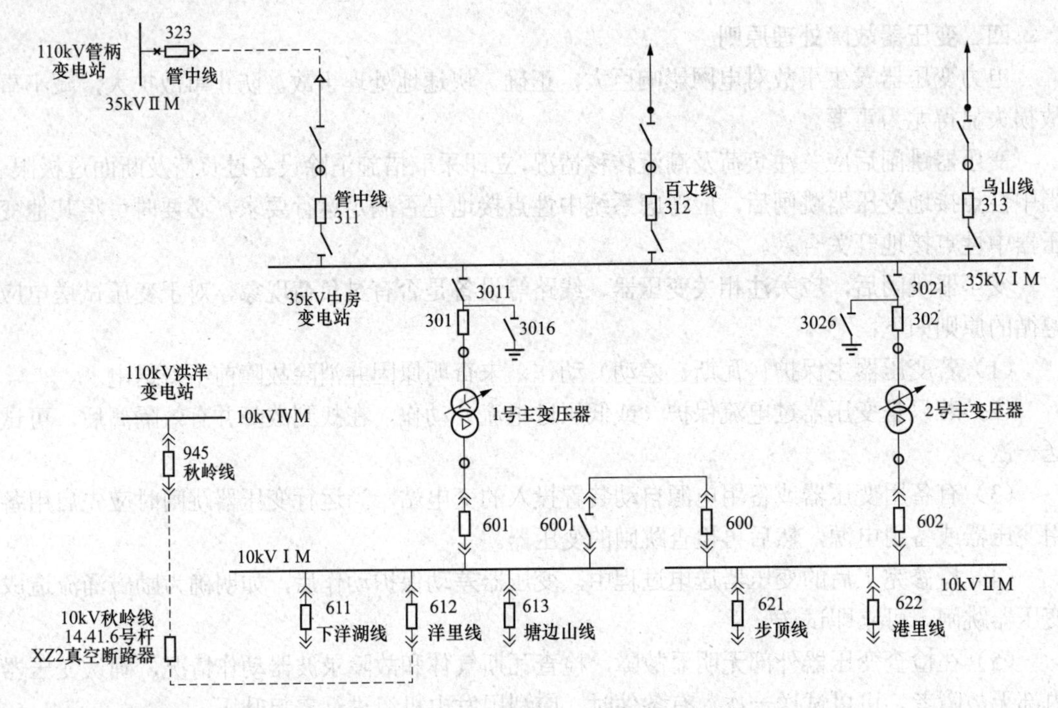

图 5-30　35kV 中房变电站接线示意图

（5）许可电力线路第一种工作票。

（6）验收终结抢修单。

（7）恢复送电。

1）35kV 管中线线路转运行。

2）中房变电站 1 号主变压器 10kV 侧 601 断路器热备用转运行，中房变电站 2 号主变压器 10kV 侧 602 断路器由热备用转运行，中房变电站 10kV Ⅰ、Ⅱ段母分 600 断路器由运行转热备用。

3）10kV 秋岭线 14.41.6 号杆 XZ2 真空断路器由运行转热备用（遥控解环）。

4）中房变电站 35kV 百丈 312 断路器、乌山 313 断路器转运行，并通知小水电可以发电。

第六章 配电网分布式电源管理

第一节 分布式电源的概述

随着电气技术的发展以及大众对生态经济可持续发展的重视，分布式发电技术逐渐受到社会的关注与重视。分布式电源具有清洁、安全、便利、高效等特点，已成为世界各国普遍关注和重点发展的新兴产业。分布式电源对优化能源结构、推动节能减排、实现经济可持续发展具有重要意义。

一、分布式电源的定义

分布式电源，是指在用户所在场地或附近建设安装、运行方式以用户侧自发自用为主、多余电量上网，且在配电网系统平衡调节为特征的发电设施或有电力输出的能量综合梯级利用多联供设施，包括太阳能、天然气、生物质能、风能、地热能、海洋能、资源综合利用发电（含煤矿瓦斯发电）等。

结合国家电网文件以及国家有关分布式电源政策规定，定义分布式电源主要包含以下几类：

（1）10kV 以下电压等级接入，且单个并网点总装机容量不超过 6MW 的分布式电源。

（2）35kV 电压等级接入，年自发自用电量大于 50%的分布式电源；或 10kV 电压等级接入且单个并网点总装机容量超过 6MW，年自发自用电量大于 50%的分布式电源。

（3）在地面或利用农业大棚等无电力消费设施建设，以 35kV 及以下电压等级接入电网（东北地区 66kV 及以下）、单个项目容量不超过 2 万 kW 且所发电量主要在并网点变电台区消纳的光伏电站项目。

（4）装机容量 5 万 kW 及以下的小水电站。

（5）35kV 电压等级接入的分散式风电等其他分布式电源。

注：第（1）类和第（2）类不包含小水电。

二、分布式电源的相关术语

（一）公共连接点

用户接入公用电网的连接处。

（二）并网点

分布式电源的并网点，是指分布式电源与电网的连接点，而该电网可能是公用电网，也可能是用户电网。

并网点图例说明如图 6-1 所示，该用户电网通过公共连接点 C 与公用电网相连。在用户电网内部，有两个分布式电源，分别通过 A 点和 B 点与用户电网相连，A 点和 B 点均为并网点，但不是公共连接点。D 点是常规电源的公共连接点和并网点。

（三）变流器

变流器是用于将电功率变换成适合于电网或用户使用的一种或多种形式电功率的电气设备。变流器包括整流器、逆变器、交流变流器和直流变流器等。

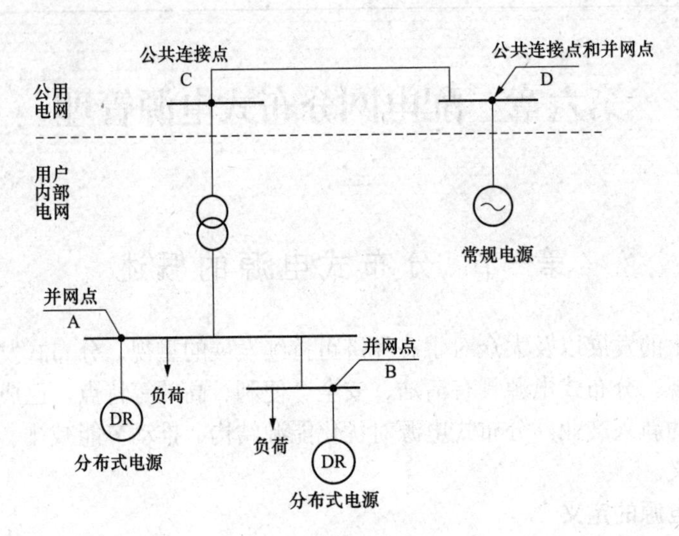

图 6-1　并网点图例说明

（四）孤岛现象

孤岛现象是电网失电时，分布式电源仍保持对失电电网中的某一部分线路继续供电的状态。孤岛现象可分为非计划性孤岛现象和计划性孤岛现象。

（五）防孤岛

防孤岛是防止非计划性孤岛现象的发生。

非计划性孤岛现象发生时，由于系统供电状态未知，将造成以下不利影响：

（1）可能危及电网线路维护人员和用户的生命安全。

（2）干扰电网的正常合闸。

（3）电网不能控制孤岛中的电压和频率，从而损坏配电设备和用户设备。

（六）群控群调系统

群控群调系统是福建省分布式电源管理创新试点项目，为在电网安全运行状态下执行电网实时平衡控制和安全自校正控制，需要针对分布式光伏实现无调控人员干预下潮流、电压的自主调节，实现省地协同、调配协同的分布式光伏群控群调系统，满足目前新能源接入的需求，全面提升电网的安全经济运行水平，降低调度实时运行控制工作量。

群控群调系统从 EMS 和 DMS 获取所需要的模型、数据，建立承载力校核、优化计算、控制调节等需要的主配电网分析模型，通过与分布式光伏控制子站的联动，既可以接收上级电网的电源出力指令分解下发到具体的分布式光伏电站，又可以根据分析的计算结果进行自主控制。

三、分布式发电技术简介

分布式发电技术多种多样，按照分布式发电使用的能源是否再生，可以将分布式发电分为两大类：一类是基于可再生能源的分布式发电技术。主要包括：小型水电站发电、太阳能发电、风能发电、地热能、海洋能、生物质能等发电形式；另一类是使用不可再生能源发电的分布式发电，主要有：微型燃气轮机、内燃机、燃料电池、热电联产等发电形式。

目前我省几种主要的分布式发电形式及特点：

（1）小型水电站发电：即小水电，装机容量5万kW及以下的小水电站，利用水流蕴藏的力学转换成电能的发电形式。福建省水力资源丰富，小水电装机居全国前列。

（2）风力发电：风力发电技术是一种将风能通过风力发电机转换为电能的发电技术。福建省风力资源丰富，发展陆上风电与海上风电具有得天独厚的基础。其中闽江口以南至厦门湾部分位于台湾海峡中部，受台湾海峡“狭管效应”的影响，其年平均风速超过8.0m/s，风向稳定，是全国风电资源最丰富的地区之一。

（3）太阳能发电：目前应用较多的是太阳能光伏发电技术，是一种将太阳辐射能通过光伏效应、经光伏电池直接转换为电能的发电技术，它向负荷直接提供直流电或经逆变器将直流电转换为交流电。由于光伏发电是在白天发电，与负荷的最大电力需求有很好的相关性，今后将有更大的应用前景。

（4）生物质发电：生物质发电是利用生物质，例如：垃圾、沼气、秸秆、农林废弃物等，直接燃烧将生物质能转化为电能的一种发电方式。主要包括生物质直接燃烧发电、气化发电、沼气发电、垃圾焚烧发电、混合燃料发电的技术和生物质能电池等。福建省的生物质资源开发利用主要以城市生活垃圾为主，目前农林生物质发电在起步阶段。

（5）燃料电池发电：燃料电池是一种在恒温状态下，直接将存储在燃料和氧化剂中的化学能高效、环境友好地转化为电能的装置。其优点是：效率高、能快速跟踪负荷的变化、清洁无污染、占地少。

（6）微型燃气轮机发电：以天然气、甲烷、汽油、柴油为燃料的超小型燃气轮机发电技术。其发电效率较高且体积小、质量轻、污染小、运行维护简单。

除了水力发电和生物质发电以外，多数基于可再生能源的分布式发电技术都有一些共同的特点，能量密度低，且具有随机性，稳定性差。此外，风力发电和太阳能光伏发电还受天气的影响。而使用化石燃料的分布式发电技术性能则比较稳定，易于控制。

四、分布式电源对配电网的影响

分布式发电因其节能效果好、环境负面影响小、投资效益良好等特性，受到国家政策方面大力支持而迅速发展。这些分布式电源接入系统后，配电网由单电源模式变为多电源模式，对已经适应“单一电源方向”的配电网安全管理提出了新的挑战。

（一）对配电网规划的影响

分布式电源的接入，使得配电网规划突破了传统的方式，主要表现为分布式电源的接入会影响系统的负荷增长模式，使原有的配电系统的负荷预测和规划面临着更大的不确定性；配电网本身节点数非常多，系统增加的大量分布式电源节点使得在所有可能网络结构中寻找最优网络布置方案更加困难；由于分布式电源的投资建设单位多为投资公司、私营企业或个人，在项目建设中往往仅从经济效益方面考虑，缺少中期或远景的项目规划，存在较大的不确定性，这与供电企业配电网规划的前瞻性存在明显的不匹配。

（二）对馈线电压的影响

分布式电源大多接入呈辐射状的10kV或0.4kV配电网，稳定运行状态下，配电网电压一般沿潮流方向逐渐降低。分布式电源接入后，改变了原线路潮流分布，使各负荷节点的电压被抬高，甚至可能导致一些负荷节点电压偏移超标。由于接入位置、容量和控制的不合理，分布式电源的引入常使配电线路上的负荷潮流变化较大，增加了配电网潮流的不确定性。大量电力电子器件的使用给系统带来大量谐波，谐波的幅度和阶次受到发电方式及转换器工作模式的影响，对电压的稳定性和电压的波形都产生不同程度的影响。

（三）增加了继电保护复杂性

大量分布式电源接入，改变了配电网潮流规律和网供负荷特性，配电网故障特征发生较大变化，致使继电保护整定计算及运行管理更加复杂。

（1）增加保护整定难度。故障情况下，分布式电源短时间保持低电压穿越运行状态，将持续提供故障电流和恢复电压，增加线路重合闸和备自投失败的风险。仿真结果表明，当分布式光伏容量占比超过20%时，将出现因不满足检无压条件而导致备自投失败的情况。

（2）对保护配置提出更高要求。随着分布式光伏高比例接入及供电可靠性要求不断提高，配电网结构日趋复杂，传统单端保护不能满足运行要求，将逐步应用以光纤差动为代表的快速保护。

第二节　分布式电源并网与调试管理

一、分布式电源并网要求

（一）小水电和35kV及以上分布式电源并网

小水电和35kV及以上分布式电源的并网按国家及公司有关规定执行，并网要求与地区中小型电厂相同。

（1）并入福建省110kV及以下电网运行且不属于省调直调的发电厂，称为地区中小型电厂。

（2）凡新建、在建和已运行的地区中小型电厂必须与地方供电企业签订并网协议后方可并入电网运行。并网协议包括：并网调度协议和购售电合同。

（3）并网各方应参照《并网调度协议（示范文本）》和《购售电合同（示范文本）》，按照平等互利、协商一致的原则对有关参考值进行适当调整，签订并网协议。《购售电合同》商谈时应有电网调度部门代表参加。

（4）地区中小型电厂正式并网前，应取得政府有关部门或电力监管机构颁发的法定许可证、有关质检报告、验收报告，并由政府或政府授权部门主持启动。

（5）不服从调度管理的电厂不得并网运行。

（二）其他分布式电源并网

（1）分布式电源所采用的风电机组、变流器、逆变器、旋转电机和无功补偿装置等设备应通过国家授权的有资质的并网检测机构的型式检测，检测结果应符合《分布式电源接入配电网技术规定》的相关要求。分布式电源项目业主应向地市/区县供电公司营销部门提供相应的检测报告，由营销部门抄送调控部门备案。

（2）地市/区县供电公司调控部门应参加由地市/区县供电公司发展部门组织的10（6）～35kV 接入的分布式电源接入系统方案审定。项目业主确认接入系统方案后，地市/区县供电公司调控部门应备案由地市/区县供电公司发展部门抄送的接入系统方案确认单、接入电网意见函。

（3）10（6）～35kV 接入项目，在接入系统工程施工前，地市/区县供电公司调控部门应参与地市/区县供电公司营销部门组织的接入系统工程设计相关资料审查，配合出具答复意见并备案。

二、分布式电源的调试

（一）小水电和35kV及以上分布式电源调试

（1）机组并网调试前，电厂应按地区电网调度规程规定提前向调度部门提供电网计算分析所需要的发电机、锅炉、汽轮机、水轮机、励磁系统（包括PSS）、调速系统技术资料（包括原理及传递函数框图）等，并向调度部门提供静态及动态整定调试试验报告。

（2）机组并网调试前，电厂应按地区电网调度规程的要求向调度部门提供现场运行规程规定和防止电厂全停及保厂用电方案、失去外来电源的应急预案。

（3）机组并网调试前，电厂应向所辖调度机构上报运行人员及有关专责、系统维护人员名单、联系方式。

（4）机组的高频保护、低频保护、过电压保护、低电压保护、失磁保护、主变压器零序过电流保护、发电机-变压器组低压过电流保护、主要辅机设备低电压保护等整定应报所属调度机构审核批准后执行，其余发电机变压器保护定值报所属调度机构备案。调度部门应下达电厂边界阻抗等值和继电保护定值限额。电厂出线的线路保护由所属调度机构明确保护型号及有关要求， 并由所属调度机构下达定值，机变保护和系统保护应经所属调度部门验收。

（5）并网前水电厂应按地方供电企业调度规程的要求向调度部门提供水工水文特性资料，并向调度部门了解需在投产运行中上报水库运行信息的内容及方式。

（6）并网所需通信系统及其配套通信电源等应与系统一次设备同步投运，并网所需通道（包括调度电话、自动化信息等）完整可靠投运。并网前须上报并网通信系统的相关资料。

（7）电厂远动设备应与系统一次设备同步投运，远动设备应具有满足与所属调度机构调度自动化系统通信所需的通信规约；确保电力调度自动化信息完整、准确、可靠地传送至所属调度机构。

（8）总装机在 0.5MW 及以上的并网发电厂在各关口点安装电能表，电能表应接入自动化远动设备（脉冲或485接口）。

（9）单机容量在 10MW 及以上且以 110kV 接入电网的并网发电机组，其监控系统必须具备AVC功能，参与电网闭环自动电压控制。机组AVC性能及指标应满足电网运行的要求。在机组商业化运行前，其AVC功能应完成与所属调度机构主站的AVC功能联调，具备投运的条件。

（10）机组进入商转前应安排并完成与电网运行有关的试验项目，包括新设备零起升压、升流、全压冲击及核相，保护向量测试，厂用电切换试验，机组励磁系统及调速系统静态、动态试验，励磁系统低励限制环节、甩负荷试验，PSS动态及系统试验、进相试验，AVC功能与调度机构的联调试验，黑启动能力试验等，并验证与电网安全稳定运行有关的一、二次设备是否满足行业标准或技术规定要求。

（二）其他分布式电源调试

（1）地市/区县供电公司调控部门应备案由地市/区县供电公司营销部门抄送的并网调试申请资料。

（2）并网验收及并网调试申请受理后，10（6）～35kV 接入项目，地市/区县供电公司调控部门负责办理与项目业主（或电力用户）签订调度协议方面的工作。

（3）电能计量装置安装、合同与协议签订完毕后，10（6）～35kV 接入项目，地市/区县供电公司调控部门应组织相关部门开展项目并网验收及并网调试，出具并网验收意见，调试通过后并网运行。验收项目应包括但不限于：

1）检验线路（电缆）情况。

2）检验并网开关情况。

3）检验继电保护情况。

4）检验配电装置情况。

5）检验防孤岛测试情况。

6）检验变压器、电容器、避雷器情况。

7）检验其他电气试验结果。

8）检验作业人员资格情况。

9）检验计量装置情况。

10）检验自动化系统情况。

11）检验计量点位置情况。

第三节 分布式电源运行管理

一、基本要求

（1）省级和地市级电网范围内，分布式光伏发电、风电、海洋能等发电项目总装机容量超过当地年最大负荷的 1%时，电网调控部门应建立技术支持系统，开展短期和超短期功率预测，同时对其有功功率输出进行监测。省级电网公司调控部门分布式电源功率预测主要用于电力电量平衡，地市级供电公司调控部门分布式电源功率预测主要用于母线负荷预测，预测值的时间分辨率为 15min。

（2）分布式电源运行维护方应服从电网调控部门的统一调度，遵守调度纪律，严格执行电网调控部门制定的有关规程和规定：10（6）～35kV 接入的分布式电源，其涉网设备应按照并网调度协议约定，纳入地市/区县供电公司调控部门调度管理。项目运行维护方应根据装置的特性及电网调控部门的要求制定相应的现场运行规程，经项目业主同意后，报送地市供电公司调控部门备案。站内一次、二次系统设备变更时，分布式电源运行维护方应将变更内容及时报送地市/区县供电公司调控部门备案。

（3）10（6）～35kV 接入的分布式电源项目运行维护方，应及时向地市供电公司调控部门备案各专业主管或专责人员的联系方式。专责人员应具备相关专业知识，按照有关规程、规定对分布式电源装置进行正常维护和定期检验。

（4）分布式电源一次、二次设备的安装、调试，运行、维护、检修等均应由具备资质或持有相关证件的从业人员负责。

（5）10（6）～35kV 接入的分布式电源，项目运行维护方应指定具有相关调度资格证（或经调度部门考试合格）的运行值班人员，按照相关要求执行地市供电公司调控部门值班调控员的调度指令。电网调控部门调度管辖范围内的设备，分布式电源运行维护方应严格遵守调度有关操作制度，按照调度指令，电力系统调度规程和分布式电源现场运行规程进行操作，并如实告知现场情况，答复调控部门值班调控员的询问。

（6）并网发电厂的联网电力设备均应接受调控中心统一命令编号，继电保护整定计算经继保人员整定核准下达，执行电网调度统一操作术语，调度统一管理，不准随便变动。

（7）并网发电厂机组开、停机操作一律按调度命令执行并做好记录，若遇机组异常、事故应积极处理并及时报告配调值班调控员。发生事故跳闸时，发电厂（分布式电源）可不待配调通知，尽快断开联网进线开关，开机自带厂用电。并应向配电网调度汇报，不得自行并网，须在调控员的安排下有序并网恢复运行。

（8）分布式电源接入的运行与控制应以不影响配电网的安全稳定为原则，接入时应做好电网适应性分析，接入后应评估调整现有配电网保护配置。

（9）10kV分布式电源应做好配电生产信息系统中异动全过程管理，设备台账录入要准确规范，在项目并网前需校验现场接线与异动信息，并网后即更新设备运行状态，做到图实相符。

（10）10kV 分布式电源系统侧设备消缺、检修优先采用不停电作业方式；若采用停电作业方式，系统侧设备停电检修工作结束后，分布式电源应按次序逐一并网。

（11）10kV 分布式电源并网线路因计划或故障停电，应断开相关分布式电源的并网开关或用户分界设备，防止分布式电源倒送电。

二、分布式电源继电保护及安全自动装置管理

（1）分布式电源继电保护和安全自动装置配置应符合相关继电保护技术规程、运行规程和反事故措施的规定，装置定值应与电网继电保护和安全自动装置配合整定，防止发生继电保护和安全自动装置误动、拒动，确保人身、设备和电网安全。

（2）10（6）～35kV 接入的分布式电源安全自动装置的改造应经地市供电公司调控部门的批准。

（3）10（6）～35kV 接入的分布式电源应按电网调控部门有关规定管理所属微机型继电保护装置的程序版本。

（4）10（6）～35kV 接入的分布式电源涉网继电保护定值应按电网调控部门要求整定并报地市供电公司调控部门备案，其与电网保护配合的场内保护及自动装置应满足相关标准的规定。

三、分布式电源通信运行和调度自动化管理

（1）分布式电源并网运行信息采集及传输应满足《电力二次系统安全防护规定》等相关制度标准要求。接入 10kV 电压等级的分布式电源（除 10kV 接入的分布式光伏发电，小水电、风电、海洋能发电项目）应能够实时采集并网运行信息，主要包括并网点开关状态、并网点电压和电流，分布式电源输送有功功率、无功功率、发电量等，并上传至相关电网调控部门；配置遥控装置的分布式电源，应能接收、执行调度端远方控制解/并列、启停和发电功率的指令。10kV 接入的分布式光伏发电、风电、海洋能发电项目，暂只需上传电流、电压和发电量信息，条件具备时，预留上传并网点开关状态能力。

（2）通过专线接入 10（6）～35kV 的分布式电源通信运行和调度自动化应满足《分布式电源接入配电网技术规定》的要求。

（3）10（6）kV 接入的分布式光伏发电、风电、海洋能发电项目，可采用无线公网通信方式（光纤到户的可采用光纤通信方式），并应采取信息安全防护措施。

（4）10（6）～35kV 接入的分布式电源开展与电网通信系统有关的设备检修，应向调控部门办理检修申请，获得批准后方可进行。如设备检修影响到继电保护和安全自动装置还需

按规定向地市供电公司调控部门提出继电保护和安全自动装置停用申请，在装置退出后，方可开始通信设备检修相关工作。

（5）10（6）～35kV 接入的分布式电源，其并入电力通信光传输网、调度数据网的应纳入电力通信网管系统统一管理。

（6）分布式电源调度自动化信息传输规约由电网调控部门确定。

第七章　DMS 系统高级功能应用

第一节　故障处理全研判全流程

所谓故障全研判全流程，是指以配电网自动化系统为基础，融合 EMS、用采系统、SG186、PMS 等多数据平台，实现 DMS 系统对配电网故障、运行状态的全面感知，能够快速研判、及时预警以及对一二次设备快速控制，做到营配调关键信息全在线管控、配电网全信息实时监测、系统研判全类型决策、运行处置全流程控制，为全面、快速、准确管控配电网提供有效的技术支撑。全流程分为故障感知、故障分析、隔离转电、故障抢修、送电操作、事后分析六个环节，如图 7-1 所示。

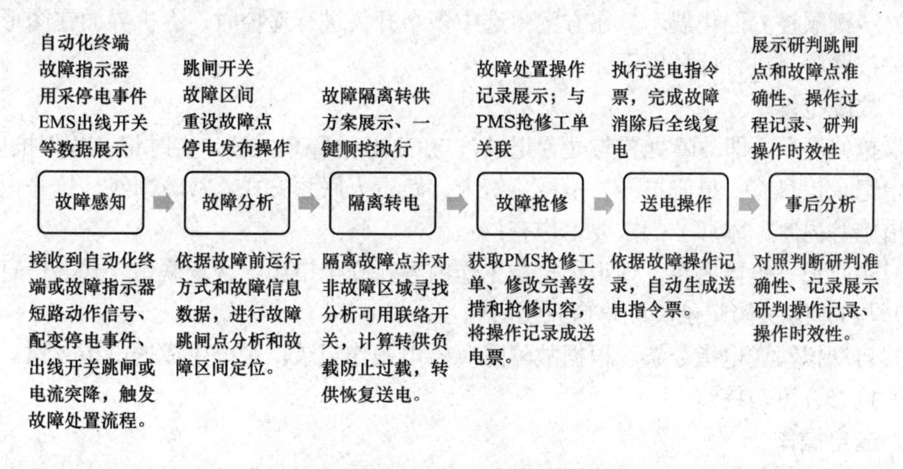

图 7-1　故障全研判全流程环节图

一、故障感知

全流程故障感知，系统接收到触发故障研判的各类信号，包括故障指示信号、配电变压器停电信号、突降信号、开关信号、单相接地信号、母线失压、线路重载等，并对这些信息进行的融合研判，得出故障研判结果，并启动故障处置流程，推出处置方案。其中包括短路故障、单相接地故障、变电站 10kV 母线失压、线路重过载等各种故障类型。也可以手动启动故障处置流程。

若系统发生误判，可手动结束故障处置流程，并对研判上送告警信息误报的终端触发缺陷流程。

二、故障分析

故障分析环节主要是根据故障感知信号，研判得出停电事件的跳闸设备、故障区间以及涉及停电范围等信息。本环节主要有以下工作：

（1）故障信息发布：可以将跳闸设备和故障区间发送给 OMS 用以填写 OMS 系统故障单

的故障简述。

（2）故障时刻断面分析：查看故障时刻断面信息。查看故障时刻的馈线上各个自动化设备状态以及故障区间在图形上进行闪电标注展示，需要下一个整点后才能调阅。

（3）停电发布：可进入停电发布界面，对涉及停电配电变压器进行停电信息发布。

（4）研判故障点：当前实时态下，人机展示跳闸设备与停电范围，在单线图上进行标识。

三、隔离转电

隔离转电环节，根据故障分析得出的研判结论，对故障点隔离，对非故障线路转电复电。本环节的主要工作有：

（1）根据研判结论，系统给出隔离转电的操作顺序。

（2）修改方案。当调控员发现系统给出的隔离转电方案有缺陷时，可以手动对隔离转电方案进行增、删、调整先后顺序。

（3）重新设置故障点。当调控员发现系统判断的故障点有误或者无法判断出故障点时，调控员可手动在图形上设置故障点。系统会根据手动设置的故障点重新计算出隔离转电方案，并进行展示。

（4）一键顺控界面化展示。在方案中选中多个开关进行遥控时，人机界面在图形上会对相应开关按照序号进行标号展示。

四、故障抢修

故障抢修环节，即故障处置与处置记录，与OMS故障单关联，实时记录故障抢修信息。故障单中记录信息有：抢修单号、抢修负责人、负责人联系方式、故障馈线、抢修内容、抢修安全措施等内容。本环节的主要工作有：

（1）实时记录抢修内容，如记录抢修工作内容、安全措施、现场联系方式等信息。

（2）与OMS故障记录关联，信息实时同步。

（3）自动拟写送电指令票。根据故障隔离转电操作记录，系统生成送电指令票。

（4）抢修许可与终结。

五、送电操作

送电操作环节，即故障抢修终结后，执行复电工作。系统自动拟写的送电指令票经审核无误后，在此环节执行，并将执行信息同步到OMS系统。故障处理流程结束，更新故障恢复送电时间并同步至SG186，统计该故障发生时涉及的停电用户，以及复电的用户与剩余未复电用户。

六、事后分析

事后分析，主要是对本次故障处理进行分析评价，主要从以下三方面进行评价。

1. 研判正确性

（1）故障点结果正确性。

（2）跳闸点结果正确性。

（3）隔离转电方案正确性。

（4）遥控操作是否成功。

（5）送电正确性。

2. 研判时效性

（1）开始研判时间点。

（2）停电发布完成时间点（故障分析结束时间点）。

（3）隔离转电完成时间点（隔离转供的方案全部完成认为隔离转电环节完成，所有开关确认执行）。

（4）故障抢修完成时间点（送电票执行第一步操作）。

（5）完成送电操作时间点（送电票完成最后一步操作）。

3. 各类信号动作正确性

分析并统计自动化终端动作正确、误报、漏报等，对缺陷设备通过终端管控发起缺陷流程。

第二节 网络化下令与许可

所谓网络化下令与许可，是指调度运行指挥系统，通过网络通信交互形式实现当值调控员与现场人员之间的调度运行操作和调度检修许可等业务联系，利用 DMS 系统网络实时拓扑进行安全校验。调控员在调度系统中下达调度命令与接收配电运行人员的现场汇报，配电运行人员在现场利用 App 终端接收命令和现场汇报。整套系统包括调度系统应用、App 终端应用以及相关辅助应用。

一、系统架构

现场应用前端界面嵌入企信 App（i 国网）中，数据请求通过企信平台提供的网关插件实现配电网调度应用配电网 OMS 系统和 DMS 系统跨区总线进行交互。网络化下令与许可系统架构如图 7-2 所示。

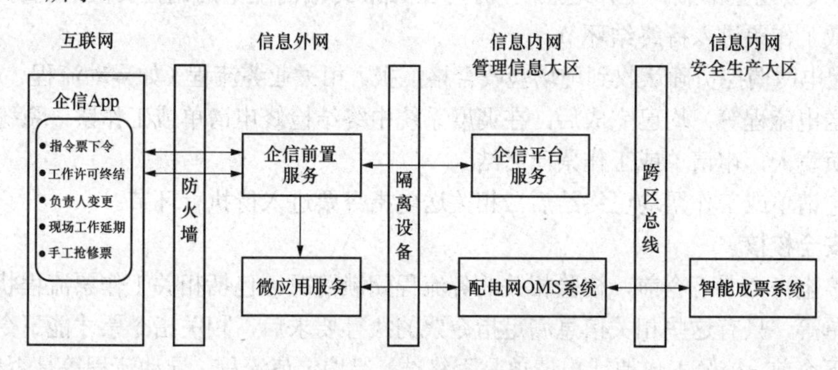

图 7-2 网络化下令与许可系统架构图

二、指令票网络化下令

调度运行操作网络发令业务流程包括拟票、预令、发令、执行、汇报等五个环节。

1. 拟票

根据申请单或工作票，配电网调控员提前拟写指令票，并经审核通过，指令票进入待发令环节。

2. 预令

调控员对指令票下达预令后，操作人员在 App 终端上签收指令票。未能及时签收的指令票，智能语音服务会触发语音提醒操作人员及时接令。

3. 发令

当到达计划停电时间后，配电网调控员在调度系统向配电运行人员按顺序正式下达操作命令。

4. 执行

操作人员在App终端接收到当值配电网调控员发令后，按照调度指令票的操作顺序，依次组织开展操作。

5. 汇报

调度系统Web终端接收到现场App的操作汇报后，自动对调度接线图置位、挂牌。当调控员下令的所有指令项均已操作完毕，系统提示调控员下达下一步指令或指令票执行完毕。

三、网络化许可

调度检修申请单、工作票的网络化许可业务与停送电指令票的网络化下令业务相互关联，包括停电操作完成后的工作许可和送电操作前的工作终结。

（一）网络化许可流程

（1）检修申请单、工作票相关停电指令票均已执行完毕。

（2）系统自动校验检修申请单、工作票对应的所有调度端安全措施均已布置完成后，该申请单或工作票进入待许可环节。

（3）调度系统将待许可的检修申请单或工作票，向现场工作负责人发出许可命令。

（4）现场工作负责人通过App终端接收到调度许可命令后，方可开工工作。

（二）网络化终结流程

（1）现场工作负责人确认所有现场工作已结束、工作班组自挂的接地线已拆除、现场已清理完毕、人员已全部撤离工作地点后，方可在App终端向配电网调控员汇报现场工作终结，则申请单或工作票进入待终结环节。

（2）配电网调控员确认收到现场验收合格汇报，相关业务流程（如异动流程、定值流程、业扩启动送电流程等）均已完成后，在调度系统中终结检修申请单或工作票，系统通过App通知工作负责人，申请单或工作票已终结。

（3）申请单或工作票均已终结后，相关送电指令票进入待执行环节。

四、安全校核

（1）停电指令票下令前，校验相关业务流程闭锁情况。包括相关工作票流程状态、业扩启动送电单等，只有这些相关信息满足指令票的执行要求后，相关指令票才能下令停电。送电指令票下令前，校验工作票或申请单是否终结，保护定值流程、异动流程等是否均已完成。

（2）调度下令时，对下达指令项实时防误分析校核，校验不通过不允许下令。

（3）现场操作过程中，对每一步操作项的操作结果系统自动进行设备状态验证，校验不通过不允许下一步操作项的操作。

（4）整个调度现场交互过程中，每一次操作都记录日志并能够直观展示交互情况。

（5）许可工作时，系统自动校验相关停电指令票均已执行完毕，否则不允许下达许可命令。

五、智能语音提醒

（1）指令票进入待发令环节后，系统自动发送语音电话通知操作人员，提醒相关指令票可执行，请及时接令。

（2）调控员下令后，5min未收到操作人员的接令信息，系统弹窗提醒调控员相关指令票未接令。同时停电检修记录中“指令票”一列标识特殊颜色。

（3）操作人员回令后，弹窗提醒调控员。同时停电检修记录中“指令票”一列标识特殊颜色。

（4）操作人员回令后，5min未收到调控员的收令信息。自动发送语音电话通知操作人员及时电话联系调控员。

第三节　大面积故障转电辅助决策功能

大面积故障转电辅助决策功能（简称“大面积转电功能”）是基于配电自动化系统，针对变电站母线失压故障提供负荷恢复方案的功能应用。

一、系统流程

选择自适应模式下，大面积转电功能首先采用最近24h周期内的负荷峰值进行叠加计算，并以主变压器以及各联络馈线开关限荷值作为越限判据，若通过倒、转供方式（优先采用全遥控）可将失压母线上的所有负荷恢复供电，则生成峰值负荷复电策略。否则启动实时负荷计算流程，按照主变压器、馈线限荷90%（可根据不同地区标准设置，也可设置为100%）作为越限判据，若实时负荷计算结果超过限荷值，则系统自动按照预设压荷逻辑进行压荷后再形成最大转供方案。大面积转电逻辑流程图如图7-3所示。

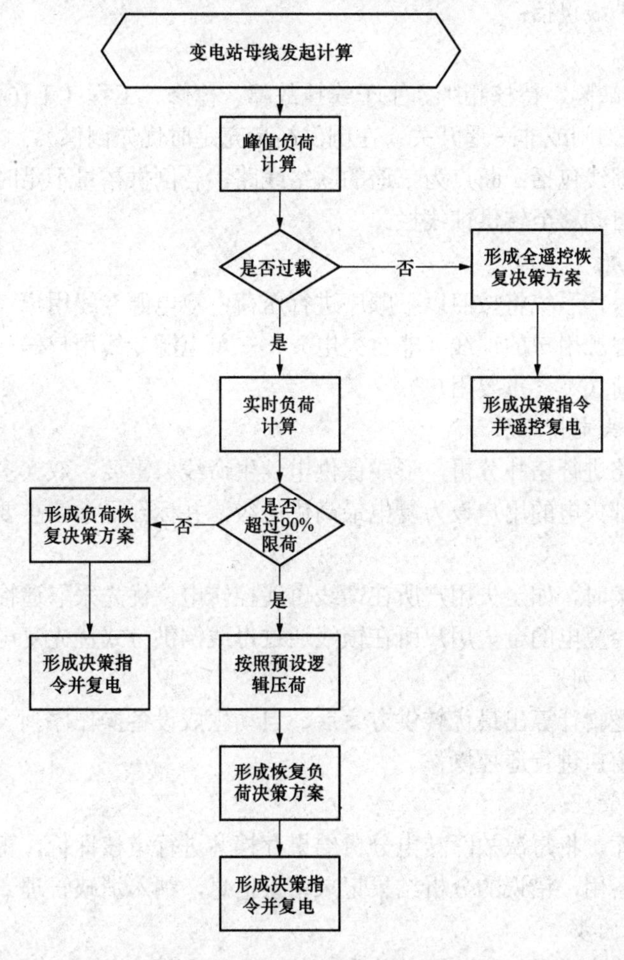

图7-3　大面积转电逻辑流程

二、系统主要功能

大面积转电主要功能包含以下几个方面：

（一）负荷恢复方案计算

在计算负荷恢复方案时，系统会提供三种方案：主方案、副方案、预案。其中主方案和副方案均为系统计算的最优两种复电方案，而预案是以“$N-1$ 牌”所在馈线为倒供路径计算出的复电方案（部分单位配置）。

1. 倒供路径选择

（1）排除联络断开点挂缺陷、待核相牌。主干线挂故障、检修、工程（工作）牌。馈线开关挂冷备用牌的联络线。

（2）优先选取挂常用联络牌的变电站开关或三遥开关所在馈线（两者此时优先级相同）。

（3）按倒供裕量进行排序，倒供裕量越大，优先级越高，在倒供裕量差值不超过 50A 的范围内，优先选择断点为变电站开关的路径作为倒供路径。倒供裕量公式如下

倒供裕量＝倒供路径供电侧馈线限荷－倒供路径线路上停电前总负荷

2. 倒供恢复馈线与转供恢复馈线

（1）倒供恢复馈线包括：

1）放射性线路。

2）联络断点挂缺陷、待核相牌。主干线挂故障、检修、工程（工作）牌。

3）联络断点为刀闸或非三遥开关（在倒供裕量充足时优先倒供）。

（2）转电恢复馈线包括：断点为三遥的联络线路。若倒供裕量不足时，联络断点为刀闸或非三遥的联络线自动移至转供馈线栏。

3. 压荷策略分析

倒供裕量不足时，系统将按照以下顺序进行压荷：双电源专线用户（非全失电）——公网供电用户均为双电源用户的馈线（非全失电）——单电源专线用户——馈线供电公用变压器数量由少到多压荷（不含重要用户）。

（二）重要用户失电情况展示

系统对停电线路进行拓扑分析，形成保供电、生命线、重要、双（多）电源用户失电列表，将多路电源全部失电的用户设为复电最高优先级，并标红显示。重要用户失电情况展示情况见图 7-4。

在生成恢复方案时，如全失用户所在馈线可遥控转电，优先采取遥控转电方式对该馈线恢复供电；无法遥控复电的全失用户所在馈线通过母线倒供方式优先复电。

（三）设备操作序列表

系统按照以上逻辑计算出最优转供方案后，自动生成设备操作序列表，三遥设备可直接通过列表调取遥控窗口进行遥控操作。

（四）历史预案管理

设置历史预案库，将每次故障转电分析结果存档并进行审核评价，正确的分析结果可作为预案留存于系统备用，错误的分析结果记录错误信息，纳入消缺管理。

（五）故障记录同步

大面积转电策略生成后，可将复电指令序列一键式同步至 GOMS 中故障模块中，生成一

条新的故障记录（未触发停电信息）。

生命线、保电、重要、双电源用户失电清单

	类型	用户名	电	全	失压馈线	分界
1	保	西郊变10kV凤湖(七)	1	是	西郊变611融侨锦江	10kV凤湖村12.99.12支3
2	生命、	西区水厂专用电房(双、二	2	否	西郊变633西水厂；	西郊变10kV西水厂633开
3	生命、	总院急救中心(双、二级)	2	否	西郊变634捷报里；	总院急救中心配电站10kV
4	生命、	九三电房(双、一级)	2	否	西郊变634捷报里；	总院急救中心配电站10kV
5	重、双	空八军(双、二级)	2	否	西郊变612洪山桥；	西洪路2#环网10kV空八军
6	双	10kV中国人民保险公司福	2	否	西郊变613宏杨新城	湖滨路3#环网10kV605负

图 7-4 重要用户失电情况展示

第四节 智能开票模块

配电网调度指令票智能开票模块是基于配电自动化系统 DMS 电网模型和实时数据基础上，利用知识库和人工智能推理技术，实现配电网调度智能拟票。智能开票模块可实现对配电网调度操作指令票的全流程管理，并具备指令项设备快速定位、指令票统计分析等功能。

智能开票包括申请单智能成票和图形手工开票两种。申请单智能成票，是指系统与 OMS 通过接口的方式获取申请单，通过对象化算法，将文本化的申请单形成对象化的方式变更措施和安全措施，采用模糊式语义解析算法，经过推演形成调度操作指令票。图形手工开票，是指系统复用 DMS 系统图形，实现在 DMS 接线图上直接选取设备，在选定操作类型后，直接形成调度指令。

一、智能开票模块与 DMS、OMS 数据交互

系统复用 DMS 图模，获取 DMS 实时数据作为智能指令票、防误分析服务的基础数据，同时接收 OMS 的申请单数据，并将指令票同步到 OMS，其数据交互如图 7-5 所示。

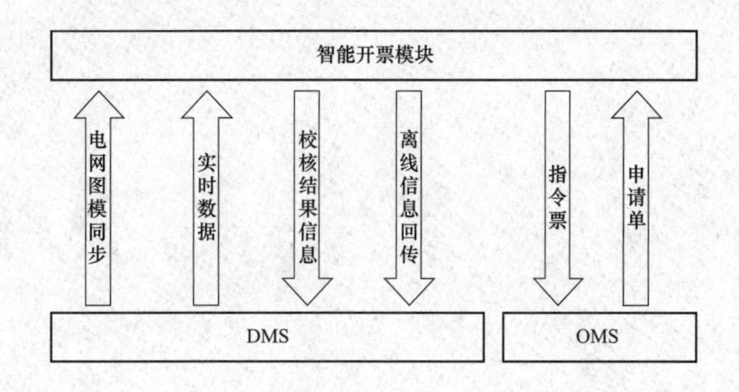

图 7-5 智能开票模块与 DMS、OMS 数据交互图

二、智能开票防误分析

智能开票防误分析以通用性的专家知识库为基础，利用设备特征进行设备功能类型

的辨识，利用采集量进行设备运行状态的智能辨识，基于智能推理模型基础形成防误判断结论。

防误分析规则包含闭锁和提醒两部分。闭锁部分包括断路器和隔离开关之间闭锁、禁止带电合地刀或挂地线、禁止带接地合馈线开关、禁止检修挂牌时拆地线或拉地刀等规则。提醒部分包括电网解环提醒、电网合环提醒、操作设备已达目标状态提醒等规则。

第八章 配电网监控

第一节 监控信号

监控信号泛指通过远动通道上传到调控中心的所辖一次设备断路器、隔离开关、接地开关、变压器、主变压器有载调压开关、无功电压补偿设备，二次系统的保护、通信、自动化装置、测控装置、逆变电源、交直流站用电及其辅助设备等的状态、动作和异常时发出的信号，以及设备的电流、电压、功率、温度、湿度、频率、变压器分接头位置等的遥测量及其越限的告警信号。

一、监控信号命名

（1）信号规范名称应以贴切描述实际意义，便于调控运行人员准确理解一、二次设备运行状态为原则。

（2）信号全称应由变电站名称＋电压等级＋间隔名称（双重编号）＋装置名称＋信号规范名称组成。

（3）福建省信号规范名称以《福建电网调控系统 220 千伏及以下变电站典型监控信号规范（试行）》为参考。

二、监控信号分类

监控信号分为事故、异常、越限、变位、告知五类。

（1）事故信号是由于电网故障、设备故障等，引起开关跳闸（包含非人工操作的跳闸）、保护及安控装置动作出口跳合闸的信息以及影响全站安全运行的其他信息，是需要实时监控、立即处理的重要信息。

（2）异常信号是反映设备运行异常情况的告警信息和影响设备遥控操作的信息，直接威胁电网安全与设备运行，是需要实时监控、立即处理的重要信息。

（3）越限信号是反映重要遥测量超出报警上下限区间的信息。主要遥测量有设备有功、无功、电流、电压、变压器油温、断面潮流等，是需要实时监控、立即处理的重要信息。

（4）变位信号是指各类开关、隔离开关、接地开关、装置软压板等状态改变的信息，直接反映电网运行方式的改变。

（5）告知信号是反映电网设备运行情况、状态监测的一般信息。主要包括隔离开关、接地开关位置信息、主变压器运行档位，以及设备正常操作时的伴生信号（如保护压板投/退，保护装置、故障录波器、收发信机启动、异常消失信息，测控装置就地/远方等），该类信号只需要定期查询。

三、监控信号显示

监控信号显示方式包括光字牌、事项显示窗以及历史事项检索。

（1）光字牌点亮时表示信号动作，光字牌应按信号类别显示不同颜色，其中开关事故变位及事故信号光字牌应显示红色。光字牌应设置在设备间隔分图内，并在主接线图上有显示该间隔内是否有光字牌亮的标示，该标示在间隔分图内有新的光字牌动作后闪烁，确认后常亮，光字牌复归，经确认后，相应在主接线图上显示光字牌亮的标示将消失。光字牌图示见图 8-1。

图 8-1　光字牌图示

（2）事项显示窗只显示调控监视重点信号，信号按不同的类别在不同区域显示，原则上显示开关事故跳闸区（开关状态非正常操作状态下由合到分变位）、事故信号区、异常信号区、状态信号区、遥测越限区、全部信号区（汇总上述五个区的信号）。事项显示窗应具备多窗口显示功能，各窗口应能同时显示。各类信号应能以不同的颜色显示，其中开关事故跳闸及事故信号应显示红色。各类信号应能有不同的声音报警：开关事故跳闸及事故信号发警笛，异常发警铃。

（3）历史事项检索应能选择变电站、间隔、设备、时间、信号类别等项目进行单项或综合检索且具备模糊检索功能。

四、监控信号处置

监控信号处置以“分类处置，闭环管理”为原则，分为信息收集、实时处置、分析处理三个阶段。

（一）信息收集

值班调控员通过监控系统发现告警信号后，应迅速确认并判断，必要时应通知变电运维单位协助收集。

（二）实时处置

1. 事故信号实时处置

调控员根据事故信号开展事故处理，并通知运维单位现场检查。事故处理结束后，调控员应对事故发生、处理、联系情况进行记录，变电运维人员应及时组织检查现场设备情况，并向调控员汇报检查结果，核对设备运行状态与监控系统是否一致，相关信号是否复归。

2. 异常信号实时处置

调控员确认相关异常信号后，应通知相关运维单位现场检查。运维单位现场检查后应及时向调控员汇报检查结果及异常处理措施，如异常处理涉及电网运行方式变更，调控员应根据当前电网情况进行异常处置。异常信号处置结束后，运维人员检查现场设备运行正常，与调控员确认异常信号复归。调控员做好异常信号处置相关记录。

3. 越限信号实时处置

调控员确认输变电设备越限信号后，按照规定进行调节，将电压、潮流控制在合格范围，必要时通知运维单位现场检查。如无法将电压调整至控制范围时，应及时汇报上级调度。

4. 变位信号实时处置

调控员确认变位信号后，应核对设备变位情况是否正常。如变位信号异常，应根据情况参照事故信号或异常信号进行处置。

（三）分析处理

相关专业人员对于值班调控员无法完成闭环处置的监控信号，应及时协调运检单位进行处理，对监控信号处置过程中出现的问题，应会同相关专业总结分析，落实整改措施。

五、监控信号优化

（一）涉及变电站内监控信号优化

原则上调控系统监控信号主要提供调控运行监视应用，重点采集反映设备紧急或严重缺陷的监控信号。调控中心将变电站规范后的所有监控信号导入调控系统，生成全信号画面供运检部门巡查。同时将筛选规范后的监控信息在调控系统中通过设置权限的方式生成调控人员应用的第二层信号画面，供调控人员日常监控。

为减少瞬间信号、过程信号或错误信号对正常监控的干扰，调控系统上应针对具体监控信号功能特点逐个分析后，进行适当的过滤延时处理。事故类信号原则上不进行延时过滤；异常类信号原则上采用 30s 的延时过滤，个别信号可根据设备配置及特性适当调整延时过滤时间，最长不可超过 5min。部分越限信号原则上采用 60s 的延时过滤。告知类信号延时过滤时间可根据设备配置及特性设置，原则上不超过 60s。

（二）涉及配电网设备监控信号优化

配电网设备众多，自动化终端型号繁多，信号质量参差不齐，存在许多频报、误报与抖动信号。目前采用通过主站设置信号延时，对抖动信号进行屏蔽等方法进行优化监控。

5s 内动作 3 次，定为抖动信号，信号合并为一条，并在信号备注里开始累加。信号动作与复归（分闸/合闸）间隔 15s 内，不进入事项窗。信号频报动作/复归（分闸/合闸）100 次以上，定为长期抖动信号，再次出现信号不再刷新至列表最顶，备注仍进行计数。长期抖动信号不进行自动解除，而是将信号设备发给设备班组组织消缺，消缺完汇报自动化人员，由自动化人员人工解除长期抖动标记。

六、变电站典型监控信号

按照省内调控范围的划分，配、县调负责监视 110～220 kV 变电站内 10/35kV 母线及馈线开关、母线 TV 及避雷器、母分开关、电容（抗）器组、消弧装置（包括非中电阻接地的接地变压器）、专用站用变压器开关、10/35kV 备自投等相关设备，以及 35kV 变电站全站的监控任务。35kV 变电站典型监控信号（遥测、遥信、遥控）可参照《福建电网调控系统 220 千伏及以下变电站典型监控信号规范（试行）》（闽电调规〔2013〕80 号），相关重要信号解析如表 8-1 所示。

表 8-1　　重要信号解析表

序号	监控信号	信号释义	产生原因	影响及后果
1	断路器 SF_6 气压低告警	监视断路器本体 SF_6 压力数值。SF_6 气体压力降低，压力（密度）继电器动作发报警信号	①断路器有泄漏点，压力降低到报警值；②压力（密度）继电器损坏；③二次回路故障；④根据 SF_6 压力温度曲线，温度变化时，SF_6 压力值变化	若断路器 SF_6 压力继续降低，会造成断路器分合闸闭锁
2	断路器 SF_6 气压低闭锁	断路器本体 SF_6 压力数值低于闭锁值，压力（密度）继电器动作，断开开关控制回路，开关无法分合，正常应伴有 SF_6 气压低告警和控制回路断线信号	①断路器有泄漏点，压力降低到闭锁值；②压力（密度）继电器损坏；③二次回路故障；④根据 SF_6 压力温度曲线，温度变化时，SF_6 压力值变化	①若断路器分合闸闭锁，此时与本断路器有关设备故障，断路器拒动，失灵保护出口，扩大事故范围；②造成断路器内部故障
3	断路器弹簧未储能	断路器弹簧未储能，造成断路器不能合闸	①断路器储能电机损坏；②储能电机继电器损坏；③电机电源消失或控制回路故障；④断路器机械故障	造成断路器不能合闸，但可以分闸一次
4	开关储能电机故障	断路器储能电机发生故障	①断路器储能电机损坏；②电机电源回路故障；③电机控制回路故障	操动机构无法储能，造成压力降低闭锁断路器操作
5	控制回路断线	控制电源消失或控制回路故障，造成断路器分合闸操作闭锁	①二次回路接线松动；②控制熔断器熔断或空气开关跳闸；③断路器辅助接点接触不良，合闸或分闸位置继电器故障；④分合闸线圈损坏；⑤断路器机构“远方/就地”切换开关损坏；⑥弹簧机构未储能或断路器机构压力降至闭锁值、SF_6 气体压力降至闭锁值	不能进行分合闸操作及影响保护跳闸
6	保护动作	保护出口，跳开对应断路器	①保护范围内的一次设备故障；②保护误动	断路器跳闸
7	TA 断线	保护装置检测到电流互感器二次回路开路或采样值异常等原因造成差动不平衡电流超过定值延时发 TA 断线信号	①保护装置采样插件损坏；②TA 二次接线松动；③电流互感器损坏	①线路保护装置过流元件不可用；②可能造成保护误动作
8	TV 断线	保护装置检测到电压消失或三相不平衡	①保护装置采样插件损坏；②TV 二次接线松动；③YV 二次空气开关跳开；④TV 一次异常	①保护装置距离保护功能闭锁；②保护装置方向元件不可用
9	保护装置故障	装置自检、巡检发生严重错误，装置闭锁所有保护功能	①保护装置内存出错、定值区出错等硬件本身故障；②装置失电	保护装置处于不可用状态
10	保护装置告警	保护装置处于异常运行状态	①TA 断线；②TV 断线；③CPU 检测到电流、电压采样异常；④内部通信出错；⑤装置长期启动；⑥保护装置插件或部分功能异常；⑦通道异常	保护装置部分功能不可用
11	重合闸动作	重合闸动作信号	线路保护动作跳闸后或断路器发生偷跳后，重合闸动作出口	断路器跳闸后，重合一次
12	通信中断	通信中断	装置与管理机通信异常	相关信号将无法传送

续表

序号	监控信号	信号释义	产生原因	影响及后果
13	主变压器本体重瓦斯出口	反映主变压器本体内部故障	①主变压器内部发生严重故障；②二次回路问题误动作；③储油柜内胶囊安装不良，造成吸湿器堵塞，油温发生变化后，吸湿器突然冲开，油流冲动造成继电器误动跳闸；④主变压器附近有较强烈的震动；⑤气体继电器误动	造成主变压器跳闸
14	变压器本体轻瓦斯告警	反映主变压器本体内部故障	①主变压器本体气体继电器油位低；②变压器内部有轻微故障；③新投运或检修后的变压器投运后，有气体产生	发轻瓦斯保护告警信号
15	变压器本体油位异常	主变压器测控装置检测到主变压器油位计油位偏高或偏低信号	①大修后变压器加油过满；②气温高、变压器负荷大、油温高；③油位计损坏误发；④变压器存在长期渗漏油；⑤工作放油后未及时加油或加油不足；⑥气温低，变压器油温低；⑦储油柜胶囊或隔膜破裂、或油位计损坏造成假油位	主变压器本体油位偏高可能造成油压过高，有导致主变压器本体压力释放阀动作的危险；主变压器本体油位偏低可能影响主变压器绝缘
16	主变压器有载重瓦斯出口	反映主变压器有载调压装置内部故障	①主变压器有载调压装置内部发生严重故障；②二次回路问题误动作；③有载调压储油柜内胶囊安装不良，造成吸湿器堵塞，油温发生变化后，吸湿器突然冲开，油流冲动造成继电器误动跳闸；④主变压器附近有较强烈的震动；⑤气体继电器误动	造成主变压器跳闸
17	变压器有载轻瓦斯告警	反映主变压器有载油温、油位升高或降低，气体继电器内有气体等	①主变压器有载内部发生轻微故障； ②因温度下降或漏油使油位下降；③因穿越性短路故障或地震引起；④储油柜空气不畅通；⑤直流回路绝缘破坏；⑥气体继电器本身有缺陷等；⑦二次回路误动作	有载调压开关发轻瓦斯保护告警信号
18	变压器过载闭锁有载调压	主变压器过载不允许有载调压调档	①主变压器负荷增大，达到闭锁有载调压的整定值；②事故过负荷	闭锁调档的启动回路，变压器不能进行调压
19	主变压器差动保护出口	差动保护动作，跳开主变压器三侧开关	①变压器差动保护范围内的一次设备故障；②变压器内部故障；③电流互感器二次开路或短路；④保护误动	主变压器三侧开关跳闸，可能造成其他运行变压器过负荷；如果自投不成功，可能造成负荷损失
20	主变压器××侧后备保护出口	后备保护动作，跳开相应的开关	①变压器后备保护范围内的一次设备故障，相应设备主保护未动作；②保护误动	①如果母联分段跳闸，造成母线分列；②如果主变压器三侧开关跳闸，可能造成其他运行变压器过负荷；③保护误动造成负荷损失；④相邻一次设备保护拒动造成故障范围扩大
21	UPS 电源系统故障	UPS 逆变电源装置出现问题	①硬件出现问题；②直流输入有问题③交流输出有问题；④装置失电；⑤装置死机	UPS 逆变电源装置无法正常进行交直流逆变工作，接在该装置上输出电源的设备无法正常工作

续表

序号	监控信号	信号释义	产生原因	影响及后果
22	交流系统故障	400V 站用电设备出现问题	①硬件出现问题；②交流输入有问题；③装置失电；④装置死机；⑤交流无法切换	交流系统可能无法正常工作，导致站内设备只能使用蓄电池进行工作
23	Ⅰ/Ⅱ段直流系统故障	直流系统装置出现问题	①充电模块出现问题；②交流输入有问题；③直流输出有问题；④装置失电；⑤装置死机	直流系统可能无法正常工作，导致站内设备只能使用蓄电池进行工作
24	一组/二组充电机总故障	充电模块出现问题	①软件出现问题；②硬件出现问题；③内部通信出错；④装置失电；⑤装置死机	充电模块不满足 N-1 方式，当多个模块故障时，直流系统输出不满足站内直流负载的要求
25	Ⅰ/Ⅱ段直流控制母线正接地	直流系统出现正母单相接地的情况	①母线正母接地；②绝缘监查装置出现问题	母线正母接地将导致母线正电压绝对值降低，负电压绝对值升高。如出现两点正单相接地可能导致开关误动作
26	Ⅰ段直流控制母线负接地	直流系统出现负母单相接地的情况	①母线正母接地；②绝缘监查装置出现问题	母线正母接地将导致母线正电压绝对值降低，负电压绝对值升高
27	直流充电机无输出	充电模块无直流输出	①软件出现问题；②硬件出现问题；③装置失电；④装置死机	直流充电机停止工作，母线上直流负载由蓄电池供电，无法保证直流系统供电可靠性

第二节　遥控操作管理

配电网遥控操作指调控员通过智能电网调度控制系统，对所辖变电站开关、配电站（所）开关、杆上开关拉合及其继电保护、重合闸投退等进行的远方遥控操作。

一、遥控操作范围

（1）开关由运行转热备用，热备用转运行的操作（含变电站内开关、配电站（所）开关、杆上开关）。

（2）投退线路保护重合闸、低频减负荷功能（软压板）。

（3）复归保护动作信号。

二、遥控操作到位判据

遥控操作后，应通过设备机械指示位置、电气指示、仪表及各种遥测、遥信信号的变化来判断，至少应有两个非同样原理或非同源的指示发生对应变化，且所有这些确定的指示均已同时发生对应变化，才能确认该设备已操作到位。

（1）开关应采用开关双位置遥信作为判据，当仅有开关单位置遥信时，采用遥测和遥信指示同时发生变化作为判据。

（2）软压板操作应根据间隔细节图中压板变位成功且告警事项中出现压板变位或相应保护功能投入/退出的报文。远方投退线路（开关）保护重合闸软压板后，还应检查相应设备重合闸充电完成信号发生对应变化。

（3）执行遥控操作时，如当值调控员因故无法根据开关的位置遥信和电气量遥测指示判断开关是否变位，当值调控员必须安排操作人员现场确认开关实际位置。

三、遥控操作过程管理

（1）进行遥控操作前应确认运行方式、操作任务、设备双编和状态，确认无影响该间隔操作的异常信号，确认设备可以进行遥控操作。

（2）遥控操作应在调控系统间隔细节图或智能操作票系统上进行，操作人与监护人采用电子签名确认方式，实行双人双机监护制度（允许单人操作的项目除外）。遥控操作命令应在调控系统上由副值调控员发起，经正值调控员审核确认后，方可执行，严禁无根据的跳项操作。

（3）下列情况不得进行遥控操作：

1）已明确不具备遥控操作条件的一、二次设备。

2）调控系统异常影响遥控操作。

3）一、二次设备出现影响遥控操作的异常告警信息。

4）当厂站出现直流单相接地、全站直流消失或直流电压低告警时。

5）调控系统图实不符或出现异常时。

6）其他不允许远方遥控操作的情形。

四、遥控操作异常

通常，实施遥控操作需要经过两个过程，分别是选择返校、遥控执行。遥控开始后，当测控装置收到主站发送的遥控命令，会对其进行程序处理，然后向主站端发送校核信号，主站端接收到信号之后，对其进行校核。如果确定无误，会显示返校成功。那么，也就代表遥控操作可以进入执行状态。当操作人员执行遥控时，主站端会收到厂站端综合自动化系统返回的信号，如果一定时间内，没有接收到相应返回信号，也就代表遥控操作失败。远方遥控操作过程如图 8-2 所示。

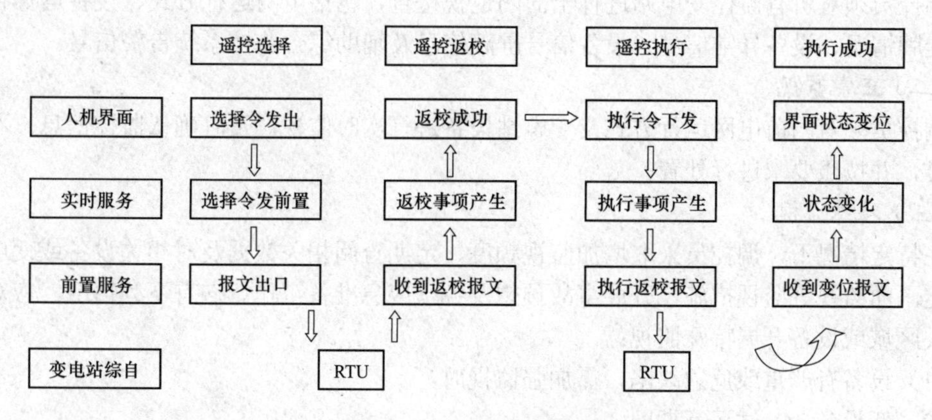

图 8-2　远方遥控操作过程

（一）遥控操作不成功原因

遥控返校超时。有时是通道上行接受正常，下行通道不正常，不能下发遥控命令。主要包括远动通道故障，主站端设备故障、厂站端或设备通信故障。

遥控返校正确，执行超时。原因多属于现场设备、机构或遥控回路故障引起。

遥控返校错误，这种现象不多，可能是主站数据库中遥控对象号错误。

（二）遥控异常处置原则

（1）当遥控操作时，电网发生事故或重大设备异常需紧急处理时，应立即停止远方操作。待处理告一段落后，操作人、监护人应再次核对运行方式后方可进行后续操作。

（2）当遥控操作时，出现调控系统功能异常等情况时，应立即停止遥控操作，待调控系统功能恢复正常时，操作人、监护人应再次核对设备状态后方可继续操作。

（3）当遥控操作时，出现遥控超时或者操作失败时，操作人员可根据调控系统异常信息决定是否再尝试一次操作，出现以下情况不得再尝试操作：

1）遥控对象变位有误。

2）无法正确判断设备状态。

（4）当遥控尝试仍不成功的，则不再进行遥控，另下口头令。同时，值班调控员在指令票或原口头令内备注说明，并在相应设备挂“缺陷牌”。遥控操作因故需转就地操作时，值班调控员须与现场操作人员核对有关设备状态。

第三节　日常监控运行管理

一、集中监视

集中监视主要内容：监视变电站运行工况，了解掌握电网设备实时负荷、潮流、电压、变压器（电抗器）温度等信息；监视变电站设备的事故、异常、越限及变位等调控信息；监视变电站安防告警总信息、消防告警总信息、装置告警总信息、高温告警总信息；通过变电站辅助综合监控系统对变电站进行鸟瞰巡视。

集中监视包括全面巡视、正常监视和特殊监视。

（一）全面巡视

调控员须对所有监控变电站进行全面的巡视检查，包括电网运行方式、设备运行状态、设备挂牌情况、设备异常信号、设备信号屏蔽信息及辅助综合监控系统告警信号。

（二）正常监视

调控员须对当前电网运行方式及变电站设备进行实时监视，及时确认监控信息，不得遗漏信号，并按照要求进行处置。

（三）特殊监视

在特定情况下，调控员采取增加监视频度、定期查阅相关数据及对相关设备或变电站进行固定画面监视等监视措施，开展事故预想及各项应急准备工作。遇有下列情况，应对变电站相关区域或设备开展特殊监视：

（1）设备有严重或危急缺陷，需加强监视时。

（2）新设备 24h 试运行期间。

（3）设备重载或接近稳定限额运行时。

（4）遇特殊恶劣天气时。

（5）重点时期及有重要保电任务时。

（6）电网处于特殊运行方式时。

（7）其他有特殊监视要求时。

二、监控职责移交与收回

（一）监控职责的移交

监控职责移交时，调控员应以录音电话与运维单位明确移交范围、时间、移交前运行方式等内容，并做好相关记录。以下情形调控员应将相应的监控职责移交运维部门（单位）。

（1）站端监控系统异常，监控数据无法正确上送调控中心。

（2）调控中心监控系统异常，无法正常监视变电站运行情况。

（3）变电站与调控中心通信通道异常，监控数据无法上送调控中心。

（4）变电站设备检修或者异常时，频发告警信息影响正常监控功能。

（5）其他原因造成调控中心无法对变电站进行正常监视。

（二）监控职责的收回

监控职责收回时，调控员应通过录音电话与运维单位明确移交范围、时间、运行方式等内容，了解监控职责移交期间异常故障处理等情况，核对当前存在的异常信息，并做好相关记录。

三、调控挂、拆牌

调控系统至少应具备功能设置、设备状态、警示提醒三种类别的标识牌，调控员根据需要对设备进行主动标识。

（一）功能设置牌

功能设置牌主要有“调试”“禁止遥控”等。“调试”牌用于将指定间隔或设备的信息屏蔽，不传送到调控值班员实时窗口；“禁止遥控”牌用于禁止可遥控设备的遥控功能。监控根据工作需要、设备情况等对应使用功能设置牌。

（二）设备状态牌

设备状态牌主要有“热备用”“冷备用”“检修”等。状态牌没有系统功能限制，调控员根据设备状态对应使用状态牌。

（三）警示提醒牌

警示提醒牌主要有“故障”“保电”等。警示牌没有功能限制，是对当前设备属于某种情况的一种说明提醒。调控员根据设备情况对应使用警示牌。

设备停役操作完成后，调控员核对信号和方式，设置相应的标识牌。若检修工作有信号传送至监控台影响正常监视，则屏蔽该间隔信号并做好记录，检修期间不再负责该间隔的监控；工作完毕后，清除标识牌，核对信号和方式，确认无异常信号后恢复该间隔的监控并做好记录。

四、缺陷闭环管理

缺陷管理主要分为缺陷发起、缺陷处理、消缺验收三个阶段。

（一）缺陷发起

值班调控员发现监控告警信号或异常情况时，应按调控机构信息处置管理规定进行处置，对监控告警信号及异常情况初步判断，认定为缺陷的启动缺陷管理流程，并通知相关设备运维单位处理。

（二）缺陷处理

值班调控员收到设备运维单位核准的缺陷后，应及时更新缺陷记录，对设备运维单位提出的消缺工作需求应予以配合，同时应在缺陷记录中记录缺陷发展以及处理的情况。

（三）消缺验收

值班调控员收到设备运维单位缺陷消除的通知后，应与运维单位核对监控信息，确认相关监控告警信号或异常情况恢复正常，同时在缺陷管理记录中完成缺陷闭环。

第九章　生产服务类管理

第一节　生产类停送电信息管控

95598 停送电信息是指因各类原因致使客户正常用电中断，需及时向国网客服中心报送的信息。停送电信息主要分为生产类停送电信息和营销类停送电信息。生产类停送电信息包括：计划停电、临时停电、电网故障停限电、超电网供电能力停限电等；营销类停送电信息包括：违约停电、窃电停电、欠费停电、有序用电等。

配电网调控业务主要涉及的是生产类停送电信息（以下简称“停电信息”），通过营销业务应用系统（SG186）“停送电信息管理”功能或配电网故障研判技术支持相关系统报送。

一、停电信息报送规范

（一）停电信息应填写的内容

停电信息应填写的内容主要包括供电单位、停电类型、停电区域（设备）、停电范围、停电信息状态、停电计划时间、停电原因、现场送电类型、停送电变更时间、现场送电时间、发布渠道等信息。

（1）停电类型：按停电分类进行填写，主要包括计划停电、临时停电、电网故障停限电、超电网供电能力计划停限电、超电网供电能力临时停限电等类型。

（2）停电区域（设备）：停电涉及的供电设施（设备）情况，即停电的供电设施名称、供电设施编号、变压器属性（公变/专变）等信息。

（3）停电范围：停电的地理位置、涉及的高危及重要客户、专用变压器客户、医院、学校、乡镇（街道）、村（社区）、住宅小区等信息。

（4）停电信息状态：分有效和失效两类。

（5）停电计划时间：包括计划停电、临时停电、超电网供电能力停限电开始时间和预计结束时间，故障停电包括故障开始时间和预计故障修复时间。

（6）停电原因：指引发停电或可能引发停电的原因。

（7）现场送电类型：包括全部送电、部分送电、未送电。

（8）停送电变更时间：指变更后的停电计划开始时间及计划送电时间。

（9）现场送电时间：指现场实际恢复送电时间。

（10）发布渠道：停电信息发布的公共媒体。应至少包括 1 处报纸、电视台等对外发布渠道。

（二）停电信息发布与审核

（1）计划停电信息：适用于已纳入月度计划停电平衡的计划检修、施工工作。需满足提前 7 天发布停电公告的条件。配（县）调运方在审核计划申请时应同步审核停电范围准确性，营销部停电信息专责对计划停电信息内容进行人工编译、发布。短时停电用户应予以注释。

（2）临时停电信息：适用于临时检修作业，主要包括应急工程、缺陷处理等临时检修、施工工作。需满足至少提前 24h（不满足提前 7 天）发布停电公告的条件。配（县）调运方在审核临时申请时应同步审核停电范围准确性，营销部停电信息专责对临时停电信息内容进行人工编译、发布。

（3）电网故障停限电信息（故障停电信息）：配（县）调应在确认故障停电后 15min 内完成停电信息发布，支撑营销专业最佳时间内开展客户服务补救。为确保停电信息发布完整，配（县）调应注意核查停电范围分析是否存在遗漏（如：同一线路上多处开关跳闸造成停电范围分析不完整）。

紧急申请适用于危急（紧急）缺陷处理等无法满足提前 24h 发布停电公告条件的紧急检修、施工工作。对应停电信息为电网故障停限电信息。配（县）调值班调控员批复紧急申请当前时间与批准停电时间之间应大于 15min。在审核紧急申请时应同步审核停电范围准确性，批复紧急申请后应立即通知营销远程值班人员对停电信息内容进行人工编译、发布。

（4）超电网供电能力停限电信息：超电网供电能力需停电时原则上应提前报送停限电范围及停送电时间等信息，无法预判的停电拉路应在执行后 15min 内报送停限电范围及预计停送电时间。

（三）停电信息变更维护

（1）计划（临时）工作结束，或故障停电处理完毕，现场送电后，应在 10min 内填写送电时间。

（2）变更预计送电时间（含提前或延迟送电），应至少提前 30min 变更，并简述原因。现场实际送电时间不得超出预计送电时间。

（3）在营销业务应用系统（SG186）中，应注意停电信息轨迹各类时间含义的差异性。

修改时间：值班人员操作系统时的时间；

结束时间：预计的停电信息结束时间，包含提前或延迟后的预计结束时间；

送电时间：现场实际送电时间。

（4）停电信息内容发生变化后 10min 内，应维护相关信息并简述原因，如部分复电时维护停电范围。

（四）配电网报修工单有关停电信息要求

（1）高压故障中涉及公用变压器及以上的停电，必须要录停电信息。一级分类选择“高压故障”，现场抢修记录中要体现停电信息，停电编号要关联停电信息。

（2）故障报修受理时间与故障停电开始时间比对、故障停电开始时间与故障报修的到达现场时间比对、故障停电的现场送电时间与故障报修工单恢复送电时间比对，存在显示逻辑差异或与规范要求冲突的，应在现场抢修记录中备注原因。

二、常见停电信息违规问题

（一）停电信息维护不及时

1. 送电时间－结束时间＞0min

该问题常见计划停电，由于工作人员对停电信息管控不到位，导致停电信息超时违规。常见于低压工作结束后，停电信息未及时维护而违规；亦常见于工作结束后送电环节延迟，工作人员敏感性不足导致未及时维护停电信息。

2. 修改时间－送电时间≥10min

该问题通常由于值班人员对停电信息机制理解不到位，在维护“送电时间”时超时违规。

3. 停电延迟送电未提前30min报送

该问题常见于值班人员对计划停电信息预控不到位，办理停电延迟信息不及时。

4. 当前时间－结束时间≥10min

该处当前时间指的是国网抽检时的实时时间，该问题通常由于系统不同步等原因导致计划或故障停电信息长时间“未送电”，工作人员未及时手动予以补救。

（二）停电信息报送不规范

1. 停电信息影响范围不合格

该问题常见于故障停电信息，因PMS设备台账不规范，导致故障停电信息自动编译生成后出现停电范围不规范字样。

2. 高压故障工单抢修记录未体现停电编号

属于高压故障的报修工单，未在抢修记录中体现停电编号，被判定停电信息应录未录违规。

第二节　频繁停电管控

近年来，频繁停电投诉持续为福建省第一投诉热点，且同比增幅大于国家电网有限公司平均水平，为进一步减少客户停电，优化停电后的客户沟通工作，压降频繁停电投诉量，各单位应规范开展频繁停电预警及响应。

（一）计划停电

1. 周复核

检修计划专责审批周停电计划时，应滚动复核截至审批日该项目的重复停电情况。对批复后将造成2个月内重复停电3次及以上的项目，设备运维单位应及时安排必要的特巡并结合停电消缺；客户服务单位应组织片区经理对涉及的敏感客户逐一做好停电通知。

2. 日预警

供电服务指挥中心提前2天发布日计划停电所涉频繁停电预警信息。项目筹建单位再次确认物资到货情况（包括送达现场的安排）、施工力量安排，预估可能施工受阻的，补充协调力量。客户服务单位安排片区经理（台区经理）次日备班，以备快速响应服务补救要求；涉及用户配合停电操作的，组织用电检查人员提前通知用户做好准备。设备运维单位及时加强操作力量。迎峰度夏期间，对近半个月内发生过故障停电的频停预警项目，检修计划专责组织评估是否调整计划，原则上，涉及大中型小区的例行检修、非提高供电能力或可靠性的改造项目宜延后安排。

（二）故障停电

10kV故障造成近2个月内停电2次及以上的，配电网调控员在发布停电信息时，由系统自动向配电、营销相关人员发布预警短信，告知停电涉及的频停设备、次数，并优先进行此类故障的故障隔离、抢修许可、停送电操作等。相关人员接收预警短信后，根据该故障停电造成的频停程度，分级采取措施，一般要求如下：

（1）2个月停电3次的，抢修管理专责、营销服务专责加强抢修、服务补救工作跟踪。

（2）2 个月停电 4 次，或 2 个月停电 3 次且近半个月内停电 2 次的，抢修管理专责到岗到位，加强抢修进度管控；营销服务专责到岗到位，落实服务补救工作。

（3）2 个月停电 5 次及以上或半个月停电 3 次及以上的，设备运维单位配电分管领导、客户服务单位营销分管领导介入督办。

（三）做好抢修过程信息共享

按区域建立涵盖抢修指挥、服务调度、现场抢修、设备运维、片区经理等人员的停电处置微信群，支撑抢修进度信息共享等沟通工作。

1. 故障发生时

（1）发生 10kV 故障停电时，供电服务指挥中心第一时间向客户推送故障停电告知安抚信息（短信、微信等），可附安抚性的预计送电时间（一般为 6h）。

（2）故障停电涉及敏感客户或大中型小区时，供电服务指挥中心在停电处置微信群中发布故障相关信息，并通知片区经理（台区经理）开展客户安抚工作。

2. 开始抢修后

（1）抢修工作负责人在向调控员办理抢修许可时，根据实际情况预估施工时长并汇报调控员。

（2）调控员在系统故障停电信息中手动更新预计修复送电时间。

（3）供电服务指挥中心向客户推送抢修进度安抚信息，信息内容包括故障原因、预计送电时间、安抚和致歉语言等。

（4）现场抢修开工后，监督负责人及时在停电处置微信群中上传现场施工照片，共享施工受阻协调情况等进度信息。

（5）片区经理通过微信、短信、现场沟通等方式，与客户共享抢修现场照片、预计送电时间等进度信息，并在停电处置微信群中向供电服务指挥中心反馈采取的安抚措施及客户反映等情况。

（6）对低压故障停电超 4h、高压故障停电超 6h 的，供电服务指挥中心每隔 2h 跟踪抢修进度，并应用微信群等手段共享信息。

3. 细化抢修过程停电信息维护

10kV 故障处理因单相接地试拉线路、分段试送排查故障、先复电后抢修等造成用户多次短时停送电的，由供电服务指挥中心在对国网客服发布的故障停电信息中简述停送电过程，支撑国网客服中心坐席答复用户咨询并按停电事件合并停电次数。

4. 强化停电敏感用户识别

在故障报修、投诉等处理过程中，市县公司应收集完善客户户号、台区等信息，主动引导停电敏感客户关注“国网福建电力”微信公众号并绑定户号，畅通敏感客户的微信、短信等服务渠道。

下　篇

第十章　配电网概述试题

一、单选题

1.《配电网规划设计技术导则》中配电网是指（　　）。

A．从输电网接受电能，并通过配电设施就地或逐级分配给各类用户的电力网络

B．从输电网或地区发电厂接受电能，并通过配电设施就地或逐级分配给各类用户的电力网络

C．从电源侧（输电网和发电设施）接受电能，并通过配电设施就地或逐级分配给各类用户的电力网络

D．从发电设施接受电能，并通过配电设施就地或逐级分配给各类用户的电力网络

答案：C

2．转供能力是指某一供电区域内，当电网元件或变电站发生停运时，电网转移负荷的能力，一般量化为（　　）。

A．可转移的负荷的最大值　　B．可转移的负荷占该区域总负荷的比例

C．可转移的负荷的最小值　　D．可转移的负荷的平均值

答案：A

3．下列接线模式中不能通过线路“$N-1$”校验的是（　　）。

A．单辐射线路　　B．单环网线路

C．双环网线路　　D．多联络线路

答案：A

4.《配电网规划设计技术导则》中A+类供电区是指（　　）。

A．主要为地级市的市中心区、省会城市（计划单列市）的市区，以及经济发达县的县城

B．主要为省会城市（计划单列市）的市中心区、直辖市的市区以及地级市的高负荷密度区

C．主要为直辖市的市中心区，以及省会城市（计划单列市）高负荷密度区

D．主要为省会城市（计划单列市）的市中心区、直辖市的市区以及地级市的市中心区

答案：C

5.《配电网规划设计技术导则》中C类供电区是指（　　）。

A．主要为地级市的市中心区、省会城市（计划单列市）的市区，以及经济发达的县城

B．主要为县城、地级市的市区以及经济发达的中心城镇

C．主要为县城、城镇以外的乡村、农林场

D．主要为省会城市（计划单列市）的市中心区、直辖市的市区以及地级市的市中心区

答案：B

6.《配电网规划设计技术导则》中供电区域的划分主要依据（ ）

A．经济发达程度

B．用户重要程度

C．行政级别或规划水平年的负荷密度

D．国民生产总值（gross domestic product，GDP）

答案：C

7．A＋和A类供电区域的中压配电网目标点位结构中架空电网结构推荐采用（ ）

A．手拉手式　　B．放射式

C．多分段适度联络　　D．双环式

答案：C

8．在低压用户供电可靠性统计工作普及后，可靠性指标应以（ ）作为统计单位口径与国际惯例接轨。

A．高压用户　　B．低压用户

C．专线用户　　D．重点用户

答案：B

9．（ ）用在线路首末的两终端处，是耐张杆的一种，正常情况下除承受导线的重量和水平风力荷载外，还要承受顺线路方向导线全部拉力的合力。

A．末梢杆　　B．中继杆

C．受电杆　　D．终端杆

答案：D

10．（ ）是充分利用钢绞线的机械强度高和铝的导电性能好的特点，把这两种金属线结合起来而形成。

A．钢芯铜绞线　　B．钢芯铝绞线

C．钢芯复绞线　　D．钢芯合金绞线

答案：B

11．在架空配电线路中，用于连接、紧固导线的金属器具，具备导电、承载、固定的金属构件，统称为（ ）。

A．紧固件　　B．夹具

C．连接件　　D．金具

答案：D

12．电缆分支箱的主要作用是将电缆（ ）或转接。

A．连接　　B．分送

C．分接　　D．分配

答案：C

13．随着技术的进步，出现了（ ）负荷开关分断的电缆分支箱，可实现环网柜的功

能，而且价格又低于环网柜，在户外起到代替开关站的重要作用。

A．空气绝缘　　B．真空

C．SF_6　　D．固体绝缘

答案：C

14．柱上断路器能够关合、承载和开断正常回路条件下电流，并能关合、在（　）的时间内承载和开断异常回路条件（如短路）下的电流的机械开关设备。

A．约定　　B．规定

C．锁定　　D．要求

答案：B

15．柱上隔离开关主要用于隔离电路，分闸状态有明显（　），便于线路检修、重构运行方式，有三极联动、单极操作两种形式。

A．开口　　B．缺口

C．闭合　　D．断口

答案：D

16．压气式负荷开关的导电部件和灭弧部件是分开设置的，动触头的内部有一个静止不动的活塞，当动触头向下快速做分闸运动时，动触头内部被压缩的空气从绝缘喷口中高速喷出，猛烈吹向电弧，使电弧（　）熄灭。

A．多点　　B．过零

C．零点　　D．全部

答案：B

17．配电变压器中性点接地属（　）。

A．保护接地　　B．防雷接地

C．工作接地　　D．过电压保护接地

答案：C

18．电杆上装设柱上断路器或电缆头时，需要装设避雷器来保护，设备的金属外壳和避雷器（　）接地。

A．共同　　B．逐点

C．分别　　D．单个

答案：A

19．六氟化硫（SF_6）负荷开关环网柜，其中一类是共气室式，是指多台六氟化硫（SF_6）负荷开关共用一个六氟化硫（SF_6）气室，设计时可通过（　）进行组合。

A．灵活接线　　B．模块式

C．自由匹配　　D．端接式

答案：B

20．变压器负载损耗的大小取决于绕组的材质等，运行中的负载损耗大小随（　）的变化而变化。

A．电压　　B．电源

C．负荷　　D．功率

答案：C

21. 一般情况下要求开闭所尽量不要将开闭所设置在大楼的（ ）内。

A. 地下室　　B. 附房

C. 地上共建物　　D. 单独建筑物

答案：A

22. 跌落式熔断器控制的变压器，在停电前应（ ）。

A. 通知用户将负荷切除　　B. 先拉开隔离开关

C. 先断开跌落式熔断器　　D. 先拉开低压总开关

答案：D

23. 隔离开关是配电装置中最简单和应用最广泛的电器，它主要用于（ ）。

A. 切断额定电流　　B. 停电时有明显的断开点

C. 切断短路电流　　D. 切断过载电流

答案：B

24. 能够在回路正常条件下关合、承载和开断电流，以及在规定的异常回路条件下在规定的时间内承载电流开关装置叫（ ）。

A. 负荷开关　　B. 断路器

C. 隔离开关　　D. 重合器

答案：A

25. 真空断路器真空的作用是（ ）。

A. 绝缘　　B. 灭弧

C. 降低压力　　D. 绝缘和灭弧

答案：D

二、多选题

1. 真空断路器的特点有（ ）。

A. 触头开距小，燃弧时间短

B. 触头在开断故障电流时烧伤轻微

C. 真空断路器所需的操作能量小，动作快

D. 具有体积小、重量轻、维护工作量小，能防火、防爆，操作噪声小的优点

答案：ABCD

2. 下列关于隔离开关的说法正确的是（ ）。

A. 没有专门的灭弧装置

B. 一般不能用来切断负荷电流和短路电流

C. 不具有电动力稳定性和热稳定性

D. 不因短路电流通过而自动分开

答案：ABD

3. 对配电网的基本要求主要是（ ）。

A. 供电的连续性　　B. 可靠性

C. 合格的电能质量　　D. 运行的经济性

答案：ABCD

4. 在中性点经消弧线圈接地的电网中，过补偿运行时消弧线圈的主要作用是（ ）。

A．改变接地电流相位　　B．减小接地电流
C．消除铁磁谐振过电压　　D．减小单相故障接地时故障点电压

答案：BCD

5．真空负荷开关环网柜的联锁装置：真空负荷开关环网柜内负荷开关、隔离开关、（　　）、隔板之间设有联锁装置。

A．接地联络　　B．接地开关
C．柜门　　D．门锁

答案：BC

6．常用裸导线包括裸铝导线、裸铜导线、（　　）、铝合金绞线五种。

A．钢芯铜绞线　　B．钢芯铝绞线
C．镀锌钢绞线　　D．镀锌铝绞线

答案：BC

7．环氧树脂干式变压器机械强度高；具有较好的过负荷运行能力；具有（　　），体积小、质量轻，安装简单，可免去日常维护工作等优点。

A．难燃性　　B．自熄性
C．电能损耗低　　D．噪声低

答案：ABCD

8．气体绝缘干式变压器室在密封的箱壳内充以六氟化硫（SF_6）气体代替绝缘油，利用六氟化硫气体作为变压器的绝缘介质和冷却介质，它具有（　　），绝缘性能好，防潮性能好，运行可靠性高，维修简单等优点。

A．防污秽　　B．防火
C．防爆　　D．无燃烧危险

答案：BCD

9．杆塔是支承架空线路导线，并使（　　），以及导线对大地和交叉跨越物之间有足够的安全距离。

A．导线与导线之间　　B．上导线与落物之间
C．导线与杆塔之间　　D．导线与支撑物之间

答案：AC

10．横担用于支持绝缘子、（　　），保持（　　）有足够的安全距离。

A．线夹与线路之间　　B．导线及柱上配电设备
C．导线间　　D．绝缘子与金具

答案：BC

11．在架空配电线路中，用于连接、紧固导线的金属器具，具备（　　）的金属构件，统称为金具。

A．导电　　B．承载
C．固定　　D．联络

答案：ABC

12．负荷开关-熔断器组合开关柜除能开断正常的负荷电流外，还具有保护功能，即当线路发生（　　）时，引起熔断器一相或多相熔体熔断，在熔体熔断的瞬间触发负荷开关跳闸，

从而切断故障电流，隔离故障点。

A．断电　　B．短路故障

C．过负荷　　D．停电

答案：BC

13．10kV 开闭所单母线分段联络接线方式的优点为（　　）。

A．任一路电源检修或故障时，都不会对用户停电

B．不够灵活可靠，母线或进线开关故障或检修时，均可能造成整个开闭所停电

C．运行方式灵活，供电可靠性高

D．在一个开闭所内可为重要用户提供双电源

答案：ACD

14．负荷开关的特点有（　　）。

A．能在正常的导电回路条件下关合、承载和开断电流

B．能在异常的导电回路条件（例如短路）下按规定的时间承载电流

C．能在规定的过载条件下关合、承载和开断电流

D．能在异常的导电回路条件（例如短路）下切断故障电流

答案：ABC

三、判断题

1．按照“统筹城乡电网、统一技术标准、差异化指导规划”的思想，国家电网有限公司明确了供电区域划分原则，并将公司经营区分为 A＋、A、B、C、D、E 六类供电区域。

答案：正确

2．避雷器既可用来防护大气过电压，也可用来防护操作过电压。

答案：正确

3．避雷线和避雷针的作用是防止直击雷，使在它们保护范围内的电气设备（架空输电线路及变电站设备）遭直击雷绕击的概率减小。

答案：正确

4．变压器的铜耗等于铁耗时，效率最高。

答案：正确

5．变压器额定电压是指变压器在负载状态时，变压器一、二次绕组允许长期运行的最合理电压。

答案：错误

6．变压器额定容量指变压器在铭牌规定的额定电压、额定电流下连续运行时，能够输送的能量。

答案：正确

7．低负荷地区中，低压架空配电线路由于负荷比较分散且供电线路较长，一般采用树枝状放射式结构供电。

答案：正确

8．变压器外壳、低压侧中性点、避雷器（有装设时）的接地端必须连在一起，通过接地引下线接地。

答案：正确

9．手拉手式接线模式正常运行时线路开环运行，每条线路最大负荷只能达到线路最大载流量的50%，线路投资较放射状接线也有所减少。

答案：错误

10．采用中性点经消弧线圈接地系统可以迅速熄灭接地电弧。

答案：正确

11．常用电缆分支箱分为美式电缆分支箱和欧式电缆分支箱。

答案：正确

12．从发挥消弧线圈的作用上来看，脱谐度的绝对值越小越好，最好是处于全补偿状态。

答案：正确

13．多分段适度联络接线模式可以有效提高线路负载率，降低备用容量，两分段两联络模式中主干线负载率可提高到67%，三分段三联络模式中主干线负载率可以提高到75%。

答案：正确

14．电力电缆护层的作用是保证电缆能够适应各种使用环境的要求，使电缆绝缘层在敷设和运行过程中免受机械或各种环境因素损坏，以长期保持稳定的电气性能。

答案：正确

15．电力电缆在绝缘层表面加一层半导电材料的屏蔽层，它与被屏蔽的绝缘层有良好接触，与金属护套等电位，从而可避免在绝缘层与护套之间发生局部放电。这层屏蔽又成为外屏蔽层。

答案：正确

16．负荷开关与高压熔断器串联形成负荷开关和熔断器的组合电器，用负荷开关切断负荷电流，用熔断器切断短路电流及过载电流，在功率不大或不太重要的场所，可代替价格昂贵的断路器使用，可降低配电装置的成本，而且其操作和维护也较简单。

答案：正确

17．干式变压器的温升是指变压绕组表面温度与周围环境温度之差。

答案：正确

18．更换无开断能力的箱式变电站高压熔断器，必须将变压器停电，操作时要正确解除机械联锁，并使用绝缘操作杆。

答案：正确

19．绝缘子用来固定导线，并使导线与横担、电杆、大地间保持绝缘，同时也承受导线的垂直和水平荷重。

答案：正确

20．开闭所具有变电站 10kV 母线延伸功能，对电能进行降压后二次分配，能方便地为周围用户提供供电电源。

答案：错误

21．空载变压器投入运行时，由于仅有一侧开关合上，构不成电流回路通道，因此不会产生太大电流。

答案：错误

22．灭弧的措施主要有：采用绝缘油、真空或 SF_6 气体等作为灭弧介质；采用气吹、磁吹等方式快速从电弧中导出能量，迅速缩短电弧等。

答案：错误

23．目前架空配电线路设备多使用有间隙氧化锌避雷器。

答案：错误

24．耐张杆主要承受导线或架空线地线的垂直张力，同时将线路分隔成若干耐张段（耐张段长度一般不超过 2km），以便于线路的施工和检修，并可在事故情况下限制倒杆断线的范围。

答案：错误

25．配电变压器的安装应遵循“大容量、多布点、短半径”的原则。

答案：错误

26．配电变压器一般实行随器补偿将低压补偿电容器直接安装在配电变压器高压侧。

答案：错误

27．配电室主要为低压用户配送电能，设有中压进线（可有少量出线）、配电变压器和低压配电装置，带有低压负荷的户内配电场所。

答案：正确

28．为了熄灭电弧，要求开关的分合操作速度要快。

答案：正确

29．箱式变电站是指将高低压开关设备和变压器共同安装于一个封闭箱体内的户外配电装置。

答案：正确

30．消弧线圈是一个具有铁芯的电感线圈。

答案：正确

31．消弧线圈在正常工作时，中性点电位为零，基本没有电流流过消弧线圈。

答案：正确

32．由于消弧线圈的钳位作用，它可以有效地防止铁磁谐振过电压的产生。

答案：正确

33．在有盐雾的沿海地区及有化学物质污染的地区，不宜采用一般的铝导线，而改用防腐型铝绞线或铜绞线，必要时考虑采用电缆线路。

答案：正确

34．中性点经消弧线圈接地系统属于大电流接地系统。

答案：错误

35．中压配电网结构主要有：链式、双环式、单环式、多分段适度联络和辐射状结构。

答案：错误

36．装设避雷器除了可以防护大气过电压，也可用来防护操作过电压。

答案：正确

四、问答题

1．配电网的定义是什么？

答：配电网是指从输电网或地区发电厂接受电能，通过配电设施就地分配或按电压逐级分配给各类用户的电力网络。

2．配电网有哪些特点？

答：（1）供电线路长，分布面积广。

（2）网络结构复杂，设备数量大，类型多样。

（3）作业点多面广，安全风险因素较多。

（4）发展速度快，用户对供电可靠性和电能质量要求不断提升。

（5）配电自动化水平不断提升，对供电管理水平要求越来越高。

3．配电网如何分类？

答：配电网按电压等级的不同，可分为高压配电网（110、66、35kV）、中压配电网（20、10、6kV）和低压配电网（380/220V）；按供电地域特点不同或服务对象不同，可分为城市配电网和农村配电网；按配电线路的不同，可分为架空配电网、电缆配电网以及架空电缆混合配电网。

4．配电网“放射式”接线形式有何优缺点？典型结构有哪些？

答：架空线路“放射式”接线形式的优点有结构简单，维护方便，投资小。其缺点主要有故障影响范围较大，供电可靠性较差，不具备负荷转移能力。电缆线路“放射式”接线形式的优点同架空线路“放射式”接线形式，新增负荷时接入也比较方便，供电可靠性相对于架空线路较高。其缺点主要有电缆故障多为永久性故障，故障影响时间长、范围较大。

配电网“放射式”接线形式的典型结构有架空线路“单辐射”结构，电缆线路“单射式”“双射式”“对射式”结构。

5．配电网“环网式”接线形式有何特点？典型结构有哪些？

答：架空线路“环网式”接线形式的特点：结构清晰，运行较为灵活，可靠性较高，具有一定的负荷转移功能。正常运行时，每条线路最大负荷一般为该线路允许载流量的 1/2，线路投资将比单电源“放射式”接线有所增加。主要适用于电网建设阶段架空线路网络接线模式，具有一定的供电可靠性。

电缆线路“环网式”接线形式的特点：结构清晰，接线方式灵活，适应性强，供电可靠性较高，便于配电网分区分片、形成明确的供电分区，并且能满足双电源用户的供电需求。主要适用于城市核心区、繁华地区，负荷密度发展到相对较高水平，而且存在较多双电源客户的区域。

配电网“环网式”接线形式的典型结构有架空线路“单联络”“多分段适度联络”结构，电缆线路“单环式”“双环式”“N供一备（$N \geqslant 2$）”结构。

6．供电区域的划分原则是什么？划分依据主要有哪些？

答：按照“统筹城乡电网、统一技术标准、差异化指导规划”的思想，国家电网有限公司明确了供电区域划分原则，并将公司经营区分为A+、A、B、C、D、E六类供电区域。

供电区域划分主要依据行政级别或规划水平年的负荷密度，也可参考经济发达程度、用户重要程度、用电水平、GDP等因素确定。

7．A+、A、B、C、D、E类供电区域主要指哪些区域？

答：A+类供电区域主要为直辖市的市中心区，以及省会城市（计划单列市）高负荷密度区。市中心区指市区内人口密集以及行政、经济、商业、交通集中的地区。

A类供电区主要为省会城市（计划单列市）的市中心区、直辖市的市区以及地级市的高负荷密度区。

B 类供电区主要为地级市的市中心区、省会城市（计划单列市）的市区以及经济发达县的县城。

C 类供电区主要为县城、地级市的市区以及经济发达的中心城镇。

D 类供电区主要为县城、城镇以外的乡村、农林场。

E 类供电区主要为人烟稀少的农牧区。

8. A+、A、B、C、D、E 类供电区域的配电网结构应满足哪些基本要求？

答：A+、A、B、C 类供电区域的配电网结构应满足以下基本要求：

(1) 正常运行时，各变电站应有相互独立的供电区域，供电区不交叉、不重叠，故障或检修时，变电站之间应有一定比例的负荷转供能力。

(2) 在同一供电区域内，变电站中压出线长度及所带负荷宜均衡，应有合理的分段和联络；故障或检修时，中压线路应具有转供非停运段负荷的能力。

(3) 接入一定容量的分布式电源时，应合理选择接入点，控制短路电流及电压水平。

(4) 提高可靠性的配电网结构应具备网络重构能力，便于实现故障自动隔离。

D、E 类供电区域的配电网以满足基本用电需求为主，可采用辐射状结构。

9. 什么是导线？常见配电线路的导线种类有哪些？

答：导线用以传导电流、输送电能，它通过绝缘子串长期悬挂在杆塔上。配电线路的导线包括常用裸导线和绝缘导线，常用裸导线包括裸铝导线、裸铜导线、钢芯铝绞线、镀锌钢绞线、铝合金绞线五种。

10. 架空绝缘配电线路适用于何种区域？如何分类？

答：架空绝缘配电线路适用于城市人口密集地区，线路走廊狭窄、架设裸导线线路与建筑物的间距不能满足安全要求的地区，以及风景绿化区、林带区和污秽严重的地区等。绝缘导线类型有中、低压单芯绝缘导线、低压集束型绝缘导线、中压集束型半导体屏蔽绝缘导线、中压集束型金属屏蔽绝缘导线等。

11. 什么是电力电缆？

答：电力电缆是指外包绝缘的交合导线，有的还包金属外皮并加以接地。电力电缆的基本结构一般由导体、绝缘层、防护层三部分组成，6kV 及以上电缆导体外和绝缘层外还增加了屏蔽层（导体和绝缘层之间的屏蔽层，称为内屏蔽层；绝缘层和护层之间的屏蔽层，称为外屏蔽层，内外屏蔽层位置不同，作用也不同)。

12. 什么是开闭所？有何用途？

答：开闭所又称开关站，是城市配电网的重要组成部分。它的主要作用是加强配电网的联络控制，提高配电网供电的灵活性和可靠性，是电缆线路的联络和支线节点，同时还具备变电站母线的延伸作用。在不改变电压等级的情况下，对电能进行二次分配，为周围的用户提供供电电源。

13. 什么是环网柜？有何用途？

答：环网柜也称环网单元或开闭器，用于中压电缆线路分段、联络及分接负荷。设备选用气体绝缘环网柜（共箱式）和固体绝缘环网柜。适用于电缆走廊紧张区域公用配电站和小容量 10kV 供电客户的前置环网，以减少多回路放射电缆，节约路径资源和电缆工程投资；适宜地势狭小、选址困难区域。

14．什么是配电室？有何用途？

答：配电室主要为低压用户配送电能，设有中压进线、配电变压器和低压配电装置，带有低压负荷的户内配电场所。配电室是最后一级变压场所，通常将电网电压从 10kV 降低到 400V，配电室可以分配电力资源的供应，含有变压器及 400V 低压配电装置。

15．什么是电缆分支箱？有何主要作用？

答：电缆分支箱是配电线路中，电缆与电缆、电缆与其他电器设备连接的中间部分，其连接组合方式简单方便、灵活，具有全绝缘、全封闭、防腐蚀、免维护、安全可靠等性能，广泛用于商业中心、工业园区、城市住宅小区。

随着配电网电缆化进程的发展，当容量不大的独立负荷分布较集中时，可使用电缆分支箱进行电缆多分支的连接。

16．什么是配电变压器？主要由哪些元件构成？

答：用于配电系统将中压配电电压的功率变换成低压配电电压功率，供各种低压电气设备用电的电力变压器，叫配电变压器。配电变压器容量小，一般在 2500kVA 及以下，一次电压也较低，都在 20kV 及以下。常见有油浸式变压器和干式变压器等。

配电变压器的主要元件包括铁芯、绕组、套管、调压装置等。

17．什么是断路器？有何特点？

答：断路器是指能够关合、承载和开断正常回路条件下的电流并能关合、在规定的时间内承载和开断异常回路条件下的电流的开关设备。

断路器具有可靠的灭弧性能，不仅能通断正常的负荷电流，而且能接通和承担一定时间的短路电流，并能在保护装置作用下自动跳闸，切除短路故障。

18．什么是负荷开关？与断路器有何区别？

答：负荷开关是指介于断路器和隔离开关之间的一种开关设备，具有简单的灭弧装置，能切断额定负荷电流和一定的过载电流，但不能切断短路电流。

负荷开关与断路器的主要区别在于其不能开断短路电流。将负荷开关与熔断器串联形成组合电器，实现用负荷开关切断负荷电流，用熔断器切断短路电流及过载电流，在功率不大或不太重要的场所，可代替价格较高的断路器使用，降低配电装置成本且操作和维护也较简单。

19．什么是隔离开关？有何特点？

答：隔离开关是指在分闸位置时，触头间有符合规定要求的绝缘距离和明显的断开标志；在合闸位置时，能承载正常回路条件下电流和在规定时间内异常条件（如短路）下电流的开关设备。隔离开关的主要特点是无灭弧能力，只能在没有负荷电流的情况下分、合电路，但其断开时可以形成可见的明显开断点和安全距离。因没有断流能力，只能用其他设备将线路断开后再操作。一般需要带有防止开关带负荷误操作的联锁装置。

20．跌落式熔断器主要作用是什么？

答：跌落式熔断器可装在杆上变压器高压侧、互感器和电容器与线路连接处，提供过载和短路保护，也可装在农村、山区的长线路末端或分支线路上，可作为继电保护装置的辅助设备。

21．什么是避雷器？常见种类有哪些？

答：避雷器是连接在电力线路和大地之间，使雷云向大地放电，从而保护电气设备的器具。当雷电过电压或操作过电压来到时，使其急速向大地放电。当电压降到发电机、变压器或线路的正常电压时，则停止放电，以防正常电流向大地流通。

常见避雷器主要有金属氧化物避雷器、阀型避雷器两种。

22．10kV 开闭所的结构按电气主接线方式有哪几种？其优缺点及适用范围分别是什么？

答：开闭所的电气主接线方式可分为单母线接线、单母线分段联络接线和单母线分段不联络接线三种。

（1）单母线接线的优点是接线简单清晰、规模小、投资省；缺点是不够灵活可靠，母线或进线开关故障或检修时，均可能造成整个开关站停电。一般适用于线路分段、环网，或为单电源用户设置的开关站。

（2）单母线分段联络接线的优点是任一路电源检修或故障时，都不会对用户停电，运行方式灵活，供电可靠性高，在一个开关站内可为重要用户提供双电源；缺点是母线联络需占用两个间隔的位置，增加了开关站的投资，在转移负荷时，系统运行方式变得相对复杂一些。一般适用于为重要用户提供双电源、供电可靠性要求较高的开关站。

（3）单母线分段不联络接线的优点是供电可靠性较高，在一个开关站内可为重要用户提供双电源；缺点是系统运行方式的灵活性不够。一般适用于为重要用户提供双电源、供电可靠性要求较高的开关站。

23．一二次融合成套智能开关主要技术特点有哪些？

答：（1）深度融合：采用交流电流传感器取代传统 TA，采用交流电压传感器取代传统 TV，采用取电传感器解决终端供电难题。

（2）安全性高：减少一次辅助设备（传统 TA、TV 等），降低设备带来的故障风险；采用远方/就地联动装置从设备上杜绝因自动化造成误遥控的安全隐患并简化操作。

（3）功能齐全：能够实现配电网架空线路短路、单相接地故障的选择性跳闸（多级精准级差配合）；兼具电能计量功能，能够满足架空线路线损计算需求。

（4）智能程度高：终端工作不依赖主站，在通信中断或主站崩溃时，仍能一次动作快速隔离出短路或单相接地故障最小故障区域，确保同线路的电源侧用户不受故障影响；终端依靠机器学习和算法研判短路或单相接地故障并发出隔离指令。

（5）易用性：成套设备只有开关本体和控制终端，安装简便；操作不改变习惯，无须增加操作工具和操作步骤，现场安装不用调试，维护采用模块化更换，支持热插拔，极大减少对自动化专业技术人员的依赖。

第十一章 调控运行管理试题

一、单选题

1．按照国家电力调控机构设置原则，地区电力调控机构设置采用（　　）。

A．单级制　　B．多级制

C．一级制　　D．两级制

答案：D

2．地区电力调度遵循（　　）的原则。

A．“统一指挥、分级管理”　　B．“统一调度、分级管理”

C．“统一指挥、各级负责”　　D．“统一调度、各级负责”

答案：B

3．县、配调调控员持证上岗管理由（　　）负责，调度运行人员必须100%持证上岗。

A．国调　　B．省调

C．地调　　D．配（县）调

答案：B

4．配电网调控管理的主要职责，包括参与编制系统事故限电序位表，参与制定超负荷限电序位表，经（　　）批准后执行。

A．政府主管部门　　B．政府监管部门

C．调控部门　　D．营销部门

答案：A

5．配调值班调控员是所辖配电网运行操作和事故处理的（　　）。

A．领导者　　B．指挥者

C．管理者　　D．协调者

答案：B

6．值班调控员与调度联系对象之间进行调度业务联系、发布调度指令时应准确、清晰，使用（　　）。

A．座机　　B．录音电话

C．录音笔　　D．手机

答案：B

7．值班调控员与调度联系对象之间进行调度业务联系、发布调度指令时使用普通话及（　　）的调度术语、操作术语。

A．统一　　B．规范　　C．经发布　　D．规定

答案：A

8．当发生无故拒绝执行或拖延执行调度操作指令、有意虚报或瞒报等违反调度纪律的行为时，（　　）应组织调查并严肃处理。

A．安监部门　　B．调控部门

C．监察部门　　D．政府监管部门

答案：B

9．当系统发生危及安全稳定运行的情况，上级调度对配调管辖设备直接发布操作指令时，（　　）应立即执行，不得拖延或拒绝。

A．值班调控员　　B．当值调控员

C．设备运维人员　　D．下级调度

答案：C

10．正常情况下，待用间隔应转入（　　）状态。

A．运行　　B．热备用

C．冷备用　　D．检修

答案：C

11．跨供电区域配电网联络线路的调度管理，实行（　　）的制度。

A．单一归属、互相报备　　B．单一归属、各自负责

C．统一归属、互相报备　　D．统一归属、各自负责

答案：C

12．用户供电设施的调度管辖权归属（　　）的供电单位。

A．提供就近电源　　B．根据协议规定

C．提供备用电源　　D．提供常用电源

答案：D

13．非上级调度管辖的10kV并网小电厂（含分布式电源）的10kV分界开关（刀闸）由配调调度管辖；其并网总开关的设备状态及电源出力由（　　）。

A．配调调度管辖　　B．配调调度许可

C．用户管辖　　D．地调许可

答案：B

14．高压双（多）电源用户的进线电源开关间隔、联络开关间隔由（　　）。

A．配调管辖　　B．配调许可

C．用户管辖　　D．地调许可

答案：B

15．调度操作指令不论采取何种形式发布，都必须使接令人员完全明确该操作的（　　）。

A．目的和任务　　B．目的和要求

C．指令和要求　　D．指令和任务

答案：B

16．对有拟写指令票的操作，下令时，值班调控员与现场操作人员应重点核对（　　），确保所持操作指令一致。

A．指令票编号、版本号、操作目的

B．指令票编号、操作时间、操作目的

C．指令票编号、操作时间、操作要求

D．指令票编号、版本号、操作要求

答案：A

17．调度下令操作宜在（　　）时进行，避免在交接班、系统运行方式不正常、系统发生事故、恶劣天气等情况下进行操作。

A．系统高峰或潮流较小　　B．系统低谷或潮流较小

C．系统高峰或潮流较大　　D．系统低谷或潮流较大

答案：B

18．设备运维操作人员同时接到两级以上调度发布的操作指令时，原则上应（　　）调度发布的操作指令

A．先执行最高一级　　B．先执行次高一级

C．先下达本级　　D．均不执行上级

答案：A

19．有条件合环的倒闸操作应采取合环转电，环状网络合环的电压差一般允许在额定电压的（　　）以内，相角差 30°以内，但必须考虑合解环时环路功率和冲击电流对负荷分配和继电保护的影响，防止设备过载和继电保护动作。

A．10%　　B．20%

C．25%　　D．30%

答案：B

20．配电网的合解环操作，应使用具备开断负荷电流条件的（　　）进行。

A．刀闸及跌落式熔断器　　B．断路器、负荷开关

C．断路器、刀闸　　D．负荷开关、刀闸

答案：B

21．合解环操作应尽量选择在有自动化信息的厂站或线路设备上进行，合环时间不宜超过（　　）min。

A．10　　B．15

C．20　　D．30

答案：D

22．刀闸（跌落式熔断器）可拉合励磁电流不超过（　　）A 的 10kV 空载变压器。

A．0.5　　B．1

C．2　　D．5

答案：C

23．刀闸（跌落式熔断器）可拉合电容电流不超过（　　）A 的空载线路。

A．0.5　　B．1

C．2　　D．5

答案：D

24．装设杆上开关（包括杆上断路器、杆上负荷开关）的配电线路停电，应（　　）。送电操作顺序与此相反。

A．先断开杆上开关，后拉开刀闸　　B．先拉开刀闸，后断开杆上开关

C．只需拉开刀闸　　D．只需断开杆上开关

答案：A

25．如存在非标准设备与“四态”定义不符的，应使用（　　）按设备实际状态描述。

A．单项指令　　B．综合指令

C．单一指令　　D．调度指令

答案：A

26．调控部门根据灾害预警级别有序下放配电网设备的调度管辖权给配电运维单位和区域联络站，（　　）负责受理用户停电申请。

A．调控部门　　B．配电运维单位

C．区域联络站　　D．营销部门

答案：D

27．配电网灾害下的应急调度管理，各单位应按照（　　）顺序组织抢修，并尽可能按照“主干、分支同步送电”原则组织复电。

A．先主干、后分支　　B．先分支、后主干

C．主干、分支同步进行　　D．应急指挥部要求

答案：A

28．可能受灾单位应急办发布灾害Ⅱ级预警后，（　　）负责下放的配电变压器高、低压设备及专用变压器用户分界设备的调度操作及抢修许可。

A．营销部门　　B．抢修支援队伍

C．配电运维单位　　D．区域联络站

答案：C

29．可能受灾单位应急办发布灾害Ⅰ级预警后，现场指挥部启用区域联络站，调控部门下放分支线、双多电源、小电源调度管辖权给（　　）。

A．营销部门　　B．抢修支援队伍

C．配电运维单位　　D．区域联络站

答案：D

30．区域联络站站长由（　　）担任。

A．配电网调度员（应急调度员）

B．具备相应调度能力的配电运维人员

C．配备配电网调度员（应急调度员）或具备相应调度能力的配电运维人员

D．供电所所长

答案：A

31．可能受灾单位应急办发布灾害Ⅰ级预警后，现场指挥部启用区域联络站，（　　）受理审核事故应急抢修单，负责事故应急抢修单的许可与终结。

A．配电网调度员（应急调度员）

B．具备相应调度能力的配电运维人员

C．配备配电网调度员（应急调度员）及具备相应调度能力的配电运维人员

D．配备配电网调度员（应急调度员）或具备相应调度能力的配电运维人员

答案：B

32. 可能受灾单位应急办发布灾害Ⅰ级预警后，现场指挥部启用区域联络站，配调针对强送、试送不成，或经现场确认发生故障的主干停电线路，按照最大化停电范围将主干线各电源侧设备转冷备用，并发布“（　　）”。

A. 最大化停电通知（申请）单　　B. 现场勘察申请单

C. 配电故障紧急抢修单　　D. 工作票

答案：A

33. 可能受灾单位应急办发布灾害Ⅰ级预警后，现场指挥部启用区域联络站，区域联络站可依据配调发布的“最大化停电通知（申请）单”通知抢修工作负责人或工作票签发人进行停电范围内的勘察，对勘察后发现同杆架设、交叉跨越等情况的反馈配调补充停电范围，（　　）负责完成补充停电范围的调度操作。

A. 地调　　B. 配调

C. 配电运维单位　　D. 区域联络站

答案：B

34. 可能受灾单位应急办发布灾害Ⅰ级预警后，现场指挥部启用区域联络站，对于仅涉及分支线的故障，由（　　）自行布置安全措施并许可抢修。

A. 营销部门　　B. 抢修支援队伍

C. 配电运维单位　　D. 区域联络站

答案：D

二、多选题

1. 配（县）调负责相应管辖区域配电网调控运行值班，接受（　　）和（　　）。

A. 上级调度　　B. 地调调度

C. 专业管理　　D. 专业指导

答案：BC

2. 地调承担地区电网（含城区配电网）调度运行、设备集中监控、系统运行、调度计划、（　　）、停送电信息报送等专业管理职责。

A. 继电保护

B. 自动化（含配电自动化主站生产控制大区）

C. 水电及新能源（含分布式电源）

D. 配电网抢修指挥

答案：ABCD

3. 配电调、县调同属于第五级调度，采取同质化管理，在统一调管范围、规章制度、评价标准的基础上，深化统一（　　）。

A. 人员管理　　B. 业务流程

C. 技术支持系统　　D. 值班管理

答案：ABC

4. 配电网调控管理的任务是必须依法组织、（　　）、所辖配电网的运行操作和事故处理，充分发挥网内发、供电设备的能力，满足用电负荷的需求，合理调度，确保配电网安全、可靠、经济运行。

A. 管理　　B. 指挥

C．指导　　D．协调

答案：BCD

5．配调值班调控员是所辖配电网（　　）和（　　）的指挥者。

A．运行操作　　B．倒闸操作

C．事故处理　　D．应急管理

答案：AC

6．配调值班调控员发布指令或业务联系的对象是：电网调控人员、设备运维人员、（　　）、高压双（多）电源用户值班人员、（　　）、用户停送电联系人。

A．用电检查人员　　B．电厂值班人员

C．重要用户值班人员　　D．重点工程项目值班人员

答案：ABC

7．值班调控员与调度联系对象之间进行调度业务联系、发布调度指令时应准确、清晰，使用录音电话，互报单位姓名，执行下令、（　　）、记录、录音和（　　）等制度，使用普通话及统一的调度术语、操作术语。

A．复诵　　B．复读

C．汇报　　D．反馈

答案：AC

8．凡配调管辖的配电网设备未经许可，任何人员不得以任何借口擅自改变（　　）和（　　）。

A．名称　　B．编号

C．运行方式　　D．设备状态

答案：CD

9．待用间隔应有（　　），并列入调度管辖范围。

A．名称　　B．双重名称

C．双重称号　　D．编号

答案：AD

10．跨供电区域配电网联络线路的调度管理，实行（　　）的制度。

A．单一归属　　B．统一归属

C．统一管理　　D．互相报备

答案：BD

11．非上级调度管辖的10kV并网小电厂（含分布式电源）的10kV分界开关（刀闸）由配调调度管辖；其并网总开关的（　　）及（　　）由配调调度许可。

A．设备状态　　B．名称编号

C．电源出力　　D．电源状态

答案：AC

12．高压双（多）电源用户的（　　）由配调许可。

A．分界开关间隔　　B．进线电源开关间隔

C．联络开关间隔　　D．分支开关间隔

答案：BC

13．配调管辖设备只有得到值班调控员的（　　）或（　　）后方可操作，操作完毕汇报值班调控员。

A．命令　　B．指令

C．许可　　D．同意

答案：BC

14．配电倒闸操作的（　　）均应具备相应资质，并经设备运维部门或调控部门批准发布。

A．发令人　　B．受令人

C．联系人　　D．操作人员（包括监护人）

答案：ABD

15．值班调控员在发布各种调度操作指令前，应认真考虑操作时可能引起的对系统（　　）、继电保护和安全自动装置等方面的影响，做好操作过程中可能出现异常情况的事故预想，防止设备过负荷，重要用户停电、电压越限等情况。

A．运行方式　　B．重要用户

C．电网潮流　　D．电压

答案：ABCD

16．凡涉及改变设备状态的调度指令应明确设备的（　　）和（　　）。

A．初始状态　　B．原始状态

C．最终状态　　D．目标状态

答案：AD

17．配调对一切正常操作均应填写调度操作指令票，对可以用（　　）表达的操作，以及（　　）表达的操作，允许不拟写调度操作指令票，但当班操作和监护的调控员之间应意见一致。

A．一条综合指令　　B．一条单项指令

C．一条口头指令　　D．事故处理（修后送电除外）

答案：ABD

18．值班调控员在发布调度操作指令前，须核对调度接线图、实际运行方式、继电保护定值单等相关信息，了解勘察申请单中的（　　）及（　　），确保操作指令正确。

A．工作内容

B．时间安排

C．安全措施

D．一、二次方式变化的原因

答案：ABCD

19．一切倒闸操作，现场应与值班调控员核对（　　）和（　　）。

A．发令时间　　B．受令时间

C．操作开始时间　　D．操作结束时间

答案：AD

20．调度下令操作宜在系统低谷或潮流较小时进行，避免在（　　）等情况下进行操作。

A．交接班　　B．系统运行方式不正常

C．系统发生事故　　D．恶劣天气

答案：ABCD

21．调控部门根据灾害预警级别有序下放配电网设备的调度管辖权给（　　）和（　　）。

A．配电运维单位　　B．下一级调控部门

C．区域联络站　　D．营销部门

答案：AC

22．可能受灾单位应急办发布灾害Ⅲ级预警后，调控部门应做好以下（　　）应急准备工作。

A．通知配电网调度员（应急调度员）做好待班准备

B．备份配电网电子接线图，熟悉“重要用户”“生命线工程用户”清单

C．做好单台公用专用变压器（含自备电源）调度管辖权下放准备工作

D．与运检部门确认调整配电网停电计划

答案：ABCD

23．可能受灾单位应急办发布灾害Ⅰ级预警后，现场指挥部启用区域联络站，调控部门下放（　　）调度管辖权给区域联络站。

A．分支线　　B．双多电源

C．小电源　　D．馈线

答案：ABC

24．可能受灾单位应急办发布灾害Ⅰ级预警后，现场指挥部启用区域联络站，调控部门下放分支线、双多电源、小电源调度管辖权给区域联络站，配调负责（　　）和（　　）的调度操作。

A．变电站内设备　　B．主干线电源侧设备

C．分支线电源侧设备　　D．单台公用专用变压器

答案：AB

三、判断题

1．值班调控员发布的调度操作指令，受令人员必须及时执行。

答案：错误

2．如受令人认为发令人所下达的调度操作指令不正确时，应立即向调控机构负责人提出意见。

答案：错误

3．跨供电区域配电网联络线路的调度管理，实行单一归属、互相报备的制度。

答案：错误

4．涉及配（县）调调度管辖设备的工作许可终结，应严格遵守“谁调度、谁许可”的原则开展，若400V低压主干线、分支线上的检修工作仅需配合断开配调管辖设备的，由运维单位向配调提交检修申请，配调根据申请做好停电措施，不应开展相关工作票的许可工作。

答案：正确

5．严禁未经调度下令（许可）擅自操作调度管辖（许可）设备。

答案：正确

6．配调对一切操作均应填写调度操作指令票。

答案：错误

7．同一配电操作任务若分小组操作，由操作班组自行分组，并分别填用操作票。

答案：错误

8．值班调控员下达调度操作指令时，原则上应按票面顺序逐项下令，严禁跳项操作。

答案：错误

9．已经签订调度协议的高压双（多）电源用户需要内部配合操作时，调度负责通知用户电工执行操作，用户电工操作完毕后直接汇报调度。

答案：正确

10．当电网出现局部孤立网运行时，地调值班调控员应及时告知配调孤立网运行的厂站名称，配调值班调控员将孤立网运行厂站的 10kV 馈线向主网运行的厂站线路转移负荷时，严禁非同期并列操作。

答案：正确

11．断路器允许切除故障的次数应在调控规程中明确规定，跳闸次数已达到现场规程规定的极限，需要解除自动重合闸时，现场运维人员应向值班调控员提出申请，经批准后执行。

答案：错误

12．下达配电自动化开关的调度指令，应考虑“远方/就地”选择开关的切换位置。

答案：正确

13．若现场实施情况与异动单不符，设备运维部门应通知值班调控员发起修正异动。

答案：错误

14．调度员在 OMS 系统中进行异动发布。DMS 系统接收到 OMS 发起的异动发布消息后，自动进行异动的发布，异动模型数据由红库同步到黑库，同时单线图红图转为黑图。

答案：正确

15．配电运维单位和区域联络站应配置 Web 版配电自动化工作站，根据响应等级开通调度管辖范围内设备的置位、挂牌及停电信息发布权限，按照“谁调度、谁置位”原则，负责调度管辖范围内设备的置位、挂牌及故障停电信息的发布与维护。

答案：错误

16．灾害应急期间，同一线路多点故障时，事故应急抢修按照“多点抢修、一停多用”原则办理最大化安措停电申请。

答案：正确

17．配电网灾害下的应急调度管理，配电抢修应按照“谁抢修、谁操作”的原则，若由支援抢修队伍操作则应有安监人员负责监护。

答案：错误

18．可能受灾单位应急办发布灾害Ⅲ级预警后，调控部门应备份配电网电子接线图，熟悉“重要用户”“生命线工程用户”清单，做好单台公用专用变压器（含自备电源）调度管辖权下放工作。

答案：错误

19．可能受灾单位应急办发布灾害Ⅱ级预警后，调控部门下放单台公用变压器和具备独立分界的10kV专用变压器用户分界设备调度管辖权给配电运维单位。

答案：错误

20．可能受灾单位应急办发布灾害Ⅱ级响应后，配电运维单位负责下放的配电变压器高、低压设备及专用变压器用户分界设备的调度操作及抢修许可。

答案：错误

21．配调针对强送、试送不成，或经现场确认发生故障的主干停电线路，按照最大化停电范围将主干线各电源侧设备转检修，并发布“最大化停电通知（申请）单”。

答案：错误

22．区域联络站可依据配调发布的“最大化停电通知（申请）单”通知抢修工作负责人或工作票签发人进行停电范围内的勘察，对勘察后发现同杆架设、交叉跨越等情况的反馈配调补充停电范围，配调负责完成补充停电范围的调度操作。

答案：正确

四、问答题

1．配电网调控管理的任务是什么？

答：配电网调控管理的任务是必须依法组织、指挥、指导、协调所辖配电网的运行操作和事故处理，充分发挥网内发、供电设备的能力，满足用电负荷的需求，合理调度，确保配电网安全、可靠、经济运行。

2．什么是待用间隔，有何管理要求？

答：待用间隔是指厂、站内配备有断路器及两（单）侧隔离开关或负荷开关的完整间隔，且一端已接入运行母线而另一端尚未连接送出线路的备用间隔。待用间隔应有名称、编号，并列入调度管辖范围。正常情况下，待用间隔应转入冷备用状态。

3．合解环转电有何管理要求？

答：调控部门应将具备合解环条件的联络点纳入合解环转电管理，日常运行过程中不得无故采用停电转电的方式。10kV配电网合、解环操作影响地调管辖设备运行时应经地调许可后方可进行。配调应针对不合理运行方式及联络点相序相位变动建立常态化管控机制，建立完备的台账资料或采用自动化系统管理。

4．跨供电区域配电网联络线路的调度管理要求？

答：跨供电区域配电网联络线路的调度管理，实行统一归属、互相报备的制度，用户供电设施的调度管辖权归属提供常用电源的供电单位，任何一方对供电设施的调度均应提前向另一方进行报备，确保不发生两路电源同时停电事件。报备的时间、方式由双方配调协商明确。

5．配电网调控管辖范围有哪些？

答：（1）地域范围内10kV馈线开关至公用配电变压器低压侧的总（分）刀闸或总（分）开关（该设备为配调管辖）和10kV用户分界设备（以《供用电合同》为依据，该设备为配调管辖）之间的所有10kV配电网络由配调调度管辖。

（2）非上级调度管辖的10kV并网小电厂（含分布式电源）的10kV分界开关（刀闸）由配调调度管辖；其并网总开关的设备状态及电源出力由配调调度许可。

（3）高压双（多）电源用户的进线电源开关间隔、联络开关间隔由配调许可。

6．配电网调控管辖设备有何管理要求？

答：（1）涉及配（县）调调度管辖设备的检修工作，运维单位应按相关要求提前向调度部门办理检修申请；

（2）涉及配（县）调调度管辖设备的倒闸操作，运维人员应得到配（县）调调度员下达的正式调度指令后方可进行操作，并根据调度指令拟写配电倒闸操作票，严禁无票操作及自拉自送；

（3）涉及配（县）调调度管辖设备的工作许可终结，应严格遵守“谁调度、谁许可”的原则开展，若 400V 低压主干线、分支线上的检修工作仅需配合断开配调管辖设备的，由运维单位向配调提交检修申请，配调根据申请做好停电措施，不应开展相关工作票的许可工作；

（4）涉及配（县）调调度管辖设备的抢修工作， 运维单位应及时与调度联系处理事宜，并按要求办理配电故障紧急抢修单，严禁自行处理后汇报及无票抢修。

7．值班调控员在发布各种调度操作指令前，应认真考虑哪些因素？

答：（1）操作时可能引起的对系统运行方式、重要用户、电网潮流、电压、继电保护和安全自动装置等方面的影响，做好操作过程中可能出现异常情况的事故预想，防止设备过负荷，重要用户停电、电压越限等情况。

（2）开关和刀闸的操作是否符合规定。防止非同期并列、带负荷拉合刀闸、带电挂（合）接地线（接地开关）或带地线合刀闸等误操作。

（3）对用户或厂站运行方式有要求的操作，应待用户或厂站运行方式安排好后再进行；当对用户或厂站运行方式解除要求时应通知有关单位。

（4）属地调许可设备，操作前应得到地调值班调控员的许可，操作完毕后应汇报地调值班调控员。

8．配电网调控员拟票、操作原则是什么？

答：（1）配调操作指令一般采用综合指令、单项指令的下令方式，凡涉及改变设备状态的调度指令应明确设备的初始状态和目标状态。调度操作指令不论采取何种形式发布，都必须使接令人员完全明确该操作的目的和要求。

（2）配调对一切正常操作均应填写调度操作指令票，对可以用一条综合指令、单项指令表达的操作，以及事故处理（修后送电除外），允许不拟写调度操作指令票，但当班操作和监护的调控员之间应意见一致。

（3）同一配电操作任务若分小组操作，不得由班组自行分组，应由调控员分组下达操作指令，并分别填用操作票，操作票上需等待本小组外的操作，调控员应下达“待令”。

9．用户设备操作管理有何要求？

答：（1）已经签订调度协议的高压双（多）电源用户需要内部配合操作时，调度负责通知用户电工执行操作，用户电工操作完毕后直接汇报调度。

（2）因电网运行需要，值班调控员要求用户切换电源或断开配调管辖（许可）设备时，用户必须迅速执行；其恢复操作，用户应待值班调控员下令（许可）后方可进行。

（3）高压双（多）电源用户无故拒绝执行调度指令或用户未经调度许可，擅自操作调度管辖（许可）设备，调度应将相关录音及资料提供给营销，由营销部门对用户违约用电进行核查处理。

10．电网合环与解环操作有何要求？

答：（1）闭式网络或双回路须确保相序相位一致方可合环。

（2）有条件合环的倒闸操作应采取合环转电，环状网络合环的电压差一般允许在额定电压的 20%以内，相角差 30°以内，但必须考虑合解环时环路功率和冲击电流对负荷分配和继电保护的影响，防止设备过载和继电保护动作。

（3）配电网的合解环操作，应使用具备开断负荷电流条件的断路器、负荷开关进行，严禁使用刀闸及跌落式熔断器进行合解环转电操作，就地操作时应保证操作地点和配调值班室的通信畅通，操作过程应防止“先解后合”。

（4）当电网出现局部孤立网运行时，地调值班调控员应及时告知配调孤立网运行的厂站名称，配调值班调控员将孤立网运行厂站的 10kV 馈线向主网运行的厂站线路转移负荷时，严禁非同期并列操作。

（5）跨 10kV 母线的配电网合解环操作必须经上一级调度的许可，操作完成后立即汇报。

（6）合解环操作应尽量选择在有自动化信息的厂站或线路设备上进行，合环时间不宜超过 30min。

11．线路操作有何要求？

答：（1）线路停、送电操作时， 应考虑电网电压和潮流的变化，使电网有关线路等设备不过负荷、输送功率不超过稳定极限。

（2）线路停电转检修时，必须在线路各可能来电侧（公网电源、有备案的自备电源、双（多）电源用户）及危及停电作业的交叉跨越、平行和同杆架设线路（包括用户线路）的开关、刀闸（跌落式熔断器）、TV 刀闸（或 TV 二次侧开关或熔丝）完全断开后方可挂地线或合接地刀闸；送电时则应在线路各侧地线或接地刀闸全部拆除或断开后，方可对各可能来电侧的开关、刀闸（跌落式熔断器）进行操作。

（3）装设杆上开关（包括杆上断路器、杆上负荷开关）的配电线路停电，应先断开杆上开关，后拉开刀闸。送电操作顺序与此相反。

12．核相有何要求？

答：（1）未核相或核相不正确的断开点设备应置冷备用状态，核相时需要值班调控员进行操作配合的，设备运检部门应预先办理申请，经批准后由值班调控员发布操作指令操作到预先拟定的状态，然后进行核相。

（2）并列或合环设备（含线路）在大修、改建、新建投入运行前，设备运维部门必须保证相序相位正确，并在核相正确后及时汇报值班调控员，值班调控员方可发布操作指令进行并列或合环。

13．什么是异动“红黑图机制”？

答：设备异动通过反映网络模型动态变化的“红黑图机制”实现，该机制不仅能够表示线路改造前后的不同接线图，还能够依据两者不同的拓扑结构作为计划的分解以及各种操作的合理性判断依据。“黑图”指调度正在使用并用来现场调度的图形，是当前配电网络结构和运行状态的图形显示。“红图”指线路改造实施后调度准备使用的图形，是未来配电网络结构的图形显示。“红黑图”作为一种通俗说法，实际上描述的是配电网网络模型的动态变化过程，它不仅涉及图形的不同版本，还涉及网络拓扑的表达以及设备生命周期的管理。

14．配电网灾害下的应急调度管理遵循哪些基本原则？

答：（1）调控部门根据灾害预警级别有序下放配电网设备的调度管辖权给配电运维单位和区域联络站，营销部门负责受理用户停电申请；

（2）配电运维单位和区域联络站应配置 Web 版配电自动化工作站，根据预警等级开通调度管辖范围内设备的置位、挂牌及停电信息发布权限，按照“谁调度、谁置位”原则，负责调度管辖范围内设备的置位、挂牌及故障停电信息的发布与维护；

（3）灾害应急期间，同一线路多点故障时，事故应急抢修按照“多点抢修、一停多用”原则办理最大化安措停电申请；

（4）配电抢修应按照“谁抢修、 谁操作”的原则，若由支援抢修队伍操作则应有配电运维人员负责监护；

（5）各单位应按照“先主干、后分支”顺序组织抢修，并尽可能按照“主干、分支同步送电”原则组织复电。

15．可能受灾单位应急办发布灾害Ⅲ级预警后，调控部门应做好哪些应急准备工作？

答：（1）通知配电网调度员（应急调度员）做好待班准备；

（2）备份配电网电子接线图，熟悉“重要用户”“生命线工程用户”清单，做好单台公用专用变压器（含自备电源）调度管辖权下放准备工作；

（3）与运检部门确认调整配电网停电计划。

16．可能受灾单位应急办发布灾害Ⅱ级预警后，有何应急措施？

答：可能受灾单位应急办发布灾害Ⅱ级预警后，调控部门下放单台公用变压器和具备独立分界的 10kV 专用变压器用户（双多电源、小电源用户除外）分界设备调度管辖权给配电运维单位。

配电运维单位负责下放的配电变压器高、低压设备及专用变压器用户分界设备的调度操作及抢修许可。

17．可能受灾单位应急办发布灾害Ⅰ级预警后，区域联络站站长有哪些职责？

答：区域联络站由配电网调度员（应急调度员）担任，负责受理“配电馈线最大化安措停电范围通知（申请）单”[以下简称最大化停电通知（申请）单]，向配调反馈补充停电范围；负责调度管辖范围内分支线电源侧设备的调度操作；负责调度管辖范围内设备（含单台公用专用变压器）的置位、挂牌及故障停电信息的发布与维护。

18．可能受灾单位应急办发布灾害Ⅰ级预警后，区域联络站内配电运维人员有哪些职责？

答：区域联络站内配电运维人员协助区域联络站站长开展以下工作：受理审核事故应急抢修单，向区域联络站站长反馈补充停电范围；事故应急抢修单停电范围内调度管辖权下放设备（含自备电源、双多电源、小电源）的调度操作及线路转检修的调度操作；事故应急抢修单的许可与终结。

19．可能受灾单位应急办发布灾害Ⅰ级预警后，配调有何职责？

答：配调负责变电站内设备和主干线电源侧设备的调度操作；负责将放射型馈线站内开关跳闸情况以及下令隔离的分支线情况通知区域联络站。

20．最大化停电通知（申请）单有何发布要求？

答：（1）配调针对强送、试送不成，或经现场确认发生故障的主干停电线路，按照最大化停电范围将主干线各电源侧设备转冷备用，并发布“最大化停电通知（申请）单”。

（2）区域联络站可依据配调发布的“最大化停电通知（申请）单”通知抢修工作负责人或工作票签发人进行停电范围内的勘察，对勘察后发现同杆架设、交叉跨越等情况的反馈配调补充停电范围，配调负责完成补充停电范围的调度操作。

（3）区域联络站针对安措涉及主干线设备的分支线故障，主动向配调提交“最大化停电通知（申请）单”，待配调完成主干线设备停电操作后通知设备抢修。其中，对于需主干线设备配合短时停电的分支线隔离操作由配调统一下令。

（4）对于仅涉及分支线的故障，由区域联络站自行布置安全措施并许可抢修。

21．最大化停电通知（申请）单有何终结要求？

答：（1）对于主干、分支线同时存在故障的抢修，区域联络站确认主干线抢修完毕，隔离仍需长时间抢修的分支线后，向配调办理“最大化停电通知（申请）单”终结送电；

（2）配调核对异动情况后组织主干线复电；

（3）单独隔离的分支线抢修完毕后，由区域联络站自行组织复电。

第十二章　配电网方式计划管理试题

一、单选题

1．（　　）是全省配电网停电管理归口部门。

A．省公司调控中心　　B．省公司运检部

C．省公司营销部　　D．省公司供电服务中心

答案：B

2．当月增补的停电计划数应控制在月计划的（　　）以内，超出部分统计为计划外停电。

A．10%　　B．15%

C．20%　　D．25%

答案：B

3．紧急停电应由（　　）向调控中心申请办理。

A．项目单位　　B．施工集体企业

C．设备运维单位　　D．施工单位

答案：C

4．对涉及对外公告的计划停电工作，设备运维部门应根据月度停电计划安排，在工作前（　　）前向调控中心提交作业现场勘察申请单。

A．10 天 11:00　　B．11 天 11:00

C．10 天 10:00　　D．11 天 10:00

答案：B

5．临时停电工作，设备运维部门应在工作前（　　）前向调控中心提交作业现场勘察申请单。

A．3 天 10:00　　B．3 天 11:00

C．4 天 10:00　　D．4 天 11:00

答案：D

6．对不涉及对外公告的计划停电工作，设备运维班组应在工作前（　　）前向调控中心提交作业现场勘察申请单。

A．2 天 10:00　　B．2 天 11:00

C．3 天 10:00　　D．3 天 11:00

答案：D

7．对涉及用户停电的计划停电，调控中心应提前（　　）前将停电信息发送至快响中心。

A．7 天 11:00　　B．8 天 11:00

C．9天11:00　　D．10天11:00

答案：B

8．对涉及用户停电的临时停电，调控中心应提前（　　）前将停电信息发送至快响中心。

A．2天11:00　　B．3天11:00

C．4天11:00　　D．5天11:00

答案：B

9．对于计划性停送电操作，调控中心应在停电前（　　）预发停送电操作指令。

A．当日　　B．1天

C．2天　　D．及时

答案：B

10．配电网月度计划应刚性执行。原则上不得随意变更，如确需变更的，应提前完成变更手续，并经（　　）批准。

A．运检部门领导　　B．营销部门领导

C．调控机构领导　　D．公司分管领导

答案：D

11．配电网新改扩建工程和业扩报装停送电方案必须经（　　）审查后，相关设备停电工作方可列入年（月）度停电计划。

A．施工部门　　B．运检部门

C．调控机构　　D．营销部门

答案：C

12．未纳入月度停电计划的设备有临时停电需求时，相关部门（单位）应提前完成临时停电审批手续，并经（　　）批准。

A．运检部门领导　　B．营销部门领导

C．调控机构领导　　D．公司分管领导

答案：D

13．对可能构成《国家电网有限公司安全事故调查规程》规定（　　）及以上电网事件的配电网设备停电计划，应采取措施降低事故风险等级。

A．五级　　B．六级

C．七级　　D．八级

答案：C

14．应尽量减少配电网不同电压等级间无功流动，应尽量避免向（　　）倒送无功。

A．主网　　B．中压配电网

C．低压配电网　　D．用户侧

答案：A

15．在夏（冬）季用电高峰期及重要保电期，原则上不安排配电网设备（　　）。

A．临时停电　　B．计划停电

C．消缺停电　　D．故障停电

答案：B

16．配电网计划停电应尽量避免安排在（　　）高峰时段停电。

A．生产用电　　B．市政用电

C．生活用电　　D．农牧用电

答案：C

17．调控机构应（　　）组织召开调度计划平衡会，相关部门（单位）应按要求提前向调控机构报送配电网设备停电检修、启动送电计划。

A．每天　　B．每周

C．每月　　D．每季度

答案：C

18．配电网运行方式应与（　　）运行方式协调配合，具备各层次电网间的负荷转移和相互支援能力，保障可靠供电，提高运行效率。

A．通信网　　B．输电网

C．特高压网　　D．超高压网

答案：B

19．配电网固定联络开关点优先选择交通便利，且属于（　　）资产的设备。

A．政府　　B．国企

C．供电企业　　D．发电企业

答案：C

二、多选题

1．（　　）预安排停电项目需经省公司配电网停电计划平衡会审查。

A．停电超 500 时户数　　B．停电超 1000 时户数

C．连续停电 2 天及以上　　D．连续停电 3 天及以上

答案：BD

2．地市公司每月（　　）前召开次月配电网停电计划平衡会，每月（　　）前正式发布次月配电网停电计划。

A．15 日　　B．17 日

C．20 日　　D．23 日

答案：BC

3．对涉及多日停电的大型网改、业扩工程，各单位项目管理部门需组织（　　）相关人员进行施工方案会商，调整优化施工方案，统筹调配整合施工力量，采取措施缩短施工用时，避免重复停电。

A．运检部　　B．调控中心

C．施工单位　　D．设备运维部门

答案：ABCD

4．配电网年度运行方式编制应以保障电网（　　）为前提，充分考虑电网、客户、电源等多方因素。

A．安全　　B．优质

C．高效　　D．经济运行

答案：ABD

5．配电网线路由其他线路转供，如存在多种转供路径，应优先采用（　　）的方式，方式调整时应注意继电保护的适应性。

A．转供线路线况好　　B．合环潮流小

C．便于运行操作　　D．供电可靠性高

答案：ABCD

6．具备条件的（　　），宜设置备自投，提高供电可靠性。

A．开关站（开闭所）　　B．配电室

C．环网柜单元　　D．柱上开关

答案：ABC

7．配电网设备调度计划应按照（　　）的原则。

A．上级统筹下级　　B．下级服从上级

C．局部服从整体　　D．整体兼顾局部

答案：BC

8．原则上由（　　）根据配电网一次结构共同确定主干线和固定联络开关点。

A．运检部门　　B．营销部门

C．调控机构　　D．规划部门

答案：AB

9．配电网线路由其他线路转供，凡涉及合环转电，应确保（　　）在规定范围内。

A．相序一致　　B．相位一致　　C．压差　　D．角差

答案：ACD

三、判断题

1．对扩大停电范围的结合停电，原则上应予以结合。

答案：错误

2．停电当日，施工、检修单位应在工作票所列计划工作开始时间前到达现场，做好开工前的各项准备工作，并主动与调控中心联系。

答案：错误

3．对非不可抗力因素取消的计划检修施工工作，当月内不再予以安排停电。

答案：正确

4．对已发布停电信息的计划停电工作，改期停电日期必须满足计划停电信息对外发布时限。

答案：正确

5．已对外发布停电信息的作业现场勘察申请单允许改期2次。

答案：错误

6．上级输变电设备停电需配电网设备配合停电的，即使配电网设备确无相关工作，应列入配电网调度计划。

答案：正确

7．对于具备负荷转供能力的接线方式，应充分考虑配电网发生$N-2$故障时的设备承载能力。

答案：错误

8．配电网正常运行方式应与下一级电网运行方式统筹安排、协同配合。

答案：错误

9．配电网正常运行方式的安排应满足不同重要等级客户的供电可靠性和电能质量要求。

答案：正确

10．配电网联络线路常开点优先选择具备遥信功能的开关。

答案：错误

11．配电网联络线路常开点宜设置在用户产权设备内部，以提高供电可靠性。

答案：错误

12．配电网架空线路可使用单一杆上刀闸作为线路联络点。

答案：错误

13．为保证作业安全，配电网线路检修工作优先考虑停电作业。

答案：错误

14．不停电线路段由对侧供电时，应考虑本侧线路保护的全线灵敏性，必要时调整保护定值。

答案：正确

15．变电站全停检修时， 所（站）用电供电方式由变电运维单位自行负责。

答案：错误

16．进行转电操作应先了解上级电网运行方式后进行，必须确保合环后潮流的变化不超过继电保护、设备容量等方面的限额。

答案：正确

17．线路故障在故障点已隔离的情况下，调度员应尽快恢复非故障段供电。

答案：正确

18．配电网月度计划以年度计划为依据，日前计划以月度计划为依据。

答案：正确

19．配电网建设改造、检修消缺、业扩工程等涉及地域范围内配电网停电或启动送电的工作，均需列入配电网调度计划。

答案：正确

第十三章　配电网继电保护试题

一、单选题

1．重合闸时间是指（　　）。

A．重合闸启动开始计时，到合闸脉冲发出终止

B．重合闸启动开始计时，到断路器合闸终止

C．合闸脉冲发出开始计时，到断路器合闸终止

D．以上说法都不对

答案：A

2．备自投不具有如下（　　）功能。

A．手分闭锁　　B．有流闭锁

C．主变压器保护闭锁　　D．开关柜分闭锁

答案：D

3．电容器的常用保护不包括（　　）。

A．电流速断保护　　B．低电压保护

C．过电压保护　　D．复合电压过电流保护

答案：D

4．一次设备在特殊情况需要在运行中退出保护装置的必须采取措施并经所辖（　　）批准。

A．工区　　B．供电单位总工程师

C．工区领导　　D．运维班组的班长

答案：B

5．（　　）是指在被保护对象末端短路时，系统的等值阻抗最小，通过保护装置的短路电流为最大。

A．最小运行方式　　B．最大运行方式

C．正常运行方式　　D．满负荷运行方式

答案：B

6．瞬时电流速断保护，其动作电流按大于（　　）短路时最大短路电流整定。

A．本线路首端　　B．本线路末端

C．下一线路首端　　D．下一线路末端

答案：B

7．（　　）是指在设备或线路的被保护范围内发生金属性短路时，保护装置应具有必要的灵敏系数，各类保护的最小灵敏系数在规程中有具体规定。

A．选择性　　B．可靠性

C. 灵敏性　　　　　　　　　　　　D. 速动性

答案：C

8. 变压器的励磁涌流一般为额定电流的（　　）倍。变压器容量大时，涌流也大。

A. 4～6　　　　B. 1　　　　C. 2～3　　　　D. 9～16

答案：A

9. 变压器的励磁涌流在（　　）时最大。

A. 外部故障　　　　B. 内部故障　　　　C. 空载投入　　　　D. 负荷变化

答案：C

10. 低频减负荷装置动作跳闸后要恢复送电，原则上应得到（　　）的同意，但当通信失灵而系统频率已恢复到 50Hz 以上时，可以从最低轮次逐级向高轮次恢复送电，同时要监视系统频率，以保持在（50±0.2）Hz 为原则。

A. 地调值班调度员　　　　B. 配调值班调度员

C. 运行人员　　　　D. 设备主人

答案：A

11. 电压互感器二次接地属于（　　）。

A. 工作接地　　　　B. 保护接地

C. 故障接地　　　　D. 都不对

答案：B

12. 电压互感器发生冒烟或喷油时，下列措施错误的是（　　）。

A. 禁止用近控操作电压互感器高压侧隔离开关

B. 可用母线停电方式隔离

C. 不得将母差保护改为非固定连接方式

D. 可将故障电压互感器母线保护停用

答案：D

13. 电压互感器发生异常有可能发展成故障时，母差保护应（　　）。

A. 停用　　　　B. 改接信号

C. 改为单母线方式　　　　D. 仍启用

答案：D

14. 对电容器回路的相间短路，可采用的保护为（　　）

A. 欠电压保护　　　　B. 电流速断保护

C. 零序电流保护　　　　D. 过电压保护

答案：B

15. 各级继电保护部门划分继电保护装置整定范围的原则是（　　）。

A. 按电压等级划分，分级整定

B. 整定范围一般与调度管辖范围相适应

C. 由各级继电保护部门协调决定

D. 按地区划分

答案：B

16. 过电流保护一般按躲过线路（　　）整定。

A．平均负荷电流　　B．冲击电流

C．最大负荷电流　　D．线路末端短路电流

答案：C

17．继电保护（　　）是指保护该动作时应动作，不该动作时不动作。

A．可靠性　　B．选择性　　C．灵敏性　　D．速动性

答案：A

18．继电保护“三误”是（　　）

A．误整定、误试验、误碰　　B．误整定、误试验、误接线

C．误整定、误接线、误碰　　D．误试验、误接线、误碰

答案：C

19．继电保护必须满足（　　）

A．安全性；稳定性；灵敏性；快速性　　B．稳定性；可靠性；灵敏性；快速性

C．选择性；可靠性；安全性；快速性　　D．选择性；可靠性；灵敏性；快速性

答案：D

20．继电保护整定计算应以（　　）作为依据。

A．常见的运行方式

B．被保护设备相邻的一回线或一个元件的正常检修方式

C．故障运行方式

D．正常运行方式

答案：A

21．母线充电保护是指利用母联断路器实现的（　　）保护。

A．电压　　B．电流　　C．阻抗　　D．频率

答案：B

22．为了提高供电质量，保证重要用户供电的可靠性，当系统中出现有功功率缺额引起频率下降时，根据频率下降的程度，自动断开一部分不重要的用户，阻止频率下降，以使频率迅速恢复到正常值，这种装置叫（　　）。

A．自动低频减负荷装置　　B．大小电流联切装置

C．切负荷装置　　D．振荡（失步）解列装置

答案：A

23．小电流接地系统中，当发生A相金属性接地时，下列说法不正确的是（　　）。

A．非故障相对地电压分别都升高到1.73倍

B．A相对地电压为零

C．相间电压保持不变

D．BC相间电压保持不变，AC及AB相间电压则下降

答案：D

24．在电流互感器二次回路的接地线上（　　）安装有开断可能的设备。

A．不应　　B．应

C．尽量避免　　D．必要时可以

答案：A

25. 在中性点非直接接地的电网中，母线一相电压为零，另两相电压为相电压，这种现象是（　　）

A. 单相接地　　B. 单相断线不接地

C. 两相断线不接地　　D. TV 熔丝熔断

答案：D

26. 重合闸的成功率主要决定于（　　）、外力造成故障时的短路物体滞空时间（如树木等）。

A. 电弧熄灭时间　　B. 燃弧时间

C. 开关固有动作时间　　D. 保护跳闸时间

答案：A

27. 主保护或断路器拒动时，用来切除故障的保护是（　　）。

A. 辅助保护　　B. 异常运行保护

C. 后备保护　　D. 以上都不对

答案：C

28. 自动重合闸过程中，无论采用什么保护型式，都必须保证在重合于故障时可靠（　　）。

A. 快速三相跳闸　　B. 快速单相跳闸

C. 失灵保护动作　　D. 以上都不对

答案：A

29. 故障情况下，外来电源线路通过变电站母线转供其他出线时，继电保护装置的调整工作主要有（　　）。

A. 被转供的线路重合闸停用　　B. 电源侧保护定值调整

C. 联络线开关进线保护及重合闸停用　　D. 以上所有

答案：D

30. 公共电网线路投入自动重合闸时，宜增加重合闸检无压功能；条件不具备时，应校核重合闸时间是否与分布式电源并、离网控制时间配合，重合闸时间宜整定为（　　）（δt为保护配合级差时间）。

A. $2s+\delta t$　　B. $0.2s+\delta t$

C. $5s+\delta t$　　D. $0.5s+\delta t$

答案：A

31. 旋转电机类型分布式电源接入 10kV 配电网，并网点开关的重合闸应投（　　）。

A. 不检定　　B. 检无压　　C. 检同期　　D. 不重合

答案：C

32. 旋转电机类型分布式电源接入 10kV 配电网，公共线路的重合闸应投（　　）。

A. 不检定　　B. 检无压　　C. 检同期　　D. 不重合

答案：B

33. 线路过电流保护的启动电流整定值是按该线路的（　　）整定。

A. 负荷电流　　B. 最大负荷

C. 大于允许的过负荷电流　　D. 出口短路电流

答案：C

34. 变压器差动保护投运前做带负荷试验的主要目的是（ ）。

A. 检查电流回路的正确性　　B. 检查保护定值的正确性

C. 检查保护装置的精度　　D. 检查保护装置的零漂

答案：A

35. 电容器保护装置配置的保护功能中（ ）保护动作后电容器仍可使用。

A. 欠电压保护　　B. 过电流Ⅰ段、过电流Ⅱ段

C. 不平衡电流　　D. 过电压保护

答案：A

36. 电压互感器二次熔丝熔断时间应（ ）。

A. 小于保护动作时间　　B. 大于保护动作时间

C. 等于保护动作时间　　D. 等于断路器跳闸时间

答案：A

37. 电压互感器高压侧熔丝一相熔断时，电压互感器二次电压（ ）。

A. 熔断相电压降低，非熔断相电压不变

B. 熔断相电压一定为零，非熔断相电压略升高

C. 熔断相电压降低，但是不会出现零序电压

D. 熔断相电压升高，非熔断相电压不变

答案：A

38. 继电保护远方操作功能投入使用前必须通过（ ）验证。

A. 软压板投退　　B. 定值区切换

C. 定值召测　　D. 实际传动试验

答案：D

39. 继电保护装置将包括测量部分（和定值调整部分）、逻辑部分和（ ）。

A. 执行部分　　B. 判断部分

C. 采样部分　　D. 传输部分

答案：A

40. 以下对于备自投运行的说法中正确的是（ ）。

A. 备自投动作后又跳闸，可以再试送一次

B. 交流电压回路断线不影响装置运行

C. 直流电源消失对装置运行无影响

D. 备自投应动作而未动作，可模拟备自投动作过程操作一次

答案：D

41. 35kV 及以下电网继电保护一般采用（ ）原则，即在临近故障点的断路器处装设的继电保护，或该断路器本身拒动时，能由电源侧上一级断路器处的继电保护动作切除故障。

A. 远后备　　B. 近后备　　C. 主后备

答案：A

42. 相邻线路故障可能引起同步电机类型分布式电源并网点开关误动时，并网点开关应加装（ ）保护。

A．电流方向　　B．防逆流　　C．过电压　　D．5%距离

答案：A

43．分布式电源系统设有母线时，可不设专用母线保护，发生故障时可由线有源连接元件的（　　）切除故障。

A．后备保护　　B．速断保护　　C．后加速保护　　D．纵差保护

答案：A

44．联络线临时作单电源馈电时，（　　）的保护、重合闸均解除。

A．受电侧　　B．电源侧　　C．负荷侧

答案：A

45．配电网线路三段式过电流保护中（　　）保护范围不能超出被保护线路末端。

A．速断保护　　B．限时速断保护　　C．过电流保护

答案：A

46．（　　）不是继电保护和安全自动装置的运行状态。

A．跳闸　　B．信号　　C．停用　　D．告警

答案：D

二、多选题

1．下列属于电力系统安全自动装置的有（　　）。

A．重合闸　　B．低频减负荷　　C．差动保护　　D．高频切机

答案：ABD

2．防孤岛保护动作时间应与电网侧（　　）配合。

A．备自投　　B．重合闸动作时间

C．速断保护　　D．电压波动

答案：AB

3．如果由于电网运行方式、装置性能等原因，不能兼顾（　　）的要求，则应在整定时，保证规定的灵敏系数要求。

A．可靠性　　B．选择性

C．灵敏性　　D．速动性

答案：BCD

4．防孤岛保护动作时间应与电网侧（　　）配合。

A．备自投　　B．重合闸动作时间

C．速断保护　　D．电压波动

答案：AB

5．感应电机类型分布式电源，并网点开关应配置高/低压保护装置，具备（　　）功能。

A．电压保护跳闸　　B．检有压合闸功能

C．检同期合闸功能　　D．低频保护功能

答案：AB

6．变压器跳闸，下述说法错误的是（　　）。

A．重瓦斯和差动保护同时动作跳闸，未查明原因和消除故障之前不得强送

B．重瓦斯或差动保护之一动作跳闸，检查外部无异常可强送

C．变压器后备保护动作跳闸，进行外部检查无异常并经设备运行维护单位同意，可以试送一次

D．变压器后备保护动作跳闸，必须测量直流电阻

答案：BD

7．负荷开关一熔断器组合开关柜除能开断正常的负荷电流外，还具有保护功能，即当线路发生（　　）时，引起熔断器一相或多相熔体熔断，在熔体熔断的瞬间触发负荷开关跳闸，从而切断故障电流，隔离故障点。

A．断电　　B．短路故障　　C．过负荷　　D．停电

答案：BC

8．备自投装置的基本要求有（　　）。

A．工作电源断开后备用电源才允许投入

B．备自投投入备用电源断路器必须经过延时，延长时限应大于最长的外部故障切除时间

C．手动跳开工作电源时备自投装置也应动作

D．应具有闭锁备自投装置的逻辑功能以防止备用电源投到故障的元件上造成事故扩大的严重后果

答案：ABD

9．保护装置动作后，设备运维人员或电网监控人员应及时收集和记录保护动作情况，详细检查并准确记录保护的（　　）等，将主要情况向值班调控员汇报。

A．动作时间　　B．动作类型　　C．故障电流

答案：ABC

10．配电网线路三段式过电流保护有（　　）。

A．速断保护　　B．限时速断保护

C．过电流保护　　D．过压保护

答案：ABC

11．为了迅速、可靠地切除被保护线路的故障，将（　　）三种电流保护组合在一起构成三段式电流保护。

A．瞬时电流速断保护　　B．限时电流速断保护

C．过电流保护　　D．反时限电流速断保护

答案：ABC

12．关于消弧线圈补偿系统下列说法正确的有（　　）。

A．在正常工作时，中性点电位为零，没有电流流过消弧线圈

B．发生单相接地时，作用在消弧线圈上的电压为相电压

C．发生单相接地时消弧线圈产生电感电流，该电感电流补偿因单相接地而形成的电容电流

D．发生单相接地时消弧线圈产生电容电流

答案：ABC

13．变压器差动保护不同于瓦斯保护之处是（　　）。

A．差动保护不能反映油面降低的情况

B．差动保护能反映油面降低的情况

C．差动保护受灵敏度限制，不能反映轻微匝间故障，而瓦斯保护能反映

D．差动保护不受灵敏度限制，能反映轻微匝间故障

答案：AC

14．零序电流保护在运行中需注意（　　）问题。

A．当电流回路断线时，可能造成保护误动作

B．当电力系统出现不对称运行时，也要出现零序电流，可能使零序电流保护启动

C．地理位置靠近的平行线路，当其中一条线路故障时，可能引起另一条线路出现感应零序电流，造成反方向侧零序方向继电器误动作

D．由于零序方向继电器交流回路平时没有零序电流和零序电压，回路断线不易被发现

答案：ABCD

15．零序电流方向保护的优点有（　　）。

A．原理简单动作可靠　　B．设备投资小

C．运行维护方便　　D．正确动作率高

答案：ABCD

16．继电保护快速切除故障对电力系统的好处（　　）。

A．提高电力系统的稳定性

B．电压恢复快，电动机容易自启动并迅速恢复正常，从而减少对用户的影响

C．减轻电气设备的损坏程度，防止故障进一步扩大

D．短路点易于去游离，提高重合闸的成功率

答案：ABCD

17．重合闸时间为从故障切除后到断路器主断口重新合上的时间，主要包括（　　）。

A．断路器动作时间　　B．重合闸整定时间

C．断路器固有合闸时间　　D．灭弧时间

答案：BC

18．馈供线路时，一般应装设的保护是（　　）。

A．电流速断保护　　B．光纤差动保护

C．带时限速断保护　　D．过电流保护

答案：ACD

19．变压器瓦斯保护主要能反映变压器（　　）。

A．各种短路故障　　B．匝间短路故障

C．油面降低　　D．过负荷

答案：BC

20．变压器跳闸，下述说法错误的是（　　）。

A．重瓦斯和差动保护同时动作跳闸，未查明原因和消除故障之前不得强送

B．重瓦斯或差动保护之一动作跳闸，检查外部无异常可强送

C．变压器后备保护动作跳闸，进行外部检查无异常并经设备运行维护单位同意，可以试送一次

D．变压器后备保护动作跳闸，必须测量直流电阻

答案：BD

21．变压器事故跳闸的处理注意事项有（　　）。

A．若主保护（瓦斯、差动等）动作，未查明原因消除故障前不得送电

B．检查相关设备有无过负荷问题

C．有备用变压器或备用电源自动投入的变电站，当运行变压器跳闸时应先起用备用变压器或备用电源，然后再检查跳闸的变压器

D．如因线路故障，保护越级动作引起变压器跳闸，则故障线路断路器断开后，可立即恢复变压器运行

答案：ABCD

22．当重合闸重合于永久性故障时，主要有的不利影响有（　　）。

A．使电力系统又一次受到故障的冲击

B．使断路器的工作条件变得更加严重

C．在连续短时间内断路器要两次切断电弧

D．使中、短线路的零序电流保护不能充分发挥作用

答案：ABC

23．电压互感器和电流互感器在作用原理上的区别为（　　）。

A．电流互感器二次可以短路，但不得开路；电压互感器二次可以开路，但不得短路

B．相对于二次侧的负载来说，电压互感器的一次侧内阻抗较小以至可以忽略，而电流互感器的一次侧内阻很大

C．电压互感器正常工作时的磁通密度很低，电流互感器正常工作时磁通密度接近饱和值

D．故障时，电压互感器磁通密度下降；电流互感器磁通密度增加

答案：ABD

24．变压器过负荷运行时，应（　　）。

A．立即停电处理　　B．检查油位和油温的变化

C．转移负荷　　D．检查冷却器装置投入量是否足够

答案：BCD

25．小电流接地系统发出“单相接地”信号的原因有（　　）。

A．发生单相接地　　B．电压互感器高压侧一相断开

C．产生铁磁谐振过电压　　D．电压互感器低压侧一相熔丝熔断

答案：ABC

26．感应电机类型分布式电源，并网点开关应配置高/低压保护装置，具备（　　）功能。

A．电压保护跳闸　　B．检有压合闸功能

C．检同期合闸功能　　D．低频保护功能

答案：AB

27．故障情况下，外来电源线路通过变电站母线转供其他出线时，继电保护装置的调整工作主要有（　　）。

A．被转供的线路重合闸停用　　B．电源侧保护定值调整

C．联络线开关进线保护及重合闸停用　　D．无须调整

答案：ABC

28．（　　）情况需要退重合闸。

A．10kV 馈线带有小电源，线路保护无法检测线路电压

B．10kV 馈线为电缆线路或电缆长度达 30%以上的线路

C．带电作业有要求时

D．检定线路无压或检定同期的重合闸，当线路电压互感器停运时

答案：ACD

29．调控部门负责管辖范围内（　　）等的继电保护定值计算。

A．变电站 10kV 馈线开关　　B．配电网开关

C．用户侧进线总开关　　D．用户边界整定值限额

答案：ABD

30．电力系统继电保护的基本任务是（　　）。

A．有选择地将故障元件从电力系统中快速、自动地切除，使其损坏程度减至最轻，并保证最大限度地恢复无故障部分的正常运行

B．反映电气元件的异常运行工况，根据运行维护的具体条件和设备的承受能力，发出报警信号、减负荷或延时跳闸

C．依据实际情况，尽快自动恢复对停电部分的供电

D．依据实际情况，尽快通知双电源用户切换电源

答案：ABC

31．继电保护主要利用电力系统中元件发生短路或异常情况时的电气量如（　　）的变化，构成继电保护动作的原理。

A．电流　　B．电压

C．功率　　D．频率

答案：ABCD

32．35kV 及以下线路常见的相间短路保护有（　　）。

A．瞬时电流速断保护　　B．限时电流速断保护

C．过电流保护　　D．反时限电流速断保护

答案：ABC

33．配电变压器保护配置有（　　）。

A．瓦斯保护　　B．电流速断保护　　C．纵差保护　　D．过负荷保护

答案：ABCD

三、判断题

1．在重大节日、重要保电等时段内，正常运行方式应确保电力系统连续可靠运行，采用全接线全保护运行。

答案：正确

2．手拉手线路通过线路联络开关转供负荷时，应考虑相关线路保护定值调整。

答案：正确

3．电网进行合、解环等操作，一般限在 15min 内，此时可不调整保护定值，但应防止

因潮流突变而导致保护误动。必要时可解除过电流保护。

答案：错误

4．一次设备投运前必须按相关定值通知单要求投入相应的保护，系统中一次设备可无保护运行。

答案：错误

5．系统运行方式变更或电源接入，可不考虑继电保护装置的配置及定值相应变更。

答案：错误

6．配调管辖设备的保护投入和退出应根据调度操作指令执行，由设备运维人员操作（二次远方遥控操作的除外）。

答案：正确

7．整定值是保证继电保护正确动作的重要依据，执行中具有强制性。

答案：正确

8．上、下级电网（包括同级和上一级及下一级电网）继电保护之间的整定，应遵循逐级配合的原则，满足选择性的要求。

答案：正确

9．分布式电源的接地方式可与电网侧的接地方式不一致，但应满足人身设备安全和保护配合的要求。

答案：错误

10．分布式电源采用专线方式接入时，专线线路可不设或停重合闸。

答案：正确

11．分布式电源接入公网线路投入自动重合闸时，宜增加重合闸检无压功能。

答案：正确

12．同步电机、异步电机类型分布式电源，无需专门设置防孤岛保护。

答案：正确

13．配电网保护跳闸信息都应接入配电网自动化系统。

答案：错误

14．自动将断路器重合，不仅可提高供电的安全性和可靠性，减少了停电损失，还可提高电力系统的暂态稳定水平，增大了高压线路的送电容量，也可纠正由于断路器或继电保护装置造成的误跳闸。

答案：正确

15．单电源线路，可装设一段或两段式电流速断和过电流保护，不必增设复合电压闭锁元件。

答案：错误

16．过电流保护的动作电流是按躲过最大负荷电流整定的，一般能保护相邻设备。

答案：正确

四、问答题

1．电力系统继电保护的基本作用是什么？

答：电力系统继电保护的基本作用是：

（1）有选择地将故障元件从电力系统中快速、自动地切除，使其损坏程度减至最轻，并保证最大限度地恢复无故障部分的正常运行。

（2）反映电气元件的异常运行工况，根据运行维护的具体条件和设备的承受能力，发出报警信号、减负荷或延时跳闸。

（3）依据实际情况，尽快自动恢复对停电部分的供电。

2．反映电力设备和线路故障的继电保护一般分为哪几类？

答：一般分为四类主保护、后备保护、辅助保护、异常运行保护。

3．后备保护是主保护或断路器拒动时，用以切除故障的保护，后备保护可分为远后备和近后备两种方式，近后备与远后备的定义分别是什么？配电网保护一般采用哪种后备保护方式？

答：远后备是当主保护或断路器拒动时，由相邻电力设备或线路的保护实现后备的保护。

近后备是当主保护拒动时，由该电力设备或线路的另一套保护实现后备的保护，当断路器拒动时，由断路器失灵保护来实现后备保护。

配电网保护一般采用远后备保护方式。

4．继电保护应满足那四个基本要求？

答：继电保护应满足可靠性、选择性、灵敏性和速动性“四性”基本要求。

5．什么是配电线路的阶段式电流保护？

答：阶段式电流保护，即为了迅速、可靠地切除被保护线路的故障，将瞬时电流速断保护（电流Ⅰ段）、限时电流速断保护（电流Ⅱ段）、过电流保护（电流Ⅲ段）三种电流保护组合在一起构成的一整套保护。

6．配电网光纤电流差动保护一般在哪几种情况下采用？

答：配电网光纤电流差动保护主要用于下面几种情况：

（1）用于高可靠性要求的闭环运行的配电环网线路；

（2）用于分布式电源高度渗透的有源配电线路；

（3）用于接有电源暂降敏感用电设备的配电线路。

7．自动重合闸有四种运行方式，包括哪四种？配电网一般采用哪种重合闸方式？

答：自动重合的类型有单相重合闸、三相重合闸、综合重合闸、停用四种运行方式。配电网一般采用三相重合闸。

8．什么情况下不可以进行重合闸？

答：（1）在运行人员人工操作或遥控操作断路器跳闸时，或手动合于故障线路而跳闸时，重合闸装置均不应进行重合闸。

（2）当断路器处于不正常状态（如操动机构中使用的气压、液压降低等）时应闭锁重合闸装置。

9．什么是自动重合闸的前加速与后加速？配电网一般采用哪种加速方式？

答：自动重合闸与继电保护的配合有前加速与后加速两种方式。

前加速方式的配合过程为：当线路上出现短路故障时，保护首先加速动作，快速跳闸切除故障，然后断路器重合；如果故障是永久性的，则保护有选择性地动作于跳闸。

后加速方式的配合过程为：当线路出现短路故障时，保护首先有选择性地动作，然后断路器进行重合；若重合于永久性故障上，则在合闸后，再加速保护动作，瞬时切除故障，而与第一次动作是否带有时限无关。

配电网一般采用重合闸后加速。

10．备自投方式一般有哪几种？

答：备自投方式有进线电源备自投、桥（分段）备自投、变压器备自投。

11．什么是故障解列装置？故障解列装置一般具备什么保护功能？

答：故障解列装置是当检测的本站母线或者线路出现问题时，为了不使本站冲击到电网，将并网点切除，从而保证电网的安全运行。故障解列装置一般是零序过电压、过电压、低电压、高频、低频等保护功能。

12．常见的电力电容器保护主要有哪几种类型？

答：常见的电力电容器保护类型主要有：熔丝保护、延时电流速断保护、过电流保护、过电压保护、低电压保护、单星形接线电容器组开口三角电压保护、单星形接线电容器组电压差动保护、双星形接线电容器组的中性线不平衡电压保护。

13．用户接入产权分界处、小电源（小水电及分布式电源）接入点，电网侧应配置带保护的分界断路器。小电源接入点分界断路器保护应具有哪几项解列保护功能？因小电源接入架空线路断路器应配置两侧 TV，两侧 TV 的作用分别是什么？

答：小电源接入点分界断路器保护应具有过电压、高频、低频等解列保护功能。

架空线路断路器应配置两侧 TV，电网侧 TV 用于保护自动化终端电源取电、电压保护功能采样，小电源侧 TV 用于重合闸检无压功能。

14．配电网备自投装置的备自投功能要求有哪些？

答：备自投功能要求包括：

（1）线路备自投方案：包括母联或桥开关备自投、进线备自投。

（2）备自投逻辑自动适应一次方式，充放电自动完成，保证备自投装置正确动作，逻辑中灵活使用电流模拟量条件，提高装置动作可靠性。

（3）两轮过负荷联切功能。

（4）母联或桥开关、进线开关的保护动作信号应作用于闭锁备自投。

（5）备自投充电后仅允许动作一次，且自动复归备自投逻辑。

（6）具备无压有流闭锁功能。

15．配电网架空线典型接线的保护配置原则是什么？

答：长度小于 2km 的架空主干不配置带保护的分段断路器，2～8km 宜配置一个带保护的分段断路器，8～15km 宜配置两个带保护的分段断路器。15km 以上线路应安排改造，改造前可配置三个带保护的分段断路器。在满足配电网保护级数不多于三级的前提下，大支线可按上述原则配置若干带保护的分段断路器。专用变压器用户、小电源接入点装设分界断路器并配置保护。

16．电缆线路环网箱（室）典型接线的保护配置原则是什么？

答：环网箱（室）环进、环出和馈出线均装设带保护的断路器。在满足配电网保护级数不多于三级的前提下，根据线路长度及负荷分布，在主干选择 1～2 个断路器作为分段点。专用变压器用户内部进线应装设断路器并配置保护，实现分界内故障就地自动隔离。

A＋、A 类以上供电区域，可根据环网箱（室）开关配置情况，采用就地智慧分布式保护，实现电缆网故障瞬时切除、准确隔离及快速转电。

17．10kV 馈线重合闸投退的原则是什么？

答：（1）10kV 馈线带有小电源，线路保护无法检测线路电压时，重合闸应退出运行。

（2）10kV 馈线为电缆线路或电缆长度达 50%以上的线路，重合闸应退出运行。

（3）带电作业有要求时应退出重合闸。

（4）检定线路无压或检定同期的重合闸，当线路电压互感器停运时应退出重合闸。

（5）检定线路同期的重合闸，在母线电压互感器断线或停运时应退出重合闸。

（6）联络线临时作单电源馈电时，受电侧的保护、重合闸均解除。恢复联络线时，受电侧的馈线保护、重合闸压板投入。

18．如果由于电网运行方式、装置性能等原因，不能兼顾选择性、灵敏性和速动性的要求，则应在整定时优先保证规定的灵敏系数要求，同时按照什么原则合理取舍？

答：（1）服从上一级电网的运行整定要求，确保主网安全稳定运行；

（2）允许牺牲部分选择性，采取重合闸、备自投等措施进行补救；

（3）保护电力设备的安全；

（4）保重要用户供电。

19．配电保护整定配合时间级差如何设置？

答：配合时间级差微机型的继电保护装置可以采用 0.3s 的时间级差。若部分地区电网保护逐级配合有困难时应综合考虑断路器断开时间、保护返回时间、时间继电器误差等因素，报所在单位分管领导批准后时间级差可采用 0.15～0.2s。

20．变压器励磁涌流有哪些特点？

答：励磁涌流有以下特点：

（1）包含有很大成分的非周期分量，往往使涌流偏于时间轴的一侧。

（2）包含有大量的高次谐波分量，并以二次谐波为主。

（3）励磁涌流波形之间出现间断。

21．低频、低压解列装置有哪些作用？

答：当大电源切除后发供电功率严重不平衡，将造成频率或电压降低，如用低频减负荷不能满足安全运行要求，须在某些地点装设低频或低压解列装置，使解列后的局部电网保持安全稳定运行，以确保对重要用户的可靠供电。

22．什么叫自动低频减负荷装置？

答：为了提高供电质量，保证重要用户供电的可靠性，当系统中出现有功功率缺额引起频率下降时，根据频率下降的程度，自动断开一部分不重要的用户，阻止频率下降，以使频率迅速恢复到正常值，这种装置叫自动低频减负荷装置。

23．小电流接地系统当发生单相接地时，非故障的其余两相的电压数值如何变化？

答：非故障的其余两相的电压数值如下变化：非故障的其他两相电压幅值升高 $\sqrt{3}$ 倍；非故障超前相电压并向超前相移 30°；非故障落后相电压并向落后相移 30°。

24．小电流接地系统的零序电流保护，可利用哪些电流作为故障信息量？

答：配电网的自然电容电流，消弧线圈补偿后的残余电流，人工接地电流（此电流不宜大于 10～30A，且应尽可能小），单相接地故障的暂态电流等四个作为信息量。

五、计算题

1．为了减少 10kV 配电线路故障大电流对主变压器重合，一般采用大电流闭锁重合闸，大电流闭锁重合闸一般采用 5 倍主变压器低压侧额定电流。已知主变压器额定容量 40MVA，

10kV 配电线路的 TA 变比 600/5，请计算该 10kV 配电线路的大电流闭锁重合闸电流值的一次值及二次值？

答：（1）主变压器 10kV 侧额定电流：40×1000000/（$\sqrt{3}$×10500）＝2199.5（A）

（2）大电流闭锁重合闸为 5 倍额定电流（一次值）：5×2199.5＝10997（A）

（3）二次值：10997/（600/5）＝91.6（A）

2．10kV 配电网开关速断保护，需躲过变压器励磁涌流，变压器励磁涌流最大为额定电流 6～8 倍，假设该开关速断保护时间是 0s，该开关所接的配电变压器容量是 2000kVA，请计算该开关的速断电流值不可小于多少 A（一次值）？

答：开关所接配电变压器容量额定电流 2000×1000/（$\sqrt{3}$×10500）＝110（A）

开关速断电流应躲过变压器励磁涌流 110×（6～8）＝660～880（A）

则该配电网开关速断电流值不可小于 880A。

3．电容电流估算公式如下：

无地线架空线路电容电流估算：I_c＝1.1×2.7×U×L×0.001（A）

式中 U——额定线电压；

L——线路长度，km。

电力电缆线路电容电流估算：I_c＝0.1×U×L（A）

式中 U——额定线电压；

L——线路长度，km。

请计算 10kV 配电网，5km 架空线路及 5km 电缆线路分别的电容电流，同样长度的电缆线路的电容电流是架空线路的多少倍？

答：5km 架空线路电容电流 I_c＝1.1×2.7×U×L×0.001＝1.1×2.7×10×5×0.001＝0.149（A）

5km 电缆线路电容电流 I_c＝0.1×U×L＝0.1×10×5＝5（A）

同样长度的电缆线路的电容电流是架空线路倍数：5/0.149＝33.5 倍。

第十四章　配电网故障处理试题

一、单选题

1．电力系统发生故障时最基本的特征是（　　）。

A．电流增大，电压升高　　B．电流增大，电压降低

C．电流减少，电压升高　　D．电流减少，电压降低

答案：B

2．电力系统发生振荡时，电气量的变化速度是（　　）。

A．突变的　　B．逐渐的

C．不变的　　D．线性变化

答案：B

3．产生电压崩溃的原因为（　　）。

A．有功功率严重不足　　B．无功功率严重不足

C．系统受到小的干扰　　D．系统发生短路

答案：B

4．产生频率崩溃的原因为（　　）。

A．有功功率严重不足　　B．无功功率严重不足

C．系统受到小的干扰　　D．系统发生短路

答案：A

5．电力生产与电网运行应遵循（　　）的原则。

A．安全、稳定、优质　　B．安全、优质、经济

C．稳定、优质、经济　　D．连续、优质、稳定

答案：B

6．电力系统瓦解是指（　　）。

A．系统主力电厂全部失去

B．两个以上水电厂垮坝

C．系统电压崩溃

D．由于各种原因引起的电力系统非正常解列成几个独立系统

答案：D

7．在本地区 10kV 电压等级母线一相电压为 0，另两相电压为线电压，这属于（　　）。

A．单相接地　　B．单相断线不接地

C．两相断线不接地　　D．压变熔丝熔断

答案：A

8. 在本地区 10kV 电压等级母线一相电压为 0，另两相电压为相电压，这属于（　　）。

A. 单相接地　　B. 单相断线不接地

C. 两相断线不接地　　D. 压变熔丝熔断

答案：D

9. 系统解列时，应先将解列点（　　）调整至零，（　　）调至最小，使解列后的两个系统频率，电压均在允许的范围内。

A. 无功功率、电流　　B. 有功功率、电流

C. 有功功率、电压　　D. 无功功率、电流

答案：B

10. 关于变压器事故跳闸的处理原则，以下说法错误的是（　　）。

A. 若主保护（瓦斯、差动等）动作，未查明原因消除故障前不得送电

B. 如只是过电流保护（或低压过电流）动作，检查主变压器无问题可以送电

C. 如因线路故障，保护越级动作引起变压器跳闸，则故障线路开关断开后，可立即恢复变压器运行

D. 若系统需要，即使跳闸原因尚未查明，调度员仍可自行下令对跳闸变压器进行强送电

答案：D

11. 变压器出现（　　）情况时可不立即停电处理。

A. 内部音响很大，很不均匀，有爆裂声

B. 储油柜或防爆管喷油

C. 油色变化过甚，油内出现碳质

D. 轻瓦斯保护告警

答案：D

12. 变压器停送电操作时，中性点必须接地是为了（　　）。

A. 防止过电压损坏主变压器　　B. 减小励磁涌流

C. 主变压器零序保护需要　　D. 主变压器间隙保护需要

答案：A

13. 当大气过电压使线路上所装设的避雷器放电时，电流速断保护（　　）。

A. 应同时动作　　B. 不应动作

C. 以时间差动作　　D. 视情况而定是否动作

答案：B

14. 当电力系统发生 A 相金属性接地短路时，故障点的零序电压（　　）。

A. 与 A 相电压同相位　　B. 与 A 相电压相位差 180°

C. 超前于 A 相电压 90°　　D. 滞后于 A 相电压 90°

答案：B

15. 电力系统发生振荡时，各点电压和电流（　　）。

A. 均作往复性摆动　　B. 均会发生突变

C. 在振荡的频率高时会发生突变　　D. 不变

答案：A

16. 小电流接地系统单相接地时，故障线路的零序电流为（ ）。

A. 本线路的接地电容电流　　B. 所有线路的接地电容电流之和

C. 所有非故障线路的接地电容电流之和　　D. 以上都有可能

答案：C

17. 系统发生振荡时，下列说法不正确的是（ ）。

A. 发电机、变压器和联络线的电流表周期性地摆动

B. 发电机和变压器发出有节奏的蜂鸣声

C. 白炽灯一明一暗

D. 送端频率下降，受端频率升高

答案：D

18. 线路发生金属性三相短路时，保护安装处母线上的残余电压（ ）。

A. 最高

B. 为故障点至保护安装处之间的线路压降

C. 与短路点相同

D. 不能判定

答案：B

19. 在（ ）情况下，单相接地电流大于三相短路电流。

A. 零序综合阻抗大于正序综合阻抗　　B. 零序综合阻抗小于正序综合阻抗

C. 零序综合阻抗等于正序综合阻抗　　D. 不可能

答案：B

20. 在小电流接地系统中，某处发生单相接地母线电压互感器开口三角的电压为（ ）。

A. 故障点距母线越近，电压越高　　B. 故障点距离母线越近，电压越低

C. 不管距离远近，基本上电压一样　　D. 不定

答案：C

21. 当变比不同的两台变压器并列运行时，在两台变压器内产生环流，使得两台变压器空载的输出电压（ ）。

A. 上升　　B. 降低

C. 变比大的升，小的降　　D. 变比小的升，大的降

答案：C

22. 电力系统发生事故时，各单位的运行人员在上级值班调度员的指挥下处理事故，应做到以下几点：①用一切可能的方法保持设备继续运行，首先保证发电厂及枢纽变电站的站用电源；②调整系统运行方式，使其恢复正常；③尽快对已停电的用户特别是重要用户保安电源恢复供电；④尽速限制事故的发展，消除事故的根源并解除对人身和设备安全的威胁，防止系统稳定破坏或瓦解。其正确的处理顺序为（ ）。

A. ②①③④　　B. ④②①③

C. ④①③②　　D. ③①④②

答案：C

23. 电网发生事故时，按低频减负荷装置动作切除部分负荷，当电网频率恢复正常时，被切除的负荷（ ）送电。

A．由安全自动装置自动恢复　　B．经单位领导指示后
C．运行人员迅速自行　　D．经值班调度员下令后

答案：D

24．在长时间非全相运行时，网络中还可能同时发生短路，这时，很可能使系统的继电保护（　　）。

A．误动　　B．拒动
C．误动、拒动都有可能　　D．没有影响

答案：A

25．断路器失灵保护在（　　）动作。

A．断路器拒动时　　B．保护拒动时
C．断路器重合于永久性故障时　　D．距离保护失压时

答案：A

26．对于同一电容器，两次连续投切中间应断开（　　）min 以上。

A．0.5　　B．1　　C．3　　D．5

答案：D

27．强送的定义是（　　）。

A．设备带标准电压但不接带负荷
B．对设备充电并带负荷
C．设备因故障跳闸后，未经检查即送电
D．设备因故障跳闸后经初步检查后再送电

答案：C

28．线路停电时，必须按照（　　）的顺序操作，送电时相反。

A．断路器、负荷侧隔离开关；母线侧隔离开关
B．断路器、母线侧隔离开关；负荷侧隔离开关
C．负荷侧隔离开关、母线侧隔离开关、断路器
D．母线侧隔离开关、负荷侧隔离开关、断路器

答案：A

29．在线路故障跳闸后，调度员下达巡线指令时，应明确是否为（　　）。

A．紧急巡线　　B．故障巡线
C．带电巡线　　D．全线巡线

答案：C

30．在自动低频减负荷装置切除负荷后，（　　）使用备用电源自动投入装置将所切除的负荷送出。

A．不允许　　B．允许
C．视系统频率　　D．视系统电压

答案：A

31．电力系统（　　）是指电力系统受到事故扰动后保持稳定运行的能力。

A．安全性　　B．稳定性　　C．可靠性　　D．灵活性

答案：B

32. 当电网发生常见的单一故障时，对电力系统稳定性的要求是（　　）。

A. 电力系统应当保持稳定运行，同时保持对用户的正常供电

B. 电力系统应当保持稳定运行，但允许损失部分负荷

C. 系统不能保持稳定运行时，必须有预定的措施以尽可能缩小故障影响范围和缩短影响时间

D. 在自动调节器和控制装置的作用下，系统维持长过程的稳定运行

答案：A

33. 线路故障跳闸后运检中心经查未发现问题，调度可试送（　　）。

A. 1次　　B. 2次

C. 3次　　D. 不可以试送

答案：A

34. 紧急（危急）缺陷消除时间不得超过24h，重大（严重）缺陷应在（　　）内消除。

A. 7天　　B. 15天

C. 一个月　　D. 三个月

答案：A

35. 有全线敷设电缆的配电线路，一般不装设自动重合闸，原因是（　　）。

A. 电缆线路故障概率少　　B. 电缆线路故障多系永久性故障

C. 电缆线路故障后无法实现重合　　D. 电缆配电线路是低压线路

答案：B

36. 10～35kV小电流接地系统发生单相接地的线路，其最长允许运行时间原则上不得超过（　　）h。

A. 1　　B. 2　　C. 5　　D. 6

答案：B

37. 变电站全停后现场人员应做的处理是（　　）。

A. 变电站全停，运行值班人员应首先设法恢复受影响的站用电

B. 汇报单位生产负责人，等待调度命令

C. 拉开站内所有合闸位置的断路器和隔离开关

D. 检查是否有出线线路侧有电压，如果发现带电线路，则立即合入该线路断路器给失电母线送电

答案：A

38. 电网电压、频率、功率发生瞬间下降或上升后立即恢复正常称为（　　）。

A. 波动　　B. 振荡　　C. 谐振　　D. 正常

答案：A

39. 当遇到（　　）时，不允许对线路进行远方试送。

A. 电缆线路故障或者故障可能发生在电缆段范围内

B. 断路器远方操作到位判断条件满足两个非同样原理或非同源指示“双确认”

C. 线路主保护正确动作、信息清晰完整，且无母线差动、开关失灵等保护动作

D. 通过工业视频未发现故障线路间隔设备有明显漏油、冒烟、放电等现象

答案：A

40．电力系统振荡时系统三相是（　　）的。

A．对称　　B．不对称

C．完全不对称　　D．基本不对称

答案：A

41．有带电作业线路跳闸后，（　　）。

A．可以强送一次

B．不允许强送

C．在得到申请单位同意后方可进行强送电

D．视系统方式而定

答案：C

42．母线故障停电后，若能找到故障点并能迅速隔离，在隔离故障点后应迅速对停电母线恢复送电，应优先考虑用（　　）对停电母线送电。

A．外来电源　　B．母联断路器

C．主变压器断路器　　D．分段断路器

答案：A

43．低频减负荷装置能起（　　）作用。

A．防止电压波动　　B．防止频率崩溃

C．防止系统振荡　　D．防止串联谐振

答案：B

44．发现断路器严重漏油时，应首先（　　）。

A．立即将重合闸停用　　B．立即断开断路器

C．采取禁止跳闸的措施　　D．立即用旁代路

答案：C

45．母线三相电压同时升高，相间电压仍为额定电压，电压互感器开口三角端有较大的电压，这种现象是（　　）。

A．单相接地　　B．断线

C．工频谐振　　D．压变熔丝熔断

答案：C

46．电压互感器高压侧熔丝一相熔断时，电压互感器二次电压（　　）。

A．熔断相电压降低，非熔断相电压不变

B．熔断相电压一定为零，非熔断相电压略升高

C．熔断相电压降低，但是不会出现零序电压

D．熔断相电压一定为零，非熔断相电压不变

答案：A

二、多选题

1．当重合闸重合于永久性故障时，主要有（　　）几个方面的不利影响。

A．使电力系统又一次受到故障的冲击

B．使断路器的工作条件变得更加严重

C．在连续短时间内，断路器要两次切断电弧

D．使中、短线路的零序电流保护不能充分发挥作用

答案：ABC

2．电力系统发生短路时，（　　）是突变的。

A．电流值　　B．电压值
C．相位角　　D．频率

答案：AB

3．规程规定，值班调度员在向设备运行维护单位发布巡线指令时应说明（　　）。

A．线路状态
B．故障线路继电保护及安全自动装置动作情况、故障录波器测量数据等情况
C．故障的处理经过
D．找到故障后是否可以不经联系立即开始抢修

答案：ABD

4．调控员在运行操作前应考虑（　　）。

A．接线方式改变后电网的稳定性和合理性
B．对通信、自动化等设备的影响
C．功率、电压、频率的变化
D．保护及安自装置的配置是否合理

答案：ABCD

5．带电巡线是指在线路（　　）状态下进行的巡线。

A．运行　　B．热备用
C．冷备用　　D．检修

答案：ABC

6．可不待调度指令自行处理然后报告的事故有（　　）。

A．对人身和设备安全有威胁的设备停电
B．将故障停运已损坏的设备隔离
C．当厂（站）用电部分或全部停电时，恢复其电源
D．现场规程规定的可以不待调度指令自行处理者

答案：ABCD

7．电压调整的具体方法有（　　）。

A．投切电容器　　B．改变变压器分接头
C．调整运行方式　　D．投切电抗器

答案：ABCD

8．中性点不接地或经消弧线圈接地的网络发生单相接地故障时，如故障点为金属性接地，则（　　）。

A．故障相电压为0，其他两相电压升高，但线间电压是平衡的
B．故障相电压为1，其他两相电压升高，但线间电压是不平衡的
C．故障现象会涉及其他电压等级的网络上去
D．故障现象不会涉及其他电压等级的网络上去

答案：AD

9．系统谐振时，可能出现的电压情况（　　）。

A．一相超过线电压
B．两相超过线电压
C．三相超过线电压
D．三相电压轮流升高，但不超过线电压

答案：ABC

10．系统内电压大幅度下降的原因有（　　）。

A．负荷急剧增加
B．负荷急剧减少
C．无功电源的突然切除
D．无功电源的突然投入

答案：AC

11．《国家处置电网大面积停电事件应急预案》的原则是（　　）。

A．预防为主
B．统一指挥
C．分工负责
D．保证重点

答案：ABCD

12．事故汇报应尽可能详细，包括事故发生地点、时间、经过、损失、（　　）等。

A．对重要用户的影响
B．恢复情况
C．事故原因
D．保护动作情况

答案：ABCD

13．DMS 系统故障研判窗界面分成（　　）三个部分来区分故障类型。

A．突降告警
B．FA、母线、全站类告警
C．故障指示器告警
D．突降、公用专用变压器类告警

答案：BCD

14．线路发生（　　）故障时，调度员在得到有关故障线路供电范围内发生威胁到人身安全的报告后，应立即将故障线路停电，并通知报告人先保护好现场，立即通知抢修值班人员到达现场查看具体故障情况。

A．倒杆
B．断杆
C．倾斜
D．导线断落

答案：ABCD

15．值班调控员发布巡线指令时应将（　　）告知巡线人员。

A．继电保护动作情况
B．跳闸开关状态
C．有关运行方式
D．故障原因

答案：ABC

16．逐段试送应遵循范围（　　）、距离（　　）的原则，尽可能减少对故障线路的冲击。

A．由小及大
B．由大及小
C．由远及近
D．由近及远

答案：AD

17．（　　）的馈线开关故障跳闸，无论重合闸是否动作均不得随意强送，应综合分析保护动作、故障指示器动作及现场巡视情况，隔离可疑故障点后方可试送。

A．裸导线架空线路
B．全电缆线路
C．绝缘导线架空线路
D．电缆架空混合线路

答案：BD

18．当逐路查找一轮后仍未找到单相接地馈线，而单相接地现象未消失，考虑可能为（　　），应有针对性地查找故障点。

A．电磁谐振　　B．单相接地信号错误

C．同相多点接地　　D．变电站内母线设备单相接地

答案：CD

19．配调值班调度员在下令强送之前应考虑（　　）。

A．导线温度

B．线路联网机组是否已解列

C．选择强送的开关设备完好，具有完备的保护

D．强送端的对方是否具备条件

答案：BCD

20．事故应急抢修是指设备在运行中发生故障或严重缺陷，有（　　）的可能，必须立即进行隔离处理的工作。

A．造成设备严重损坏　　B．有扩大故障范围

C．危及人身安全　　D．停电

答案：ABC

21．非事故单位除向配调报告发现的异常情况外，不应在事故当时向配调值班调度员询问事故情况或占用调度电话，以免妨碍事故处理，而应密切监视（　　）变化情况，防止事故的扩大。

A．频率　　B．电压

C．潮流　　D．电流

答案：ABC

22．配电网发生（　　）或异常情况，当班配调调度员应及时报告地调调度员，包括事故原因、后果及事故处理简要情况。

A．配调管辖、地调许可设备故障跳闸

B．配调调度员发生误调度、误操作事故

C．配调管辖的35kV变电站全停事故

D．配调管辖的10kV重要客户、高危企业全停事故造成较大社会影响的

答案：ABCD

23．不得强送的情况有（　　）。

A．线路有带电工作

B．出现大电流闭锁重合闸动作信号的线路跳闸

C．检修、施工后的复电线路，送电时发生跳闸的开关

D．全电缆线路

答案：ABCD

24．高压故障有可能是（　　）。

A．配电线路事故跳闸或单项接地

B．变电设备故障

C．高压架空线路遭外力破坏或电力电缆被挖断等造成线路短路故障

D．超电网供电能力停限电

答案：ABC

25．电力系统振荡和短路的主要区别有（　　）。

A．短路时电流、电压值是突变的

B．振荡时系统任何一点电流与电压之间的相位角都随功角变化而变化

C．振荡时系统各点电压和电流值均做往复性摆动

D．短路时，电流与电压之间的角度是基本不变的

答案：ABCD

26．在中性点经消弧线圈接地的电网中，过补偿运行时消弧线圈的主要作用是（　　）。

A．改变接地电流相位　　B．减小接地电流

C．消除铁磁谐振过电压　　D．减小单相故障接地时故障点电压

答案：BCD

27．消除变压器过负荷的措施有（　　）。

A．调节变压器分接头　　B．投入备用变压器

C．改变运行方式　　D．拉闸限电

答案：BCD

28．变压器缺油对其运行产生的危害是（　　）。

A．重瓦斯保护动作　　B．油温升高

C．严重时会导致绝缘击穿　　D．绕组受潮

答案：BCD

29．变压器跳闸，下述说法错误的是（　　）。

A．重瓦斯和差动保护同时动作跳闸，未查明原因和消除故障之前不得强送

B．重瓦斯或差动保护之一动作跳闸，检查外部无异常可强送

C．变压器后备保护动作跳闸，进行外部检查无异常并经设备运行维护单位同意，可以试送一次

D．变压器后备保护动作跳闸，必须测量直流电阻

答案：BD

30．以下情况中变压器可不立即停电处理的有（　　）。

A．轻瓦斯告警

B．过负荷

C．油色变化过甚，油内出现碳质

D．在正常负荷和冷却条件下，变压器温度不正常且不断上升

答案：AB

31．二次设备常见的异常和事故有（　　）。

A．直流系统异常、故障

B．二次接线异常、故障

C．电流互感器、电压互感器等异常、故障

D．继电保护及安全自动装置异常、故障

答案：ABCD

32．断路器在运行中出现闭锁分合闸时应采取的措施是（　　）。

A．断路器出现“合闸闭锁”尚未出现“分闸闭锁”时，可根据情况下令拉开此断路器

B．断路器出现“分闸闭锁”时，应尽快将闭锁断路器从运行系统中隔离

C．断路器出现“合闸闭锁”尚未出现“分闸闭锁”时，不准拉开断路器

D．断路器出现“分闸闭锁”时，可以直接拉断路器

答案：AB

33．小电流接地系统发出“单相接地”信号的原因有（　　）。

A．发生单相接地　　B．电压互感器高压侧一相断开

C．产生铁磁谐振过电压　　D．电压互感器低压侧一相熔丝熔断

答案：ABC

三、判断题

1．系统中发生单相接地故障时，中性点接地系统供电可靠性比中性点不接地系统高。

答案：错误

2．中性点直接接地系统（包括中性点经小电阻接地系统），发生单相接地故障时，接地短路电流很大，这种系统称为大接地电流系统。

答案：正确

3．变压器油温越限应立即停役该变压器。

答案：错误

4．在地区电网紧急事故处理过程中，地调许可的设备允许县调（配调）调度员不经地调调度员许可而发布指令，但必须尽快报告地调调度员。省调许可的设备允许地调调度员不经省调调度员许可而发布指令，但必须尽快报告省调调度员。

答案：正确

5．变压器过负荷运行时不允许调节有载调压装置的分接开关。

答案：正确

6．电力系统发生非全相运行时，系统中不存在负序电流。

答案：错误

7．不对称运行就是任何原因引起电力系统三相对称（正常运行状况）性的破坏，非全相运行是不对称运行的特殊情况。

答案：正确

8．大气过电压由直击雷引起，持续时间短，冲击性强，与雷击活动强度有直接关系，与设备电压等级无关。因此，220kV 以下系统的绝缘水平往往由防止大气过电压决定。

答案：正确

9．电力系统不接地系统供电可靠性高，但对绝缘水平的要求也高。

答案：正确

10．电力系统中，并联电抗器主要用来限制故障时的短路电流。

答案：错误

11．中性点不接地系统发生单相接地故障时，接地故障电流比负荷电流大。

答案：错误

12．中性点不直接接地的系统中，欠补偿是指补偿后电感电流大于电容电流。

答案：错误

13．中性点直接接地系统发生单相接地故障时，短路电流小于中性点非直接接地系统。

答案：错误

14．对称的三相电路中，流过不同相序的电流时，所遇到的阻抗是相同的。

答案：错误

15．低一级电网中的任何元件发生各种类型的故障均不得影响高一级电网的稳定运行。

答案：正确

16．调控员在进行事故处理时，可不用填写操作命令票和相关事故处理记录。

答案：错误

17．线路断路器跳闸重合或强送成功后，随即出现单相接地故障时，应首先判定该线路为故障线路，并立即将其断开。

答案：正确

18．消弧线圈从一台变压器的中性点切换到另一台变压器的中性点时，必须先将消弧线圈断开后再切换。不得将两台变压器的中性点同时接到一台消弧线圈的中性母线上。

答案：正确

19．事故发生后，发现有装设备自投装置未动作的断路器，可以立即给予送电。

答案：错误

20．过电流保护在系统运行方式变小时，保护范围将变大。

答案：错误

21．在交接班过程中发生事故，应立即迅速交接班，并由接班人员负责处理，交班人员应根据接班人员的要求协助处理。

答案：错误

22．备用电源自投装置投入备用电源断路器必须经过延时，延长时限应大于最长的外部故障切除时间。

答案：正确

23．当发生直流接地时，应暂停正在二次回路上的工作，检查接地是否由工作引起，待查明原因后，再恢复工作。

答案：正确

24．对已停电的设备，在未获得调度许可开工前，应视为有随时来电的可能，严禁自行进行检修。

答案：正确

25．未装重合闸或重合闸故障退出的线路（不包括电缆线路），断路器跳闸后，现场值班人员可不待调度指令立即强送电一次。

答案：错误

26．母线电压互感器更换后，应安排核相。

答案：正确

27．母联断路器向空母线充电后，发生了谐振，应立即拉开母联断路器使母线停电，以消除谐振。

答案：正确

28．当小系统的主供线路跳闸后，若小系统内有小电源支撑，则必须将所有小电源解列后才允许备自投动作。

答案：正确

29．电压互感器发生异常情况（如严重漏油，并且油位看不见），随时可能发展成故障时，必须用断路器切断电压互感器所在母线的电源。

答案：正确

30．小电流接地系统发生单相接地故障时，一般允许继续运行 2h。

答案：正确

31．线路故障跳闸后，一般允许试送两次。

答案：错误

32．故障处理应充分利用配电自动化系统，对于故障点已明确的，调控员可立即通过遥控操作隔离故障点，并恢复非故障段供电。

答案：正确

33．手拉手线路通过线路联络开关转供负荷时，应考虑相关线路保护定值调整。

答案：正确

34．10kV 外来电源通过变电站母线转供其他出线时，应考虑将电源侧保护及重合闸停用。

答案：错误

35．10kV 配电系统运行在中性点不接地或经消弧线圈接地方式下，发生单相接地故障时，易引起大气过电压事故，导致电压互感器烧毁或熔丝熔断、避雷器爆炸等危害。

答案：错误

36．当配电网发生 $N-1$ 故障时，应能保证电网稳定运行，并满足该配电网所属供电区域类型的供电安全水平和可靠性要求。

答案：正确

四、问答题

1．故障处理的一般原则是什么？

答：（1）迅速限制事故发展，消除或隔离事故根源，解除对人身和设备安全的威胁。

（2）根据系统条件尽最大可能保持对用户的正常供电。

（3）迅速对已停电用户恢复送电，特别优先恢复重要用户的用电。

（4）调整电力系统的运行方式，使其恢复正常。

2．运行设备缺陷的分类原则是什么？

答：（1）一般缺陷：设备本身及周围环境出现不正常情况，一般不威胁设备的安全运行，可列入小修计划进行处理的缺陷。

（2）重大（严重）缺陷：设备处于异常状态，可能发展为事故，但设备仍可在一定时间内继续运行，须加强监视并进行大修处理的缺陷。

（3）紧急（危急）缺陷：严重威胁设备的安全运行，不及时处理，随时有可能导致事故的发生，必须尽快消除或采取必要的安全技术措施进行处理的缺陷。

3．运行设备缺陷处理时限要求有哪些？

答：紧急（危急）缺陷消除时间不得超过 24h，重大（严重）缺陷应在 7 天内消除，一般缺陷可结合检修计划尽早消除，但应处于可控状态。设备带缺陷运行期间，运行单位应加强监视，必要时制定相应应急措施。只有紧急（危急）缺陷可向调度办理紧急申请，紧急申请的停电通知是以故障形式对外发送的。

4．变压器故障的种类有哪些？

答：（1）内部故障，包括磁路故障、绕组故障、绝缘系统中的故障、结构性和组件故障；

（2）外部故障，包括各种原因引起的严重漏油、冷却系统故障、分接开关及传动装置及其控制设备故障、变压器的引线以及所属隔离开关、断路器故障、电网其他元件故障，该元件的断路器拒动，导致变压器后备保护动作。

5．配调管辖设备发生故障和异常时，设备运维人员或电网监控人员应向配调值班调控员报告故障情况，报告内容是什么？

答：需报告的内容有：故障和异常的现象，继电保护安全自动装置动作、开关及重合闸动作、故障指示器动作、配电自动化信息、电压电流变化等。

6．设备运维人员在处理故障时，为了防止异常及故障扩大，哪些操作可无须等待值班调控员的指令，但执行后应立即报告？

答：（1）直接对人身安全有威胁或发生人身触电事故时的设备停电。

（2）将会引起事故扩大的已损坏设备进行隔离。

（3）已知线路故障而开关拒动时，将拒动的开关断开。

（4）发电厂厂用电部分或全部失去时恢复其厂用电源。

（5）现场规程中已明确规定，可不待调度指令自行处理的操作。

7．线路故障跳闸若经现场巡视确未发现可疑故障点的，该如何试送？

答：可对停电线路进行全线试送或逐段试送。逐段试送应遵循范围由小及大、距离由近及远的原则，尽可能减少对停电线路的冲击。

8．值班调控员对调度自动化系统未研判出明确故障区域，且未收到现场异常报告的跳闸线路，允许强送一次。哪些情况不得强送？

答：（1）有带电作业的线路跳闸。

（2）出现大电流闭锁重合闸动作信号的线路跳闸。

（3）检修、施工后，送电过程发生的线路跳闸。

（4）全电缆或电缆架空混合（电缆线路比例超 50%）等重合闸退出的线路跳闸。

（5）接有小水电（分布式电源）的 10kV 线路跳闸，未确认机组已停机解列。

9．对于发生单相接地故障的情况，值班调控员处置的原则是什么？

答：（1）线路跳闸自动重合、强送后，随即出现单相接地故障，应立即将其断开。

（2）对于检修、施工后的复电线路，送电时发生单相接地故障，应立即将其断开。

（3）试拉发生单相接地故障的线路时，应尽可能利用自动化遥控开关逐段试拉。逐段试拉应遵循“距离由远及近”原则，尽可能减少用户停电。

（4）带电作业线路发生单相接地故障时，应立即将其断开，并通知工作负责人停止工作，查明带电作业情况。单相接地故障若非带电作业引起，待人员全部离开现场后方可按接地故障处理。

10．线路开关跳闸，不论是否重合或强送成功，值班调控员应向运维部门发布巡线指令，并告知哪些信息？

答：继电保护动作情况、调度自动化系统研判情况、线路开关状态、巡视范围以及运行方式。

11．配电网调控员判断配电网故障的依据信息有哪些？

答：当配电网发生故障时，调控值班员应综合各种渠道信息加以分析判断，做到不漏判、不误判。这些信息主要包括：

（1）调度自动化、配电自动化等技术支持系统各种遥测、遥信信号。

（2）设备巡查人员现场情况汇报。

（3）配电网抢修指挥信息反馈。

（4）用户用电信息反馈。

12．发生故障时，要求故障及有关单位运维人员应迅速汇报调控员的信息有哪些？

答：电网发生故障时，故障及有关单位运维人员应立即清楚、准确地向调控员报告故障发生的时间、现象、设备的名称和编号，断路器动作情况，继电保护及安全自动装置动作情况，频率、电压、负荷及潮流变化情况，现场天气情况，人员和设备的损伤等故障有关情况。

对于无人值班变电站或线路设备的故障信息，则由调控员自行收集掌握。

13．配电网线路一般出现哪些情况需要立即停电？

答：（1）线路发生倒杆倾斜、断线、安全距离不够等严重威胁人身安全的缺陷。

（2）配合抢险救灾或突发事件处理需要紧急停电的。

（3）线路有紧急缺陷随时可能发展成故障跳闸的。

（4）高危重要用户设备需要紧急停电的。

14．当出现哪些现象时，不论保护动作与否，变压器应立即停运？

答：（1）变压器内部声响很大，很不均匀，有爆裂声。

（2）在正常冷却条件和负荷下，变压器温度不正常且不断上升。

（3）储油柜喷油或防爆管破裂、喷油、冒烟。

（4）严重漏油致使从油位计指示中看不到油面。

（5）油色变化过甚，油内出现碳质。

（6）套管有严重破损或放电现象。

（7）气体继电器气体可燃。

15．哪些故障情况可引起变压器瓦斯保护动作？

答：（1）变压器内部的多相短路。

（2）匝间短路，绕组与铁芯或与外壳间的短路。

（3）油面下降或漏油。

（4）分接开关接触不良或导线焊接不良。

16．变压器差动保护动作跳闸的原因一般有哪些？

答：（1）差动保护区间内变压器及其他设备短路故障。

（2）由于电流互感器型号差异或分接头调整而引起的不平衡电流过大。

（3）区间外短路故障穿越电流或励磁涌流过大造成误动。

（4）差动电流互感器及其二次回路故障或接线错误。

17．变电站主变压器过负荷时应如何消除过负荷？

答：变电站主变压器过负荷应采取以下措施：

（1）投入备用变压器。

（2）投入母线并联电容器消减无功电流。

（3）调整有关发电厂出力。

（4）转移负荷。

（5）有序用电。

（6）紧急时按照超电网供电能力序位表进行限电。

18．引起配电网线路故障的常见原因有哪些？

答：（1）设备运行老化或本身质量、施工工艺不良。

（2）人为因素的外力破坏。

（3）雷雨、台风等恶劣天气。

（4）鸟类筑巢。

（5）高温高负荷。

（6）灰尘和雨雾引起的闪络。

19．配电网线路上的故障指示器一般装在哪里？能提供什么故障信息？

答：故障指示器一般装在无保护跳闸功能的开断设备的线路侧，一旦其显示有故障，开断相应设备即可隔离故障。配电网线路上故障指示器能在线路短路跳闸时提供动作与否、短路相、短路电流、研判的故障点等信息，由于其判据来自短路电流，所以一般不会误动，故障区段研判的准确性高。

20．中性点加装消弧线圈对接地选线有何影响？消弧线圈动作、残流过大分别表示什么？

答：由于消弧线圈对接地线路电容电流具有补偿消减作用，所以接地线路及非接地线路的零序电流相近，会影响部分选线装置的正确选线。

消弧线圈动作表示消弧线圈自动根据系统对地电容电流调整挡位，残流过大表示消弧线圈满挡时仍无法补偿电容电流，容量不足。

21．配电网低电压对电动机有何影响？应如何处置？

答：由于电动机的输入功率主要由负载决定，而负载一般是基本一定的，当电压过低时，根据 $P=UI\cos\phi$，电动机电流将增大，有可能烧坏电动机。

当用户反映低电压时，若因配电网母线电压偏低引起的，调控人员应设法通过并联电容器、上调主变压器分接头或要求上级调度提高电压等方法提高母线电压，必要时还需进行方式调整以确保母线电压正常。

22．故障情况下，外来电源线路通过变电站母线转供其他出线时，继电保护装置的调整工作主要有哪些？

答：（1）被转供的线路重合闸停用。

（2）电源侧保护定值调整。

（3）联络线开关进线保护及重合闸停用。

23．10kV 线路发生断线时低压用户有何现象？

答：10kV 线路断线后，根据故障类型不同，低压用户将出现以下现象：

（1）两相或三相断线时，断线点后段普遍停电。

（2）一相断线时，对于单相用户（如照明等），则断线相用户停电，非断线相用户电压偏低。对于三相动力用户，则反映缺相，电动机跳停、运行异常甚至烧毁。

24．小电流接地系统发出“单相接地”信号的可能原因有哪些？

答：一般有以下三种：

（1）发生单相接地。

（2）电压互感器高压侧熔断器熔断。

（3）铁磁谐振过电压。

25．小电流接地系统单相接地零序电流有何特点？什么情况下会出现零序电流？

答：小电流接地系统单相接地时，接地线路零序电流大小等于同母线非故障线路零序电流之和，相位相反。在以下三种情况下会出现零序电流：

（1）有接地故障。

（2）非全相运行。

（3）三相负载阻抗不平衡。

26．线路保护动作断路器跳闸，调控值班员应迅速查看、记录哪些内容？

答：线路保护动作断路器跳闸，调控值班员应迅速记录跳闸发生时间、保护动作情况、信号内容、断路器变位情况。同时查看线路潮流变化情况、断路器位置指示等。

五、案例题

1．××区马巷渡桥公园（户号7603572923）报修缺相，经抢修人员核实为10kV马医线35号支1杆高压刀闸A相断裂，见图14-1所示的10kV马医线部分接线示意图。请写出调度机构相关人员处理步骤。

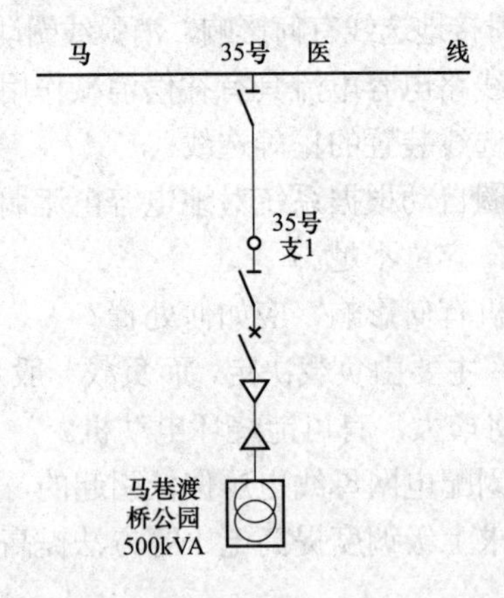

图14-1　10kV马医线部分接线示意图

答题思路：

（1）发布停电信息；

（2）断10kV马医线35号支1杆开关，再断10kV马医线35号杆刀闸；

（3）通知抢修班办理配电故障紧急抢修单并履行许可手续。

2．事故前运行方式：

马巷变电站10kV马巷Ⅰ回905接10kVⅠ母，送10kV马巷Ⅰ回1～25号杆及支路，联络开关10kV马巷Ⅰ回25号杆高压开关处热备用状态。新厝变电站10kV五星Ⅱ回921接10kVⅡ母，送10kV五星Ⅱ回1～17号杆及支路、马巷Ⅱ回1～25号杆及支路。联络开关10kV马巷Ⅱ回25号杆高压开关在热备用状态、马巷变电站10kV马巷Ⅱ回904开关在热备用状态。

地调监控通知：马巷变电站10kV马巷Ⅰ回905开关过电流Ⅱ段保护动作、开关跳闸、重合闸不成功（故障电流4860、4730A）；同一时间新厝变电站10kV五星Ⅱ回921开关过电流Ⅱ段保护动作、开关跳闸、重合闸不成功（故障电流4580、4430A）。

巡线后，抢修人员报10kV马巷Ⅰ回8～9号杆A、B相导线断线，马巷Ⅱ回8～9号杆三相导线全断（同杆双回架设）、10kV马丁线3号杆及3号支1杆配电变压器台架倒杆，余线路巡视未发现其他故障点，如图14-2所示的10kV马巷变10kV部分馈线接线示意图。

请写出调度机构相关人员处理步骤。

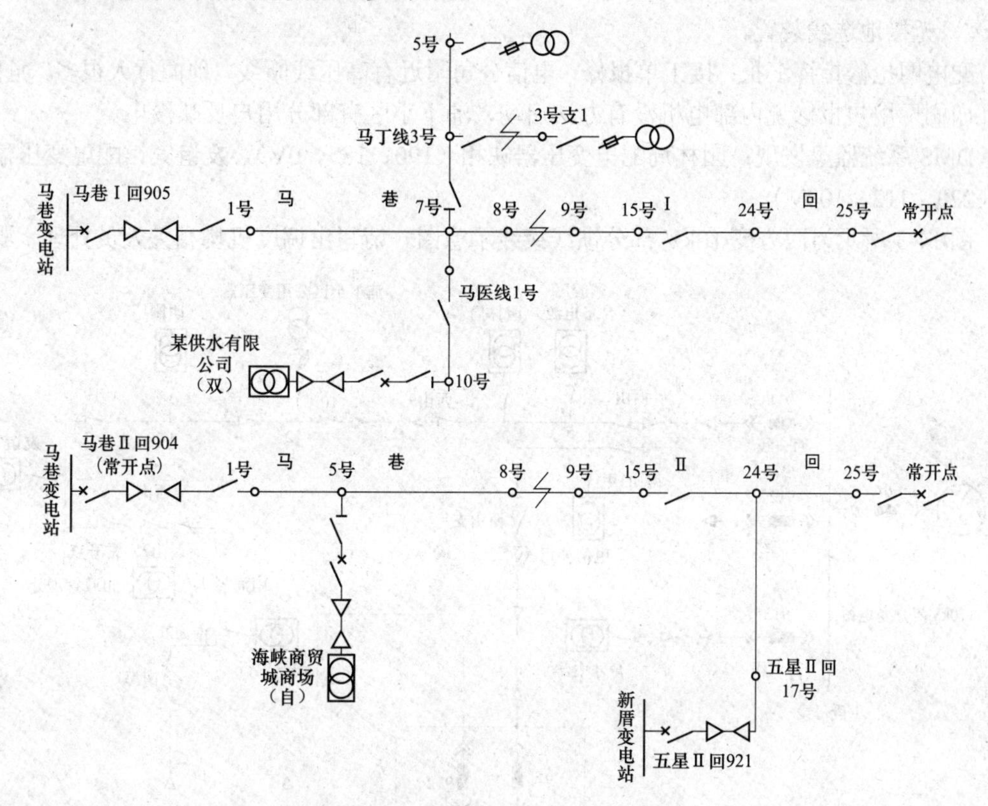

图14-2　10kV马巷变10kV部分馈线接线示意图

答题思路：

（1）发布停电信息，通知抢修人员巡线，并通知双电源用户切换电源；

（2）确认常开点确在断开，断10kV马巷Ⅰ回15号杆刀闸、10kV马巷Ⅱ回15号杆刀闸，断自备电源、双电源用户分界开关或通知用户断开内部开关；

（3）合10kV马巷Ⅱ回25号杆开关、新厝变电站10kV五星Ⅱ回921开关，恢复故障抢修范围外用户供电；

（4）维护停电信息；

（5）通知抢修班办理配电故障紧急抢修单并履行许可手续。

3．事故前运行方式：

110kV 西方变电站以及 220kV 南方变电站的 10kV 系统均为中性点经消弧线圈接地系统。西方变电站 10kV 西一线 911、西二线 912 线路西山 1 号-西山 6 号杆为同杆双回线路上下层架设。正常运行方式的常开点为西山 25 西南柱上开关（该断点两侧电源相位不一致：A 相—B 相，B 相—C 相，C 相—A 相），人民政府进线开关 911 开关在运行、912 开关在热备用。其余开关、刀闸、跌落式熔断器均为运行状态（或合闸位置）。用户产权分界设备为用户高压室外的第一个分段开关、刀闸（杆上变为高压跌落式开关）。各馈线负荷如下：西方变电站 911（190A）；西方变电站 912（180A）；西方变电站 913（70A）；南方变电站 911（0A）；南方变电站 912（120A）；每条馈线限荷均为 480A。

地调监控通知：110kV 西方变电站 10kV Ⅰ段母线电压不平衡，母线电压为 4.9、4.6、7.2kV，无接地选线装置。

配电网抢修指挥汇报：接工单报修，电信公司附近有高压线断线，地面行人很多，危险。另外印刷厂用户报修说内部电机没有办法启动，浦下小区有部分用户反映没电。

DMS 系统监盘发现：园林局配电变压器缺相（190、185、0V），友谊宾馆配电变压器缺相（220、112、108V）。

图 14-3 所示为西方变 10kV 部分馈线接线示意图。请写出调度机构相关人员处理步骤。

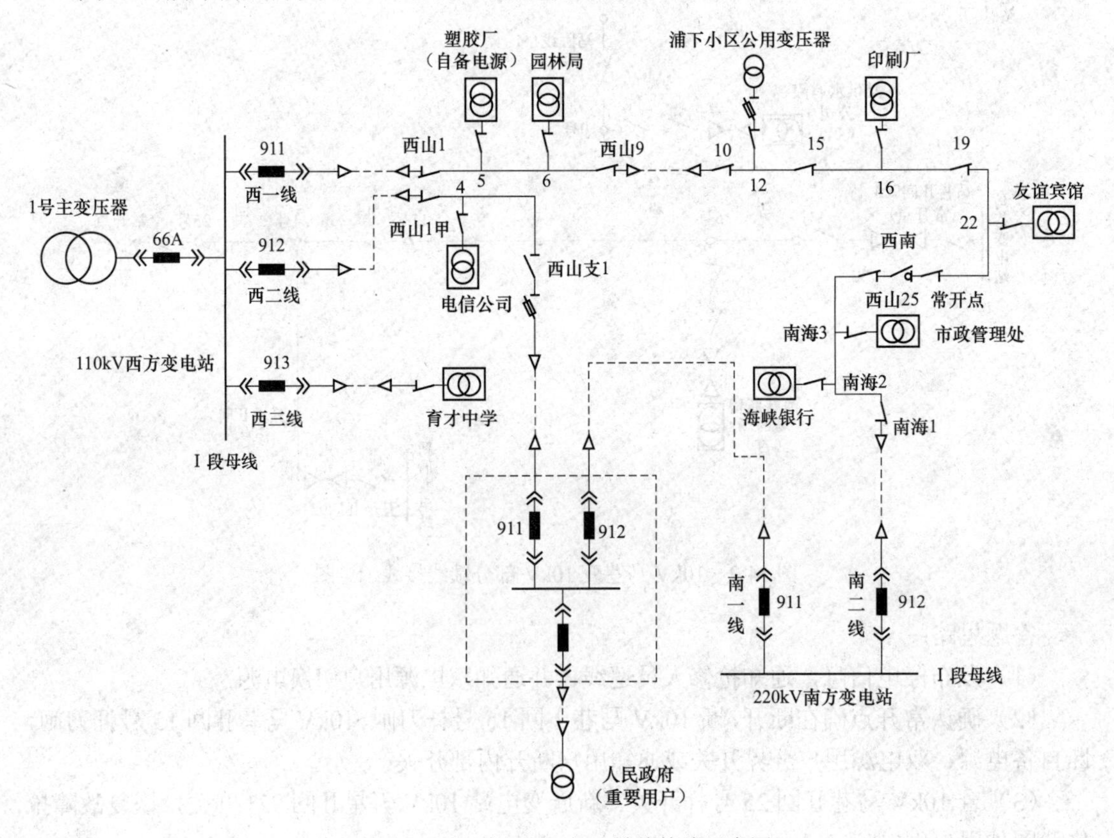

图 14-3　西方变 10kV 部分馈线接线示意图

答题思路：

（1）通知配电网抢修指挥班、服务调度班准备单相接地试拉；

（2）断西方变电站 10kV 西一线 911 开关，电压恢复正常，发布停电信息，通知抢修人员巡线；

（3）通知双电源用户（人民政府）切换电源，确认常开点确在断开，断 10kV 西山 9 刀闸，合 10kV 西山 25 西南柱上开关，断 10kV 西山 5 刀闸或通知自备电源用户（塑胶厂）断开内部开关；

（4）断西方变电站 10kV 西二线 912 开关，断 10kV 西山支 1 刀闸；

（5）维护停电信息；

（6）通知抢修班办理配电故障紧急抢修单并履行许可手续。

4．事故前运行方式：

厦禾 2 号环网柜 10kV 1～2 号联络线 901 开关送至厦禾 2 号环网柜、鹭江轮总环网柜、地下车库开闭所，带地下车库开闭所 10kV Ⅱ段母线，地下车库开闭所 900-Ⅱ开关在热备态（常开点），地下车库开闭所 10kV 轮船公司 904 经电缆送厦门轮渡有限公司配电室。

DMS 系统监盘发现：厦禾 2 号环网柜 10kV 1～2 号联络线 901 开关跳闸，厦禾 1 号环网柜 901、902 开关报过电流信号，鹭江轮总环网柜、地下车库开闭所终端掉线，半自动 FA 动作。

巡线后，抢修人员报：厦禾 2 号环网柜 10kV 1～2 号联络线 901 开关速断动作跳闸（电流 6610A）、故障指示器 A、C 相动作，鹭江轮总环网柜、地下车库开闭所 FTU 故障，鹭江轮总环网柜 901、902、地下车库开闭所 902、904 间隔故障指示器 A、C 相动作，余设备查未发现异常。

请写出 FA 动作方案并执行，见图 14-4 所示的某 10kV 馈线部分接线示意图。写出调度机构相关人员处理步骤。

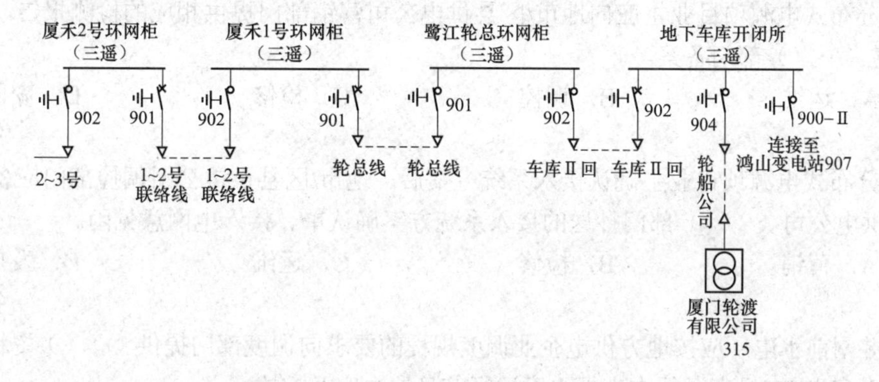

图 14-4 某 10kV 馈线部分接线示意图

答题思路：

（1）断厦禾 1 号环网柜 901 开关，合厦禾 2 号环网柜 901 开关；

（2）发布停电信息，通知抢修人员巡线；

（3）断地下车库开闭所 904 开关，合厦禾 1 号环网柜 901 开关；

（4）维护停电信息；

（5）通知用电检查班处理用户内部故障。

第十五章　配电网分布式电源管理试题

一、单选题

1．分布式电源，是指在用户所在场地或附近建设安装、运行方式以（　　）自发自用为主、多余电量上网，且在配电网系统平衡调节为特征的发电设施或有电力输出的能量综合梯级利用多联供设施。

A．用户侧　　B．电源侧　　C．负荷侧　　D．电网侧

答案：A

2．分布式电源的并网点，是指分布式电源与电网的连接点，而该电网可能是（　　）。

A．公用电网　　B．公用电网

C．公用电网或者用户电网　　D．主网

答案：C

3．风力发电：风力发电技术是一种将风能通过风力发电机转换为（　　）的发电技术。

A．电能　　B．机械能　　C．势能　　D．生物能

答案：A

4．分布式电源项目业主应向地市/区县供电公司营销部门提供相应的检测报告，由营销部门抄送（　　）部门备案。

A．运维　　B．调控　　C．检修　　D．安监

答案：B

5．分布式电源项目业主确认接入系统方案后，地市/区县供电公司调控部门应备案由地市/区县供电公司（　　）部门抄送的接入系统方案确认单、接入电网意见函。

A．营销　　B．检修　　C．运维　　D．发展

答案：D

6．并网前水电厂应按地方供电企业调度规程的要求向调度部门提供（　　）资料，并向调度部门了解需在投产运行中上报水库运行信息的内容及方式。

A．水工水文特性　　B．技术资料　　C．接线　　D．设备

答案：A

7．水电站单机容量在（　　）MW 及以上且以 110kV 接入电网的并网发电机组，其监控系统必须具备 AVC 功能，参与电网闭环自动电压控制。

A．5　　B．10　　C．15　　D．20

答案：B

8．电能计量装置安装、合同与协议签订完毕后，10（6）～35kV 接入项目，地市/区县供电公司（　　）部门应组织相关部门开展项目并网验收及并网调试，出具并网验收意见，

调试通过后并网运行。

A．营销　　B．发展　　C．安监　　D．调控

答案：D

9．10（6）～35kV 接入的分布式电源，站内一次、二次系统设备变更时，分布式电源运行维护方应将变更内容及时报送地市/区县供电公司（　　）部门备案。

A．营销　　B．发展　　C．调控　　D．安监

答案：C

10．省级和地市级电网范围内，分布式光伏发电、风电、海洋能等发电项目总装机容量超过当地年最大负荷的（　　）时，电网调控部门应建立技术支持系统。

A．1%　　B．3%　　C．5%　　D．8%

答案：A

11．10（6）～35kV 接入的分布式电源项目运行维护方，应及时向地市供电公司（　　）部门备案各专业主管或专责人员的联系方式。专责人员应具备相关专业知识，按照有关规程、规定对分布式电源装置进行正常维护和定期检验。

A．发展　　B．营销　　C．安监　　D．调控

答案：D

12．并网发电厂机组开、停机操作一律按调度命令执行并做好记录，若遇机组异常、事故应积极处理并及时报告（　　）。

A．站长　　B．配调值班调控员

C．领导　　D．专责

答案：B

13．发生事故跳闸时，发电厂（分布式电源）可不待（　　）通知，尽快断开联网进线开关，开机自带厂用电。并应向配电网调度汇报，不得自行并网，须在调度员的安排下有序并网恢复运行。

A．配调　　B．值班人员　　C．站长　　D．领导

答案：A

14．10kV 分布式电源并网线路因计划或故障停电，应断开相关分布式电源的（　　）或用户分界设备，防止分布式电源倒送电。

A．进线开关　　B．负荷　　C．并网开关　　D．逆变器

答案：C

15．10（6）～35kV 接入的分布式电源安全自动装置的改造应经地市供电公司（　　）部门的批准。

A．发展　　B．营销　　C．安监　　D．调控

答案：D

16．10（6）～35kV 接入的分布式电源涉网继电保护定值应按电网调控部门要求整定并报地市供电公司（　　）部门备案，其与电网保护配合的场内保护及自动装置应满足相关标准的规定。

A．调控　　B．发展　　C．营销　　D．安监

答案：A

17. 接入 10kV 电压等级的分布式电源（除 10kV 接入的分布式光伏发电，小水电、风电、海洋能发电项目）应能够实时采集并网运行信息，主要包括并网点开关状态、并网点电压和电流、分布式电源输送有功、无功功率、发电量等，并上传至相关电网（ ）部门。

A. 营销 B. 发展 C. 调度 D. 安监

答案：C

18. 10(6)～35kV 接入的分布式电源开展与电网通信系统有关的设备检修，应向（ ）部门办理检修申请，获得批准后方可进行。

A. 调控 B. 营销 C. 发展 D. 安监

答案：A

19. 10（6）～35kV 接入的分布式电源，其并入电力通信光传输网、调度数据网的应纳入（ ）网管系统统一管理。

A. 信息 B. 电力通信 C. 自动化 D. 公司

答案：B

20. 电网管理单位停电检修，应明确告知分布式电源用户（ ）。

A. 停送电时间 B. 工作内容 C. 工作地点 D. 人员安排

答案：A

21.（ ）应掌握接入高压配电网的分布式电源并网点开断设备的状态。

A. 变电运维部门 B. 电网调度控制中心

C. 营销部门 D. 线路运维部门

答案：B

22. 在分布式电源并网点和公共连接点之间的作业，必要时应组织（ ）。

A. 会议讨论 B. 作业分析

C. 方案审核 D. 现场勘察

答案：D

23. 在有分布式电源接入的相关设备上工作，应按规定（ ）。

A. 填用工作票 B. 填用操作票

C. 使用口头或电话命令执行 D. 填用工作任务单

答案：A

24. 直接接入高压配电网的分布式电源的启停应执行（ ）的指令。

A. 变电运维部门 B. 电网调度控制中心

C. 营销部门 D. 线路运维部门

答案：B

二、多选题

1. 分布式电源具有（ ）等特点，已成为世界各国普遍关注和重点发展的新兴产业。

A. 清洁 B. 安全 C. 便利 D. 高效

答案：ABCD

2. 电网失电时，分布式电源仍保持对失电电网中的某一部分线路继续供电的状态，被称为孤岛现象。孤岛现象可分为（ ）。

A. 非计划性孤岛现象 B. 计划性孤岛现象

C．人为孤岛现象　　D．异常孤岛现象

答案：AB

3．分布式电源非计划性孤岛现象发生时，由于系统供电状态未知，将造成以下不利影响：（　　）。

A．可能危及电网线路维护人员和用户的生命安全

B．干扰电网的正常合闸

C．引起频率震荡

D．电网不能控制孤岛中的电压和频率，从而损坏配电设备和用户设备

答案：ABD

4．目前福建省主要的分布式发电形式有小型水电站发电、风力发电、（　　）。

A．太阳能发电　　B．生物质发电

C．燃料电池发电　　D．微型燃气轮机发电

答案：ABCD

5．燃料电池发电：燃料电池是一种在恒温状态下，直接将存储在燃料和氧化剂中的化学能高效、环境友好地转化为电能的装置。其优点是（　　）。

A．效率高　　B．能快速跟踪负荷的变化

C．清洁无污染　　D．占地少

答案：ABCD

6．微型燃气轮机发电：以天然气、（　　）为燃料的超小型燃气轮机发电技术。

A．甲烷　　B．汽油　　C．柴油　　D．液化气

答案：ABC

7．生物质发电：生物质发电是利用生物质，例如（　　）等，直接燃烧将生物质能转化为电能的一种发电方式。

A．垃圾　　B．沼气　　C．秸秆　　D．农林废弃物

答案：ABCD

8．凡新建、在建和已运行的地区中小型电厂必须与地方供电企业签订并网协议后方可并入电网运行。并网协议包括（　　）。

A．并网调度协议　　B．供用电协议

C．购售电合同　　D．供用电合同

答案：AC

9．分布式电源一次、二次设备的安装、调试，运行、维护、检修等均应由（　　）从业人员负责。

A．具备资质　　B．厂家技术员

C．技工　　D．持有相关证件

答案：AD

10．凡（　　）的发电厂（分布式电源）并入配调管辖范围内的配电网运行，必须按照《福建省电力系统调度规程》要求与供电单位签订并网协议方可并入电网运行，并明确各方的安全责任和义务，服从统一调度。

A．新建　　B．在建

C．已运行　　　　　　　　　　D．新设计

答案：ABC

11．在有分布式电源接入电网的高压配电线路、设备上停电工作，应（　　）。

A．断开分布式电源并网点的断路器

B．断开分布式电源并网点的隔离开关或熔断器

C．在用户侧接地

D．在电网侧接地

答案：ABD

12．无需专门设置防孤岛保护的分布式电源类型有（　　）。

A．同步电机类型　　　　　　B．异步电机类型

C．变流器类型　　　　　　　D．逆变器类型

答案：AB

13．分布式光伏发电单个并网点容量为（　　）时，推荐采用10kV接入系统。

A．100kW　　　　　　　　　B．500kW

C．1MW　　　　　　　　　　D．5MW

答案：BCD

14．对于单个并网点，分布式光伏发电接入的电压等级应根据（　　）确定。

A．发电容量　　　　　　　　B．导线载流量

C．上级变压器及线路可接纳能力　　D．地区配电网情况

答案：ABCD

15．分布式电源的电能质量包括（　　）。

A．谐波　　　　　　　　　　B．电压偏差

C．电压不平衡度　　　　　　D．电压波动和闪变

答案：ABCD

16．接入高压配电网的分布式电源，并网点应安装（　　）的开断设备，电网侧应能接地。

A．易操作　　　　　　　　　B．可闭锁

C．具有明显断开点　　　　　D．可开断故障电流

答案：ABCD

17．若在有分布式电源接入的低压配电网上停电工作，至少应采取以下措施之一防止反送电：（　　）。

A．接地　　　　　　　　　　B．绝缘遮蔽

C．在断开点加锁　　　　　　D．悬挂标示牌

答案：ABCD

三、判断题

1．同步电机、异步电机类型分布式电源，无需专门设置防孤岛保护，但分布式电源切除时间应与线路保护相配合，以避免非同期合闸。

答案：正确

2．10kV并网的分布式发电系统无功补偿容量的计算，应充分考虑逆变器功率因数、汇

集线路、变压器和送出线路的无功损失等因素。

答案：正确

3．系统侧变电站或开关站线路保护重合闸检无压配置应根据当地调度主管部门要求设置，必要时配置单相电压互感器。接入分布式电源且未配置电压互感器的线路原则上取消重合闸。

答案：正确

4．当分布式电源项目的运营模式确定为自发自用且余量不上网时，可按照常规用户配置关口计量电能表。

答案：正确

5．35kV 电压等级接入，年自发自用电量大于 50%的分布式电源；或 10kV 电压等级接入且单个并网点总装机容量超过 6MW，年自发自用电量大于 50%的分布式电源，适用于《国家电网公司关于做好分布式电源并网服务工作的意见（修订版）》。

答案：正确

6．由用户出资建设的分布式电源及其接入系统工程，其设计单位、施工单位及设备材料供应单位由用户自主选择。

答案：正确

7．对于住宅小区居民使用公共区域建设分布式电源，在申请并网时还需提供物业、业主委员会或居民委员会的同意建设证明。

答案：正确

8．分布式电源因电网发生扰动脱网后，在电网电压和频率恢复到正常运行范围之前不允许重新并网。

答案：正确

9．分布式电源应严格执行调控机构下达的发电计划曲线（或实时调度曲线）。

答案：正确

10．调控机构应在分布式电源启动并网前三个工作日确定调度名称，下达调度管辖范围和设备命名编号。

答案：错误

11．线路保护定值的整定需考虑由于负荷转供及分布式电源接入引起的线路运行方式改变的影响。

答案：正确

12．10（6）～35kV 接入的分布式电源项目，其涉网设备应按照并网调度协议约定，纳入地市供电公司调控部门调度管理；380/220V 接入的分布式电源项目，由地市供电公司营销部门管理。

答案：正确

13．380V 接入的分布式电源，10kV 接入的分布式光伏发电、风电、海洋能发电项目，可采用无线公网通信方式（光纤到户的可采用光纤通信方式），但应采取信息安全防护措施。

答案：正确

14．地市供电公司调控部门应根据分布式电源类型和实际电网运行方式确定电压调节方式。

答案：正确

15．10kV 及以下接入分布式电源按接入电网形式分为逆变器和旋转电机两类。

答案：正确

16．380/220V 接入的分布式电源应具备自适应控制功能，当并网点电压、频率越限或发生孤岛运行时，应能自动脱离电网。

答案：正确

17．变流器类型分布式电源，无需专门设置防孤岛保护，但分布式电源切除时间应与线路保护配合，以避免非同期合闸。

答案：错误

18．分布式光伏发电单个并网点容量在 500kW 以下时，宜采用 380V 接入。

答案：错误

19．分布式电源采用专线方式接入时，专线线路应投重合闸。

答案：错误

20．分布式电源送出线路的继电保护不要求双重配置，可不配置光纤纵差保护。

答案：正确

21．接有分布式电源的 10kV 配电台区，可以与其他台区建立低压联络（配电室、箱式变压器低压母线间联络除外）。

答案：错误

22．分布式电源当采用专线方式接入电网时，宜配置电流保护。

答案：错误

23．经同步电机直接接入系统的分布式电源，应在必要位置配置同期装置。

答案：正确

24．有计划性孤岛要求的分布式发电系统，应配置频率、电压控制装置，孤岛内出现电压、频率异常时，可对发电系统进行控制。

答案：正确

25．10kV 接入系统的分布式电源电站内需具备交流电源，供新配置的保护装置、测控装置、电能质量在线监测装置等设备使用。

答案：错误

26．10kV 接入系统的分布式电源电站内需配置直流电源，供关口电能表、电能量终端服务器、交换机等设备使用。

答案：错误

27．380/220V 接入的分布式电源项目，由地市供电公司营销部门管理。

答案：正确

28．感应电机类型分布式电源与公共电网连接处（如用户进线开关）功率因数应在超前 0.98～滞后 0.98 之间。

答案：正确

29．逆变器类型分布式电源功率因数应在超前 0.98～滞后 0.98 范围内可调。

答案：错误

30．380/220V 电压等级接入的分布式电源，按照相关暂定规定，只考虑采集关口计费电能表计量信息，可通过配置无线采集终端装置或接入现有集抄系统实现电量信息采集及远传，一般不配置独立的远动系统。

答案：错误

31．分布式发电系统接入配电网前，应明确上网电量和下网电量关口计量点，原则上设置在产权分界点，上、下网电量分开计量，可根据实际需求采用抵扣结算的方式。

答案：错误

32．逆变器类型分布式电源经逆变器接入电网，主要包括光伏、全功率逆变器并网风机等。

答案：正确

33．10kV 及以下电压等级接入，且单个并网点总装机容量不超过 6MW 的分布式电源，适用于《国家电网公司关于做好分布式电源并网服务工作的意见（修订版）》。

答案：正确

34．分布式光伏发电系统自用电量不收取随电价征收的各类基金和附加，其他分布式电源系统备用费、基金和附加执行国家有关政策。

答案：正确

35．自然人办理分布式电源并网申请需提供：经办人身份证原件及复印件、户口本、房产证（或乡镇及以上级政府出具的房屋使用证明）项目合法性支持性文件。

答案：正确

36．用户工程报装申请可与分布式电源接入申请合并受理。

答案：错误

37．分布式电源应按规定向营销部门报送检修计划，并按照调控机构下达的检修计划严格执行。

答案：错误

38．分布式光伏发电单个并网点容量为 400kW～6MW 时，宜采用 10kV 接入。

答案：正确

四、问答题

1．分布式电源的定义是什么？

答：分布式电源，是指在用户所在场地或附近建设安装、运行方式以用户侧自发自用为主、多余电量上网，且在配电网系统平衡调节为特征的发电设施或有电力输出的能量综合梯级利用多联供设施。包括太阳能、天然气、生物质能、风能、地热能、海洋能、资源综合利用发电（含煤矿瓦斯发电）等。

2．结合国家电网文件以及国家有关分布式电源政策规定，定义分布式电源主要包含哪几类？

答：（1）10kV 以下电压等级接入，且单个并网点总装机容量不超过 6MW 的分布式电源；

（2）35kV 电压等级接入，年自发自用电量大于 50%的分布式电源；或 10kV 电压等级接入且单个并网点总装机容量超过 6MW，年自发自用电量大于 50%的分布式电源；

（3）在地面或利用农业大棚等无电力消费设施建设，以 35kV 及以下电压等级接入电网（东北地区 66kV 及以下）、单个项目容量不超过 2 万 kW 且所发电量主要在并网点变电台区消纳的光伏电站项目；

（4）装机容量 5 万 kW 及以下的小水电站；

（5）35kV 电压等级接入的分散式风电等其他分布式电源。（备注：第一类和第二类不包含小水电。）

3．按照能源是否再生，简述分布式电源分类。

答： 按照分布式发电使用的能源是否再生，可以将分布式发电分为两大类。一类是基于可再生能源的分布式发电技术。主要包括：小型水电站发电、太阳能发电、风能发电、地热能、海洋能、生物质发电、生物质能等发电形式；另一类是使用不可再生能源发电的分布式发电，主要有：微型燃气轮机、内燃机、燃料电池、热电联产等发电形式。

4．分布式电源对配电网规划产生什么影响？

答： 分布式电源的接入，使得配电网规划突破了传统的方式，主要表现为分布式电源的接入会影响系统的负荷增长模式，使原有的配电系统的负荷预测和规划面临着更大的不确定性；配电网本身节点数非常多，系统增加的大量分布式电源节点，使得在所有可能网络结构中寻找最优网络布置方案更加困难；由于分布式电源的投资建设单位多为投资公司、私营企业或个人，在项目建设中往往仅从经济效益方面考虑，缺少中期或远景的项目规划，存在较大的不确定性，这与供电企业配电网规划的前瞻性存在明显的不匹配。

5．分布式电源对馈线电压产生什么影响。

答： 分布式电源大多接入呈辐射状的 10kV 或 0.4kV 配电网，稳定运行状态下，配电网电压一般沿潮流方向逐渐降低。分布式电源接入后，改变了原线路潮流分布，使各负荷节点的电压被抬高，甚至可能导致一些负荷节点电压偏移超标。由于接入位置、容量和控制的不合理，分布式电源的引入，常使配电线路上的负荷潮流变化较大，增加了配电网潮流的不确定性。大量电力电子器件的使用给系统带来大量谐波，谐波的幅度和阶次受到发电方式及转换器工作模式的影响，对电压的稳定性和电压的波形都产生不同程度的影响。

6．分布式电源增加了继电保护复杂性，体现在哪些方面？

答：（1）增加保护整定难度。故障情况下，分布式电源短时间保持低电压穿越运行状态，将持续提供故障电流和恢复电压，增加线路重合闸和备自投失败的风险。仿真结果表明，当分布式光伏容量占比超过 20%时，将出现因不满足检无压条件而导致备自投失败的情况；

（2）对保护配置提出更高要求随着分布式光伏高比例接入及供电可靠性要求不断提高，配电网结构日趋复杂，传统单端保护不能满足运行要求，将逐步应用以光纤差动为代表的快速保护。

7．10（6）～35kV 接入项目，除小水电外的分布式电源调试验收项目都有哪些？

答：（1）检验线路（电缆）情况；

（2）检验并网开关情况；

（3）检验继电保护情况；

（4）检验配电装置情况；

（5）检验防孤岛测试情况；

（6）检验变压器、电容器、避雷器情况；

（7）检验其他电气试验结果；

（8）检验作业人员资格情况；

（9）检验计量装置情况；

（10）检验自动化系统情况；

（11）检验计量点位置情况。

8．10（6）～35kV 接入的分布式电源项目并网后都有哪些工作要求？

答：（1）10（6）～35kV 接入的分布式电源项目，其涉网设备应按照并网调度协议约定，纳入地市/区县供电公司调控部门调度管理。

（2）10（6）～35kV 接入的分布式电源，站内一次、二次系统设备变更时，分布式电源运行维护方应将变更内容及时报送地市/区县供电公司调控部门备案。

（3）分布式电源一次、二次设备的安装、调试，运行、维护、检修等均应由具备资质或持有相关证件的从业人员负责。

第十六章 DMS系统高级功能应用试题

一、单选题

1．通过（　　）功能可以将跳闸设备和故障区间发送给OMS用以填写OMS系统故障单的故障简述。

A．故障信息发布　　B．故障时刻断面分析

C．停电发布　　D．研判故障点

答案：A

2．通过（　　）功能可以查看故障时刻断面信息、查看故障时刻的馈线上各个自动化设备状态以及故障区间在图形上进行闪电标注展示，需要下一个整点后才能调阅。

A．故障信息发布　　B．故障时刻断面分析

C．停电发布　　D．研判故障点

答案：B

3．通过（　　）功能可以在当前实时态下，人机展示跳闸设备与停电范围，在单线图上进行标识。

A．故障信息发布　　B．故障时刻断面分析

C．停电发布　　D．研判故障点

答案：D

4．（　　）环节，根据故障分析得出的研判结论，对故障点隔离，对非故障线路转电复电。

A．故障感知　　B．故障分析

C．隔离转电　　D．故障抢修

答案：C

5．隔离转电环节的修改方案功能支持在系统隔离转电方案有缺陷时，手动对隔离转电方案进行（　　）。

A．继续执行　　B．补充内容

C．增、删、调整先后顺序　　D．顺序调整

答案：C

6．隔离转电环节中重新设置故障点功能，支持在系统判断的故障点有误或者无法判断出故障点时，可（　　）

A．手工输入故障设备　　B．自动输入故障设备

C．自动在图形上设置故障点　　D．手动在图形上设置故障点

答案：D

7．（　　）环节，即故障抢修终结后，执行复电工作。系统自动拟写的送电指令票经审

核无误后，在此环节执行，并将执行信息同步到 OMS 系统。

A．故障分析　　B．隔离转电
C．故障抢修　　D．送电操作

答案：D

8．送电操作环节，即故障抢修终结后，执行复电工作。系统自动拟写的送电指令票经审核无误后，在此环节执行，并将执行信息同步到（　　）。

A．DMS 系统　　B．IES 系统
C．OMS 系统　　D．PMS 系统

答案：C

9．网络化下令与许可，是指调度运行指挥系统，通过（　　）实现当值调度员与现场人员之间的调度运行操作和调度检修许可等业务联系，利用 DMS 系统网络实时拓扑进行安全校验。

A．智能交互方式　　B．网络通信交互形式
C．人工交互方式　　D．计算机交互方式

答案：B

10．指令票拟写，并经审核通过后，指令票进入（　　）环节。

A．审核　　B．执行　　C．待发令　　D．归档

答案：C

11．已发布预令但未在规定时间内及时签收的指令票，（　　）会触发语音提示操作人员及时接令。

A．App 端服务　　B．智能语音服务
C．OMS 端服务　　D．弹窗服务

答案：B

12．网络化下令与许可现场应用前端界面嵌入（　　）中，数据请求通过企信平台提供的网关插件实现配电网调度应用配电网 OMS 系统和 DMS 系统跨区总线进行交互。

A．许可 App　　B．独立 App
C．接令 App　　D．企信 App（i 国网）

答案：D

13．调度运行操作网络发令业务流程包括（　　）五个环节。

A．拟票、审核、发令、执行、汇报
B．拟票、预令、发令、执行、汇报
C．拟票、审核、预令、执行、汇报
D．拟票、审核、预令、发令、汇报

答案：B

14．调度指令票系统接收到现场 App 的操作汇报后，自动对调度接线图置位、挂牌，并实时（　　）。

A．安全校验　　B．研判下令
C．下达指令　　D．核对设备状态

答案：A

15．网络化终结流程，现场工作负责人在（　　）向配电网调度员汇报现场工作终结，则申请单或工作票进入待终结环节。

A．GOMS　　B．App 终端
C．PMS　　D．DMS

答案：B

16．（　　）前，系统将自动校验相关业务流程闭锁情况，满足指令票的执行要求后，才能下令停电。

A．停电指令票下令　　B．送电指令票下令
C．工作票许可　　D．工作票终结

答案：A

17．网络化下令系统上线后，（　　）前，系统自动校验工作票或申请单是否终结、保护定值流程、异动流程等是否均已完成。

A．停电指令票下令　　B．送电指令票下令
C．工作票许可　　D．工作票终结

答案：B

18．网络化许可工作时，系统自动校验相关（　　）均已执行完毕，否则不允许下达许可命令。

A．送电指令票　　B．申请单
C．工作票　　D．停电指令票

答案：D

19．大面积故障转电辅助决策功能是基于配电自动化系统，针对（　　）故障提供负荷恢复方案的功能应用。

A．10kV 单相接地故障　　B．变电站 10kV 母线失压
C．变电站 10kV 馈线开关跳闸　　D．配电网开关跳闸

答案：B

20．大面积转电功能首先采用最近 24h 周期内的（　　）进行计算，并以主变压器以及馈线限荷作为越限判据。

A．峰值负荷　　B．实时负荷
C．平均负荷　　D．最小负荷

答案：A

21．大面积转电功能实时负荷计算过程中，将按照主变压器、馈线限荷（　　）作为越限判据。

A．70%　　B．80%　　C．90%　　D．100%

答案：C

22．大面积转电功能峰值负荷计算过程中，将按照主变压器、馈线限荷（　　）作为越限判据。

A．70%　　B．80%　　C．90%　　D．100%

答案：D

23．在大面积转电功能中倒供余量相差不多（50A）的情况下，优先选择断点为（　　）

的路径作为倒供路径。

A．变电站站外三遥开关　　B．变电站开关

C．线路三遥开关　　D．刀闸

答案：B

24．若大面积转电功能按照实时负荷计算的结果超过限荷，则系统自动（　　）。

A．重新计算　　B．停止计算

C．按照预设压荷逻辑进行压荷　　D．人工调整策略后再次计算

答案：C

25．大面积转电功能中，在计算负荷恢复方案时，系统会提供三种方案，其中“预案”是以（　　）所在馈线为倒供路径计算出的复电方案。

A．“$N-1$”牌　　B．注释牌

C．常用联络牌　　D．备用联络牌

答案：A

26．大面积转电功能中，倒供路径优先选取挂（　　）的变电站开关或三遥开关所在馈线（此时两者优先级相同）。

A．备用联络牌　　B．注释牌

C．常用联络牌　　D．热备用牌

答案：C

27．大面积转电功能中，倒供裕量等于倒供路径供电侧馈线（　　）减去倒供路径原总负荷。

A．限荷　　B．最大负荷

C．负荷　　D．平均负荷

答案：A

28．大面积转电功能自动计算出最优转供方案后，自动生成设备操作序列表，（　　）设备可直接通过列表调取遥控窗口进行遥控操作。

A．所有　　B．非“三遥”设备

C．开断　　D．“三遥”

答案：D

29．智能开票模块可实现对配电网调度操作指令票的（　　）管理。

A．全流程　　B．规范化

C．可视化　　D．闭环

答案：A

30．（　　）是指系统复用 DMS 系统图形，实现在 DMS 接线图上直接选取设备，在选定操作类型后，直接形成调度指令。

A．智能开票　　B．申请单智能成票

C．图形手工开票　　D．模糊匹配开票

答案：C

31．（　　）是指通过对象化算法，将文本化的申请单的申请单形成对象化的方式变更措施和安全措施，采用模糊式语义解析算法，经过推演形成调度操作指令票。

A．智能开票　　B．申请单智能成票
C．图形手工开票　　D．模糊匹配开票

答案：B

32．大面积转电功能中，倒供路径优先选取挂常用联络牌的变电站开关或三遥开关所在馈线（两者此时优先级相同），并按倒供裕量进行排序，在倒供裕量差值不超过（　　）A 的范围内，优先选择断点为变电站开关的路径作为倒供路径。

A．10　　B．200
C．1　　D．50

答案：D

二、多选题

1．系统接收到触发故障研判的信号包括（　　）。

A．故指信号、配电变压器停电信号　　B．突降信号、刀闸信号
C．开关信号、单相接地信号　　D．合闸信号、过流信号

答案：ABC

2．故障全研判全流程推出的处置方案包括（　　）。

A．短路故障、单相接地故障　　B．变电站 10kV 母线失压
C．紧急消缺　　D．线路重过载

答案：ABCD

3．隔离转电环节，根据故障分析的出的研判结论，对（　　）隔离，对（　　）转电复电。

A．故障点　　B．非故障线路
C．重要用户　　D．故障指示器

答案：AB

4．隔离转电环节，根据故障分析出的研判结论，对故障点隔离，对非故障线路转电复电。本环节的主要工作有（　　）。

A．据研判结论，系统给出隔离转电的操作顺序
B．修改方案
C．重新设置故障点
D．一键顺控界面化展示

答案：ABCD

5．故障抢修环节，即（　　）。

A．故障处置与处置记录　　B．与 OMS 故障单关联
C．实时记录故障抢修信息　　D．自动开抢修单

答案：ABC

6．故障抢修环节自动推送的故障记录信息有（　　）。

A．故障点　　B．抢修单号、抢修负责人
C．负责人联系方式、故障馈线　　D．抢修内容、抢修安全措施

答案：BCD

7．故障处理全研判全流程事后分析，主要是对本次故障处理进行分析评价，主要从

（　　）三个方面进行评价。

A．研判正确性　　B．研判时效性

C．继保动作正确性　　D．各类信号动作正确性

答案：ABD

8．故障处理全研判全流程事后分析研判正确性主要包括故障点结果正确性、（　　）。

A．跳闸点结果正确性　　B．隔离转电方案正确性

C．遥控操作是否成功　　D．送电正确性

答案：ABCD

9．故障处理全研判全流程事后分析研判时效性主要包括开始研判时间点、（　　）。

A．停电发布完成时间点　　B．隔离转电完成时间点

C．故障抢修完成时间点　　D．完成送电操作时间点

答案：ABCD

10．所谓网络化下令与许可，是指调度运行指挥系统，通过网络通信交互形式实现当值调度员与现场人员之间的（　　）和（　　）等业务联系，利用 DMS 系统网络实时拓扑进行安全校验。

A．调度运行操作　　B．调度故障抢修

C．调度检修许可　　D．调度监控

答案：AC

11．网络化下令与许可整套系统包括（　　）。

A．调度系统应用　　B．App 终端应用

C．用采系统应用　　D．研判系统应用

答案：ABD

12．调度员对指令票下达预令后，操作人员可在（　　）或（　　）上签收指令票。

A．OMS 系统　　B．PMS 系统

C．iES 系统　　D．App 终端

答案：BD

13．调度指令票系统接收到现场人员电话汇报后，自动对调度接线图（　　），并实时安全校验，若校验不通过不允许进行下一步操作。

A．置位　　B．调用

C．挂牌　　D．定位

答案：AC

14．调度检修申请单、工作票的网络化许可业务与停送电指令票的网络化下令业务相互关联，包括停电操作完成后的（　　）和送电操作前的（　　）。

A．工作许可　　B．指令下达

C．指令汇报　　D．工作终结

答案：AD

15．（　　）或（　　）终结后，相关送电指令票进入待执行环节。

A．工单　　B．指令票　　C．申请单　　D．工作票

答案：CD

16．大面积转电功能中，在计算负荷恢复方案时，系统会提供（　　）三种方案。

A．倒供方案　B．主方案　C．副方案　D．预案

答案：BCD

17．大面积转电功能中，倒供路径优先排除（　　）以及（　　）。

A．联络断开点挂注释牌、缺陷牌

B．联络断开点挂缺陷、待核相牌

C．主干线挂故障、检修、工程（工作）牌的馈线

D．主干线挂热备用牌

答案：BC

18．大面积转电功能中，倒供路径优先选取挂常用联络牌的（　　）或（　　）所在馈线（两者此时优先级相同）。

A．变电站开关　B．开关

C．“三遥”开关　D．刀闸

答案：AC

19．大面积转电功能中，倒供恢复馈线包括（　　）。

A．放射性线路

B．联络断点挂缺陷、待核相牌

C．主干线挂故障、检修、工程（工作）牌

D．联络断点为刀闸或非“三遥”开关（在倒供裕量充足时优先倒供）

答案：ABCD

20．大面积转电功能中，转电恢复馈线包括（　　）。

A．断点为“三遥”的联络线路

B．若倒供裕量不足时，联络断点为刀闸或非“三遥”的联络线自动移至转供馈线栏

C．放射线路

D．主干线挂故障、检修、工程（工作）牌

答案：AB

21．大面积转电功能中，重要用户失电情况展示内容包括（　　）。

A．保供电　B．生命线、重要用户

C．双（多）电源用户失电　D．自备电源用户

答案：ABC

22．智能开票模块可实现对配电网调度（　　）。

A．操作指令票的全流程管理　B．自动下令功能

C．指令项设备快速定位功能　D．指令票统计分析功能

答案：ACD

23．智能开票模块是基于配电自动化系统（　　）和（　　），利用知识库和人工智能推理技术，实现配电网调度智能拟票。

A．电网模型　B．设备名称

C．自动计算功能　D．实时数据

答案：AD

24．智能开票包括（　　）和（　　）两种。

A．申请单智能成票　　B．图形手工开票

C．模糊查找开票　　D．全自动成票

答案：AB

25．申请单智能成票，是指通过对象化算法，将文本化的申请单形成对象化的（　　）和（　　），采用模糊式语义解析算法，经过推演形成调度操作指令票。

A．工作内容　　B．操作目的

C．方式变更措施　　D．安全措施

答案：CD

26．智能防误系统闭锁部分包括（　　）。

A．开关和刀闸之间闭锁　　B．禁止带电合地刀或挂地线

C．禁止带接地合馈线开关　　D．禁止检修挂牌时拆地线或拉地刀

答案：ABCD

27．（　　）和（　　）为智能指令票、防误分析服务提供了基础数据。

A．DMS 图模　　B．DMS 实时数据

C．OMS 台账　　D．OMS 业务流程信息

答案：AB

三、判断题

1．故障全研判全流程即可以根据研判信号自动推出的处置方案，也可以手动启动故障处置流程。

答案：正确

2．若系统发生误研判，可手动结束故障处置流程，并将研判上送告警信息误报的终端触发缺陷流程。

答案：正确

3．故障分析环节主要是根据故障点，研判得出停电事件的跳闸设备、故障区间以及涉及停电范围等信息。

答案：错误

4．一键顺控界面化展示。在方案中选中多个开关进行遥控时，人机界面在图形上会对相应开关按照序号进行标号展示。

答案：正确

5．故障抢修环节，即故障抢修终结后，执行复电工作。系统自动拟写的送电指令票经审核无误后，在此环节执行，并将执行信息同步到 OMS 系统。

答案：错误

6．故障抢修流程结束，更新故障恢复送电时间并同步至 SG186，统计该故障发生时涉及的停电用户，以及复电的用户与剩余未复电用户。

答案：错误

7．故障处理全研判全流程事后分析各类信号动作正确性，主要分析并统计自动化终端动作正确、误报、漏报等，对缺陷设备通过终端管控发起缺陷流程。

答案：正确

8．调度员通过网络化下令系统对指令票下达预令后，操作人员在 App 终端上签收指令票。

答案：正确

9．网络化下令系统上线后，停电指令票下令前，系统将自动校验相关业务流程闭锁情况，满足指令票的执行要求后，才能下令停电。

答案：正确

10．网络化下令系统上线后，停电指令票下令前，系统自动校验工作票或申请单是否终结、保护定值流程、异动流程等是否均已完成。

答案：错误

11．大面积故障转电辅助决策功能是基于配电自动化系统，针对变电站 10kV 母线单相接地故障提供负荷恢复方案的功能应用。

答案：错误

12．大面积转电功能中，倒供路径优先选择联络断开点挂缺陷、待核相牌以及主干线挂故障、检修、工程（工作）牌的馈线。

答案：错误

13．大面积转电功能中，倒供路径优先选取挂常用联络牌的变电站开关或三遥开关所在馈线（此时应优先选择变电站开关）。

答案：错误

14．大面积转电功能中，联络断点为刀闸或非三遥开关在倒供裕量充足时优先倒供。

答案：正确

15．大面积转电功能生成恢复方案时，如全失用户所在馈线可遥控转电，优先采取遥控转电方式对该馈线恢复供电。

答案：正确

16．大面积转电功能中，倒供裕量不足时，系统将按照以下顺序进行压荷：双电源专线用户（非全失电），公网供电用户均为双电源用户的馈线（非全失电），单电源专线用户，馈线供电公变数量由少到多压荷。

答案：正确

17．大面积转电功能设置历史预案库，将每次故障转电分析结果存档作为预案留存于系统备用方案。

答案：错误

18．大面积转电策略生成后，可将复电指令序列一键式同步至 GOMS 系统故障模块中，生成一条新的故障记录，同时触发停电信息。

答案：错误

19．大面积转电策略生成后，可将复电指令序列一键式同步至 GOMS 系统日常记录中，生成一条新的故障记录（未触发停电信息）。

答案：错误

20．图形手工开票，是指系统复用 DMS 系统图形，实现在 DMS 接线图上直接选取设备，在选定操作类型后，直接形成调度指令。

答案：正确

21．防误分析规则包含闭锁和提醒两部分。

答案：正确

22．智能开票包括申请单智能成票和模糊匹配开票两种。

答案：错误

第十七章　配电网监控试题

一、单选题

1．TA 断线告警可能由（　　）引起。

A．电流互感器本体故障

B．电流互感器二次回路断线（含端子松动、接触不良）

C．电流互感器二次回路短路

D．以上都是

答案：D

2．变电站综合自动化（集控）系统将报警信号分为（　　）类。

A．2　　B．3　　C．4　　D．5

答案：C

3．当断路器出现辅助触点接触不良，合闸或分闸位置继电器故障时，会导致监控系统报出（　　）。

A．××断路器第一（二）组控制回路断线

B．××断路器第一（二）组控制电源消失

C．××断路器弹簧未储能

D．××断路器分合闸闭锁

答案：A

4．当发现直流系统异常或告警信号，应首先检查直流电压是否正常、是否有下降趋势，有无站用电系统信号。若电压发生异常，应通知运维人员检查处置并及时汇报调度员，加强直流系统监视，若电压持续下降至（　　）额定值，禁止有关一次设备遥控。

A．0.4　　B．0.6　　C．0.8　　D．0.9

答案：C

5．当某套保护装置地址界面显示保护装置 A（B）网或 A、B 网通信中断，同时又发“保护装置故障或异常”信号时，可以判断为（　　）。

A．串口通信线未连接好　　B．保护装置通信插件故障

C．串口通信接中接触不良　　D．通信规约转换器故障

答案：B

6．地区电网设备发生缺陷、异常时，以下关于调控中心监控人员的行为错误的是（　　）

A．收集相关装置光字牌、报文等信息进行分析

B．预判其缺陷紧急程度及可能的发展趋势

C．待运维站自动汇报，不用及时通知运维站

D．及时向相关调度员汇报

答案：C

7．电力系统发生的事故往往是系统性的，可能有多个变电站、发电厂的断路器同时动作，把发生事件按先后顺序将内容记录下来，这叫作（　　）。

A．事件顺序记录　　B．信号收集
C．事故记录　　D．遥信采集

答案：A

8．对于同一电容器，两次连续投切中间应断开（　　）min 以上。

A．5　　B．10　　C．30　　D．60

答案：A

9．对于因现场工作或设备缺陷暂不具备调控遥控操作条件的设备，运维单位应及时向调控中心汇报。调控中心监控员应在调控自动化系统上对该设备悬挂（　　）标示牌，闭锁其遥控功能。

A．“禁止操作”　　B．“禁止遥控”
C．“禁止合闸”　　D．“禁止分闸”

答案：B

10．监控信息处置以（　　）为原则，分为信息收集、实时处置、分析处理三个阶段。

A．“分级处置、闭环管理”　　B．“分级处置、统一管理”
C．“分类处置、闭环管理”　　D．“分类处置、统一管理”

答案：C

11．开关遥控操作原则上应在接到调度指令后（　　）min 内操作完毕。

A．3　　B．10　　C．15　　D．5

答案：B

12．开关在合位时（　　）同时伴随有开关控制回路断线信号。

A．弹簧未储能　　B．油压低合闸闭锁
C．油压低重合闸闭锁　　D．开关控制电源消失

答案：D

13．可不停电处理的一般缺陷处理时限原则上不超过（　　）。

A．1 个月　　B．3 个月
C．1 个例行试验检修周期　　D．6 个月

答案：B

14．缺陷处理时，事故类信号缺陷须在（　　）内处理完毕。

A．24h　　B．48h
C．7 个工作日　　D．14 个工作日

答案：A

15．若同一时刻同一间隔内开关、刀闸均变位频繁，一般是由于（　　）。

A．其辅助触点接触不良
B．光耦坏
C．开关量采集电路回路故障所致

D. 某套测控单元地址错，地址译码冲突引起

答案：A

16. 调度自动化 SCADA 系统的基本功能不包括（　　）。

A. 数据采集和传输　　B. 事故追忆

C. 在线潮流分析　　D. 安全监视、控制与告警

答案：C

17. 调控遥控操作应在调控自动化系统间隔细节图上进行，实行（　　）监护制度（允许单人遥控操作的除外），可采用电子签名确认方式。执行操作期间，监护人不得进行除监护工作外的其他活动，严格履行监护职责。

A. 单人单机　　B. 双人单机

C. 双人双机　　D. 单人双机

答案：C

18. 危急缺陷处理时限不超过（　　）h。

A. 3　　B. 6　　C. 12　　D. 24

答案：D

19. 遥控操作时，测控装置收到遥控执行命令会自动生成运行报文，遥控操作失败时操作员工作站及测控装置无其他异常信号，但有“0ms 合闸成功”报文，可能是（　　）造成遥控操作失败。

A. 测控装置死机或程序死循环

B. 测控装置网络通信中断

C. 不满足五防操作条件

D. 开关自身操作回路原因或遥控出口继电器坏、遥控出口继电器触点接触不良造成

答案：A

20. 以下（　　）不属于调度自动化系统组成部分。

A. 厂站端系统　　B. 信息传输系统

C. 安消防系统　　D. 调度主站系统

答案：C

21. 运行中综合自动化（集控）系统开关、刀闸变位频繁或位置与实际不一致，确系误发，在专业人员还未处理，又影响到运维人员监视时，可利用系统（　　）进行强制置位，使设备状态与实际一致，待专业人员处理好后解除置位。

A. 人工置数功能　　B. 置位功能

C. 对位功能　　D. 以上均可

答案：B

22. 在 RTU 中，信息可以分为上行信息和下行信息两大类，以下（　　）不属于下行信息。

A. 校时信息　　B. 遥控命令

C. 遥调命令　　D. 遥测量

答案：D

23. 直流系统正接地有可能造成保护（　　），负接地有可能造成保护（　　）。

A. 误动、拒动　　B. 拒动、误动

C．拒动、拒动　　D．误动、误动

答案：A

24．值班监控（调控）员、现场运维人员在受控站全部设备监控职责移交后的工作要求说法正确的是（　　）。

A．现场运维人员无须加强与值班监控员、调度（调控）员联系

B．现场运维人员可自行对已下放的监控设备进行操作

C．监控（调控）员不得对已下放的监控设备进行远方遥控操作

D．待信号监控恢复即可恢复无人（少人）值班

答案：C

25．值班监控（调控）员判断因传输通道或调控技术支持系统异常，失去（　　）时，应将监控职责移交给运维站，同时通知自动化值班员进行处理。

A．信号监控　　B．曲线查看功能

C．单一开关遥控功能　　D．历史事项查看功能

答案：A

26．值班监控（调控）员以下情况时，应将变电站的监控职责移交给运维站说法错误的是（　　）。

A．受控站部分或全部设备无法监控时

B．自然灾害严重影响受控变电站安全运行时段

C．事故处理时段

D．经本单位分管生产领导批准的其他需要就地监控情况

答案：C

27．综合自动化系统对开关变位及Ⅰ、Ⅱ、Ⅲ、Ⅳ类信号分别发出不同的音响进行报警，（　　）类信号系统一般不反映。

A．Ⅰ　　B．Ⅱ　　C．Ⅲ　　D．Ⅳ

答案：D

28．综合自动化系统内每套测控装置、智能设备及每套保护装置都有一个单元地址，单元地址设置错误应由（　　）修改正确。

A．运行人员　　B．自动化专业人员

C．厂家　　D．继电保护专业人员

答案：B

二、多选题

1．10kV 开关弹簧未储能信号产生的原因是（　　）。

A．储能电源断线或熔断器熔断　　B．储能弹簧机构故障

C．弹簧储能机构控制回路断线　　D．电流互感器二次回路断线

答案：ABC

2．10kV 线路保护出现装置告警时，应当（　　）。

A．检查保护装置各种灯光指示是否正常

B．检查保护装置报文

C．检查保护装置、电压互感器、电流互感器的二次回路有无明显异常

D．根据检查情况督促相关专业人员进行处理

答案：ABCD

3．变电站监控信息联调验收应具备以下条件（　　）。

A．变电站监控系统已完成验收工作，监控数据完整、正确

B．相关调度技术支持系统已完成数据维护工作

C．在影响监控系统对电网设备正常监视的缺陷处理完成后

D．相关远动设备、通信通道应正常、可靠

答案：ABD

4．变电站综合自动化系统出现故障，可能影响开关操作过程中无法监视其有关（　　）情况。

A．电压、电流　　B．功率

C．信号　　D．开关变位

答案：ABCD

5．变压器出现（　　）情况时应立即停电处理。

A．严重过负荷

B．储油柜或防爆管喷油

C．漏油致使油面下降，低于油位指示计的指示限度

D．过电流保护出现异常信号

答案：BC

6．待用间隔应具备的条件有（　　）。

A．待用间隔出线路径应在初设阶段明确，调度部门在启动投产前应进行间隔的命名编号。初设阶段出线路径尚未明确的待用间隔也允许接入母线，列入待用间隔调度管理

B．"待用间隔出线路径应在初设阶段明确，调度部门在启动投产前应进行间隔的命名编号。初设阶段出线路径尚未明确的待用间隔不允许接入母线，不列入待用间隔调度管理

C．"待用间隔一、二次设备包括控制回路、远动回路、除线路保护外的保护装置、防误闭锁装置等应一次性安装调试完毕并经验收合格

D．待用间隔一、二次设备包括控制回路、远动回路、保护装置、防误闭锁装置等应一次性安装调试完毕并经验收合格

答案：BC

7．当电网设备发生以下事故时，调控须及时开展进行电网事故专项信号分析，主要包含（　　）。

A．事故前电网运行方式　　B．事故前变电站运行方式

C．事故过程概要　　D．事故信号分析

答案：ABCD

8．电网异常的汇报，要求说明异常的（　　）、异常表征现象、可能导致后果或影响，需要采取的措施。

A．出现地点　　B．出现时间

C．设备电压等级　　D．设备名称

答案：BC

9．对于开关的位置可以通过（　　）检查判断。

A．综合自动化系统　　B．保护屏开关位置信号

C．开关机械位置量　　D．操作票系统

答案：ABC

10．对于以下（　　）影响正常监控的问题，调控中心将不进行接收批复，暂不许可变电站纳入集中监控。

A．设备存在危急或严重缺陷

B．重要监控信息缺漏

C．监控信息存在误报、漏报、频繁变位现象

D．现场检查的问题尚未整改完成，不满足集中监控技术条件； 其他影响正常监控的情况

答案：ABCD

11．发生（　　）监控相关事件时，下级监控员应在事件发生后30min内向相应上级监控员作口头简要汇报，待事件处理暂告一段落后作书面详细汇报。详细汇报内容主要包括：事件发生的时间、地点、背景或自然灾害情况，事件经过、保护及安全自动装置动作情况，重要设备损坏情况及影响等。

A．监视范围内变电站主变压器或开关损坏及发生火灾

B．监视功能丧失导致所辖变电站需将全站监视职责移交现场

C．遇重大事故及异常、防汛抗台、灾害性天气、重要保供电任务时，根据预案要求汇报有关情况

D．监控员发生设备遥控误操作

答案：ABCD

12．各级值班监控（调控）员及现场运维人员发现异常或事故情况后，应汇报调度（调控）员。汇报内容应包括（　　）。

A．事故时间

B．开关跳闸状态

C．设备主保护及重合闸动作情况

D．出力、潮流、频率、电压等变化情况

答案：ABCD

13．功能设置牌主要有（　　）等。

A．调试　　B．热备用

C．禁止遥控　　D．冷备用

答案：AC

14．集中监视包括（　　）。

A．全面巡视　　B．正常监视

C．特殊监视　　D．正常巡视

答案：ABC

15．集中监视的主要工作包括（　　）。

A．监视变电站运行工况，了解掌握电网设备实时负荷、潮流、电压、变压器（电抗器）温度等信息

B．监视变电站设备的事故、异常、越限及变位等调控信息

C．监视输变电设备状态在线监测系统调控告警信息

D．监视变电站安防告警总信息、消防告警总信息、装置告警总信息信息

答案：ABCD

16．监控监视的运行参数包括（　　）和温度，当这些参数超过允许上限或低于下限时即为相应越限。

A．功率　　B．电压

C．电流　　D．频率

答案：ABCD

17．监控信息存在（　　）现象，暂不许可变电站纳入集中监控。

A．多报　　B．误报

C．漏报　　D．频繁变位

答案：BCD

18．监控异常信息实时处置包括（　　）。

A．监控员（调控员）收集到异常信息后，应进行初步判断，通知运维单位检查处理，必要时汇报相关调度

B．监控员（调控员）收集到异常信息后，应立即通知运维单位检查处理

C．运维单位在接到通知后应及时组织现场检查，并向监控员（调控员）汇报现场检查结果及异常处理措施。如异常处理涉及电网运行方式改变，运维单位应直接向相关调度汇报，同时告知监控员（调控员）

D．异常信息处置结束后，监控员（调控员）应与变电运维人员确认异常信息已复归，并做好异常信息处置的相关记录

答案：ACD

19．开关应采用开关双位置遥信作为判据，当仅有开关单位置遥信时，采用（　　）指示同时发生变化作为判据。

A．遥测　　B．遥信

C．遥控　　D．以上都对

答案：AB

20．设备缺陷异常记录应包括（　　）。

A．缺陷异常相关的事项报文与光字牌内容

B．变电站核实的汇报情况

C．缺陷处理情况

D．相应事件的发生时间和汇报人

答案：ABCD

21．电网无功电压管理的主要工作内容有（　　）。

A．管理系统无功补偿装置的运行

B．确定和调整变压器分接头位置

C．统计并考核电压合格率

D．对下级调控机构和调管范围内厂站无功电压管理工作进行指导

答案：ABCD

22．调控机构可采取的电网无功和电压调整措施有（　　）。

A．调整无功补偿装置状态　　B．调整发电机有功功率

C．调整直流系统运行方式　　D．调整电网运行方式

答案：ACD

23．下列（　　）原因可能导致综合自动化（集控）系统遥控开关无法操作。

A．测控装置故障或死机、程序死循环、网络通信中断

B．遥控出口继电器坏；五防闭锁

C．开关控制回路存在问题及故障

D．测控屏上开并遥控分、合闸压板未投入或“远方\就地”把手不在“远方”位置

答案：ABCD

24．遇有下列（　　）情况不得进行主变压器有载遥调操作。

A．主变压器有载调压开关调压次数达极限值时

B．主变压器检修或试验

C．主变压器过负荷达1.1倍时

D．主变压器有载轻瓦斯动作时

答案：ABD

三、判断题

1．10kV系统发生单相单相接地时，应及时将消弧线圈退出运行。

答案：错误

2．10kV系统为小电流接地系统，因此10kV线路未装设零序过电流保护功能，因此也不会有“零序过电压报警”信号。

答案：错误

3．10kV线路过电流Ⅰ段保护动作时的关联信号有保护动作告警、重合闸动作、断路器变位等。

答案：正确

4．保护动作断路器跳闸、断路器偷跳、低频低压减负荷装置动作时会启动重合闸。

答案：错误

5．变电站应具备功能完备的实时监控系统，具备遥信、遥测、遥调、遥控功能，满足二次安全防护的相关要求。

答案：正确

6．当变电站出现直流单相接地、全站直流消失或直流电压低告警时允许进行遥控操作。

答案：错误

7．电网发生事故或重大设备异常需紧急处理时，应停止遥控操作。处理告一段落后，监控员在核对原有操作票执行情况后，不必再核对运行方式即可进行后续操作。

答案：错误

8．电网设备发生缺陷或异常时，应根据相关装置光字牌、报文等信息进行分析，预判其缺陷紧急程度及可能的发展趋势。

答案：正确

9．调控技术支持系统的遥测功能应满足设备状态、潮流、电压等信息的判断，遥控功能应满足开关双判据要素要求。

答案：错误

10．调控中心依据专业部门的方式批复单意见下达给监控员执行，监控员接到指令后，应及时核查设备和通道无异常信号，在操作前确认保护（测控）装置通信状态，状态正常方允许远方投退压板和切换定值区。保护（测控）通信中断时严禁进行二次设备远方操作。

答案：正确

11．危急缺陷处理时限不超过 48h。

答案：错误

12．由于出现“弹簧未储能”信号时开关无法进行合闸操作，故该信号属于事故信号。

答案：错误

13．综合自动化（集控）系统用不同的音响反映开关变位及Ⅰ、Ⅱ、Ⅲ信号，其中开关变位及Ⅱ、Ⅲ类信号用事故喇叭（电笛）音响报警，Ⅰ类信号用电铃报警。

答案：错误

四、问答题

1．监控系统监视到异常信息时的总体处置原则是什么？

答：（1）调控员确认相关异常信号后，应通知相关运维单位现场检查；

（2）运维单位现场检查后应及时向调控员汇报检查结果及异常处理措施，如异常处理涉及电网运行方式变更，调控员应根据当前电网情况进行异常处置；

（3）异常信号处置结束后，运维人员检查现场设备运行正常，与调控员确认异常信号复归。调控员做好异常信号处置相关记录。

2．请简述开关遥控操作到位判据。

答：遥控操作后，应通过设备机械指示位置、电气指示、仪表及各种遥测、遥信信号的变化来判断，至少应有两个非同样原理或非同源的指示发生对应变化，且所有这些确定的指示均已同时发生对应变化，才能确认该设备已操作到位。

开关应采用开关双位置遥信作为判据，当仅有开关单位置遥信时，采用遥测和遥信指示同时发生变化作为判据。

3．调控端远方遥控不成功的主要原因有哪些？

答：（1）遥控返校超时。有时是通道上行接受正常，下行通道不正常，不能下发遥控命令。主要包括远动通道故障，主站端设备故障、厂站端或设备通信故障。

（2）遥控返校正确，执行超时。原因多属于现场设备、机构或遥控回路故障引起。

（3）遥控返校错误，这种现象不多，可能是主站数据库中遥控对象号错误。

4．集中监视包括哪些主要内容？

答：集中监视主要内容：监视变电站运行工况，了解掌握电网设备实时负荷、潮流、电压、变压器（电抗器）温度等信息；监视变电站设备的事故、异常、越限及变位等调控信息；监视变电站安防告警总信息、消防告警总信息、装置告警总信息、高温告警总信息；通过变电站辅助综合监控系统对变电站进行鸟瞰巡视。

集中监视包括全面监视、正常监视和特殊监视。

（1）全面巡视：调控员须对所有监控变电站进行全面的巡视检查，包括电网运行方式、设备运行状态、设备挂牌情况、设备异常信号、设备信号屏蔽信息及辅助综合监控系统告警信号。

（2）正常监视：调控员须对当前电网运行方式及变电站设备进行实时监视，及时确认监控信息，不得遗漏信号，并按照要求进行处置。

（3）特殊监视：在特定情况下，调控员采取增加监视频度、定期查阅相关数据及对相关设备或变电站进行固定画面监视等监视措施，开展事故预想及各项应急准备工作。

5．缺陷管理包括哪些主要内容？

答：缺陷管理主要分为缺陷发起、缺陷处理、消缺验收三个阶段。

（1）缺陷发起。值班调控员发现监控告警信号或异常情况时，应按调控机构信息处置管理规定进行处置，对监控告警信号及异常情况初步判断，认定为缺陷的启动缺陷管理流程，并通知相关设备运维单位处理。

（2）缺陷处理。值班调控员收到设备运维单位核准的缺陷后，应及时更新缺陷记录，对设备运维单位提出的消缺工作需求，应予以配合，同时应在缺陷记录中记录缺陷发展以及处理的情况。

（3）消缺验收。值班调控员收到设备运维单位缺陷消除的通知后，应与运维单位核对监控信息，确认相关监控告警信号或异常情况恢复正常。同时在缺陷管理记录中完成缺陷闭环。

6．监控信号如何分类？各类信号所反映的信息情况是怎样的？

答：监控信号分为事故、异常、越限、变位、告知五类。

（1）事故信号是由于电网故障、设备故障等，引起开关跳闸（包含非人工操作的跳闸）、保护及安控装置动作出口跳合闸的信息以及影响全站安全运行的其他信息，是需要实时监控、立即处理的重要信息。

（2）异常信号是反映设备运行异常情况的告警信息和影响设备遥控操作的信息，直接威胁电网安全与设备运行，是需要实时监控、立即处理的重要信息。

（3）越限信号是反映重要遥测量超出报警上下限区间的信息。主要遥测量主要有设备有功、无功、电流、电压、变压器油温、断面潮流等，是需要实时监控、立即处理的重要信息。

（4）变位信号是指各类开关、隔离刀闸、接地刀闸、装置软压板等状态改变的信息，直接反映电网运行方式的改变。

（5）告知信号是反映电网设备运行情况、状态监测的一般信息。主要包括隔离开关、接地开关位置信息、主变压器运行档位，以及设备正常操作时的伴生信号（如保护压板投/退，保护装置、故障录波器、收发信机启动、异常消失信息，测控装置就地/远方等），该类信号只需要定期查询。

第十八章　生产服务类管理试题

一、单选题

1．停电信息主要分为（　　）停送电信息和营销类停送电信息。

A．计划类　　B．生产类

C．临时类　　D．检修类

答案：B

2．计划停电信息需满足提前（　　）天发布停电公告。

A．5　　B．7

C．9　　D．15

答案：B

3．临时停电信息需满足至少提前（　　）h 发布停电公告。

A．24　　B．72

C．36　　D．12

答案：A

4．配（县）调应在确认故障停电后（　　）min 内完成停电信息发布，支撑营销专业最佳时间内开展客户服务补救。

A．5　　B．10

C．15　　D．30

答案：C

5．配（县）调值班调控员批复紧急申请当前时间与批准停电时间之间应大于（　　）min。

A．30　　B．15

C．45　　D．60

答案：B

6．计划（临时）工作结束，或故障停电处理完毕，现场送电后，应在（　　）min 内填写送电时间。

A．5　　B．10

C．15　　D．30

答案：B

7．变更预计送电时间（含提前或延迟送电），应至少提前（　　）min 变更，并简述原因。

A．15　　B．30

C．45　　D．60

答案：B

8．供电服务指挥中心提前（　　）天发布日计划停电所涉频繁停电预警信息。

A．1　　B．2

C．3　　D．7

答案：B

9．无法预判的停电拉路应在执行后（　　）min 内报送停电范围及停送电时间。

A．10　　B．15

C．20　　D．30

答案：B

10．因供电设施检修需要停电的，供电企业应当提前（　　）天公告停电区域、线路、时间，并通知重要用户。

A．3　　B．5

C．7　　D．10

答案：C

11．现场恢复送电后，（　　）min 内在营销应用系统中报送实际送电时间。

A．10　　B．20

C．30　　D．45

答案：A

12．停电信息影响重要用户说明栏应填写（　　），如不影响重要用户就填无。

A．用户地址　　B．用户名称

C．线路名称　　D．变压器名称

答案：B

13．停电信息报送（　　）包括停电信息录入不完整与信息录入不规范。

A．不合格　　B．不及时

C．超时　　D．错误

答案：A

14．停电信息报送（　　）包括停电信息发布超时及信息漏发布等。

A．不合格　　B．不及时

C．超时　　D．错误

答案：B

15．若延迟送电，应至少提前（　　）min 向国网客服中心报送延迟送电原因及变更后的预计送电时间。

A．10　　B．15

C．20　　D．30

答案：D

16．配电自动化系统覆盖的设备跳闸停电后，营配信息融合完成的单位，调控中心应在（　　）min 内向国网客服中心报送故障停电信息。

A．10　　B．15

C．20　　D．30

答案：B

17．国网客户服务中心审核不通过的计划停电信息回退至（　　）。

A．信息审核环节　　B．省级客户中心审核环节

C．信息录入环节　　D．信息查看环节

答案：B

18．配电网抢修指挥是指地（市、州）供电公司电力调度控制中心及县级电力调度控制中心，根据客户服务中心派发的抢修类工单内容或（　　），对配电网故障进行研判，并将工单派发至相应抢修班组。

A．故障现象　　B．配调监控系统发现的故障信息

C．配电抢修班发现的故障信息　　D．客户电话报修

答案：B

19．抢修完毕后，调控中心（　　）min 内完成工单审核、回复工作。

A．30　　B．60

C．120　　D．45

答案：A

20．抢修人员在到达故障现场确认故障点后（　　）min 内向本单位调控中心报告预计修复送电时间。

A．5　　B．10

C．15　　D．20

答案：D

21．抢修人员应在（　　）汇报工单受理员，由工单受理员将抵达时间录入国网 95598 业务支持系统。

A．到达现场的第一时间　　B．抢修结束后

C．抢修工作告一段落后　　D．与用户联系后

答案：A

22．抢修队伍接单后应立即赶往报修现场，并在到达现场后（　　）min 内向本单位调控中心反馈。

A．3　　B．5

C．10　　D．20

答案：B

23．公司配电网故障抢修指挥的归口管理部门是（　　）。

A．营销部　　B．运检部

C．调控中心　　D．配电工区

答案：C

24．地市、县级供电企业调控中心应在国网客服中心下派工单后（　　）min 完成接单或退单。

A．2　　B．3

C．5　　D．10

答案：B

25．故障停电信息一般通过（　　）渠道发布。

A．95598 系统　　B．电话
C．报纸　　D．小区张贴

答案：A

26．故障停送电信息由（　　）部门审核。

A．省级调控中心　　B．省级客户中心
C．国网客服中心　　D．运检部

答案：C

27．供电服务突发事件按照性质分为两类：（　　）突发事件和供电服务质量突发事件。

A．投诉类　　B．停电类
C．举报类　　D．建议类

答案：B

28．省级客服中心应催促地市级、县级供电企业调控中心在收到国网客服中心催报工单后（　　）min 内按照要求报送停送电信息。

A．10　　B．20
C．15　　D．30

答案：A

29．在营销 186 或快响平台使用具有（　　）角色工号进行停电信息的变更。

A．停电信息录入　　B．省级客户中心人员
C．停电信息审核　　D．国网客服中心人员

答案：C

30．对于超电网供电能力停限电，现场送电后应在（　　）min 内填写送电时间。

A．10　　B．15
C．20　　D．30

答案：A

31．地市级、县级供电企业应提前（　　）天向省级客服中心报送计划停电信息。省级客服中心 1 天完成规范性审核并报送国网客服中心。

A．7　　B．8
C．9　　D．10

答案：B

32．除临时停电外，停电原因消除，送电后地市级、县级供电企业调控中心应在（　　）min 内向国网客服中心报送现场送电时间。

A．10　　B．20
C．15　　D．30

答案：A

33．因供电设施临时检修需要停止供电时，供电企业应当提前（　　）h 通知用户。

A．8　　B．12
C．24　　D．48

答案：C

34．95598停送电信息（以下简称停送电信息）是指各类原因致使客户正常用电中断，需及时向（　　）报送的信息。

A．各省级客户服务中心　　B．国网客服中心
C．地市级营销部　　D．地市级、县级供电企业控制中心

答案：B

35．（　　）应催促地市、县级供电企业调控中心在收到国网客服中心催报工单后10min内按照要求报送停送电信息。

A．省级客户服务中心　　B．国网客服中心
C．地市级营销部　　D．地市级配电运检部

答案：A

36．（　　）需要经省级客服服务中心审核后再报送至国网客服中心。

A．计划停送电信息　　B．非计划停送电信息
C．故障停送电信息　　D．临时停送电信息

答案：A

37．（　　）不属于生产类停电信息。

A．计划停电　　B．临时停电
C．电网故障停限电　　D．用户欠费停电

答案：D

二、多选题

1．生产类停送电信息包括（　　）等。

A．计划停电　　B．临时停电
C．电网故障停限电　　D．超电网供电能力停限电

答案：ABCD

2．营销类停送电信息包括（　　）等。

A．违约停电　　B．窃电停电
C．欠费停电　　D．有序用电

答案：ABCD

3．停电信息主要停电类型包括（　　）、超电网供电能力计划停限电、超电网供电能力临时停限电等类型。

A．计划停电　　B．临时停电
C．电网故障停限电　　D．检修停电

答案：ABC

4．各单位应加强配电网抢修指挥业务管理，建立纵向贯通的配电网抢修指挥业务评价指标，评价指标主要包括（　　）等。

A．客户回访情况　　B．工单流转
C．抢修班组响应　　D．技术支持系统运转

答案：BCD

5．配电网抢修指挥人员应跟踪故障处理进度，及时审核抢修班组回填的抢修工单中（　　）等相关内容的完整性，对信息填写不完整的工单应回退抢修班组补充填写。

A．到达现场时间　　B．抢修进程
C．抢修处理结果　　D．故障原因分析

答案：ABCD

6．生产类紧急非抢修工单内容包括（　　）。
A．供电企业供电设施消缺　　B．协助停电
C．低压计量装置故障　　D．咨询工单

答案：ABC

7．故障报修业务的处理应遵循（　　）原则。
A．快速响应　　B．分级处理
C．及时排除　　D．服务高效

答案：ABCD

8．停送电变更时间是指（　　）。
A．变更后的停电计划开始时间　　B．现场实际恢复送电时间
C．变更后的计划送电时间　　D．现场实际停电开始时间

答案：AC

9．停电信息报送必须遵循（　　）原则。
A．全面完整　　B．真实准确
C．规范及时　　D．分级负责

答案：ABCD

10．停电信息录入时（　　）可以不填。
A．变电站编码　　B．台区编码
C．变电站名称　　D．变压器名称

答案：ABD

11．停电信息录入时（　　）必须填。
A．停电类型　　B．停电原因
C．停电计划开始时间　　D．线路编码

答案：ABCD

12．停电信息撤销时需注意（　　）。
A．在停电开始时间之前可以撤销　　B．在停电结束时间之前可以撤销
C．需填写变更原因　　D．需填写变更说明

答案：ACD

13．停电范围包括（　　）。
A．停电的地理位置，涉及的高危及重要用户
B．专变客户、医院、学校
C．乡镇（街道）、村（社区）
D．住宅小区

答案：ABCD

14．生产类停电信息填写的主要内容包括（　　）。
A．停电类型　　B．停电区域（设备）、停电范围

C．停电原因　　　　　　　　　　D．停电时间

答案：ABCD

15．较大范围停电包括：遇恶劣天气或电网故障引发的（　　）停电事件。

A．大面积停电　　　　　　　　　B．变电站全部

C．某条线路　　　　　　　　　　D．变电站部分

答案：ABD

16．地市级、县级公司（　　）按照专业管理职责，开展生产类停电信息编译工作，并对各自专业编译的停电信息准确性负责。

A．调控中心　　　　　　　　　　B．运检部

C．检修工区　　　　　　　　　　D．营销部

答案：ABD

三、判断题

1．停电信息状态分有效、挂起和失效三类。

答案：错误

2．超电网供电能力需停电时原则上应提前报送停限电范围及停送电时间等信息，无法预判的停电拉路应在执行后 30min 内报送停限电范围及停送电时间。

答案：错误

3．现场实际送电时间不得超出预计送电时间。

答案：正确

4．停电信息中应填写而未填写的内容属于停电信息不及时。

答案：错误

5．若延迟送电，应至少提前 20min 向国网客服中心报送延迟送电原因及变更后的预计送电时间。

答案：错误

6．故障抢修期间，现场抢修人员应每隔 1h 向抢修调度反馈抢修进度信息。

答案：错误

7．地市级、县级供电企业调控中心报送的计划停电信息直接报送至国网客服中心。

答案：错误

8．地市级、县级供电企业调控中心报送的故障停电信息需经省客服中心审核后报送至国网客服中心。

答案：错误

9．停电信息内容发生变化后 15min 内，地市级、县级供电企业调控中心应向国网客服中心报送相关信息并简述原因。

答案：错误

10．计划停电信息录入后，直接由国网客服中心审核，不需要省客服中心审核。

答案：错误

11．故障处理完毕后，应在 15min 内填写送电时间。

答案：错误

12．发布停电信息不需要注明停电原因。

答案：错误

13．抢修人员抵达故障现场后，可抢修结束后再向工单受理员进行回复。

答案：错误

14．抢修人员到达故障现场时限要求是城区范围不超过45min，农村地区不超过60min，特殊边远地区不超过90min。

答案：错误

15．抢修队伍接单后应立即赶往报修现场，并在到达现场后3min内向本单位调控中心反馈。

答案：错误

16．配电网抢修指挥主要包括工单接收、故障研判、派单指挥、现场抢修、回单审核、工单回复环节。

答案：错误

17．省级客服中心应催促地市级、县级供电企业调控中心在收到国网客服中心催报工单后10min内按照要求报送停送电信息。

答案：正确

18．地市级、县级公司营销部在配合编译生产类停电信息时，编译内容应包含高危及重要客户、停送电发布渠道等信息。

答案：正确

19．《供电监管办法》中规定：供电设施计划检修停电应提前7天，临时停电应提前24h通过相关渠道向社会发布停电信息。

答案：正确

20．配电网抢修指挥班按照抢修人员描述如实填写回单记录。在抢修人员未给出明确答复前，配电网抢修指挥班不得提前回单，此工单将在得到明确回复前一直留存。

答案：正确

四、问答题

1．停电信息应填写的内容主要包括哪些？

答：停电信息应填写的内容主要包括供电单位、停电类型、停电区域（设备）、停电范围、停电信息状态、停电计划时间、停电原因、现场送电类型、停送电变更时间、现场送电时间、发布渠道等信息。

2．配电网报修工单有关停电信息要求有哪些？

答：（1）高压故障中涉及公用变压器及以上的停电，必须要录停电信息。一级分类选择“高压故障”，现场抢修记录中要体现停电信息，停电编号要关联停电信息。

（2）故障报修受理时间与故障停电开始时间比对、故障停电开始时间与故障报修的到达现场时间比对、故障停电的现场送电时间与故障报修工单恢复送电时间比对，存在显示逻辑差异或与规范要求冲突的，应在现场抢修记录中备注原因。

3．相关人员接收预警短信后，根据该故障停电造成的频停程度应采取哪些措施？

答：（1）2个月停电3次的，抢修管理专责、营销服务专责加强抢修、服务补救工作跟踪。

（2）2 个月停电 4 次，或 2 个月停电 3 次且近半个月内停电 2 次的，抢修管理专责到岗到位，加强抢修进度管控；营销服务专责到岗到位，落实服务补救工作。

（3）2 个月停电 5 次及以上或半个月停电 3 次及以上的，设备运维单位配电分管领导、客户服务单位营销分管领导介入督办。

参 考 文 献

[1] 马志广. 配电线路运行 [M]. 北京：中国电力出版社，2010.
[2] 国家电力调度控制中心. 电网调控运行实用技术问答 [M]. 北京：中国电力出版社，2015.
[3] 国家电力调度控制中心. 配电网调控人员培训手册 [M]. 北京：中国电力出版社，2016.
[4] 徐丙垠，李天友，等. 配电网继电保护与自动化 [M]. 北京：中国电力出版社，2017.